普通高等教育"十三五"规划教材

园林专业技能训练

赵会芝　张洪燕　主编

科学出版社

北京

内 容 简 介

本教材针对园林专业面向职业岗位的核心技能实训编写，共由 7 个模块 55 个任务构成，具体包括：园林植物繁殖、园林植物管理及起运包装、园林植物生产与养护、园林植物应用、园林绿地方案设计、园林绿地工程设计、园林工程施工与组织管理。本教材内容全面，涵盖了园林植物从繁殖、管理、养护到应用，园林绿地从方案设计、工程设计到施工组织管理等园林行业生产实践各个环节的核心技能；以工作过程为引导，以任务为驱动，理论知识紧密围绕技能培养的需要，简明扼要，重点突出；内容组织与园林生产实践工作过程相适应；任务体系基于教师指导和组织教学实施的过程设计，将专业能力、教学能力及职业能力培养融为一体。

本教材可供职教师资园林专业及其相关、相近专业的学生和教师使用，也可供园林工作者使用。

图书在版编目（CIP）数据

园林专业技能训练 / 赵会芝，张洪燕主编. —北京：科学出版社，2016.11
普通高等教育"十三五"规划教材
ISBN 978-7-03-050322-0

Ⅰ. ①园… Ⅱ. ①赵… ②张… Ⅲ. ①园林植物 - 高等学校 - 教材
Ⅳ. ① S68

中国版本图书馆 CIP 数据核字（2016）第 248314 号

责任编辑：王玉时 / 责任校对：贾娜娜　王　瑞
责任印制：张　伟 / 封面设计：黄华斌

科 学 出 版 社 出版
北京东黄城根北街 16 号
邮政编码：100717
http://www.sciencep.com
北京凌奇印刷有限责任公司 印刷
科学出版社发行　各地新华书店经销

*

2016 年 11 月第 一 版　　开本：787×1092　1/16
2022 年 1 月第三次印刷　　印张：15
字数：356 000

定价：49.80 元
（如有印装质量问题，我社负责调换）

教育部 财政部职业院校教师素质提高计划成果系列丛书

项目牵头单位：河北科技师范学院
项目负责人：刘玉艳

项目专家指导委员会

主　任　刘来泉

副主任　王宪成　郭春鸣

成　员（按姓氏笔画排序）

刁哲军　王乐夫　王继平　邓泽民　石伟平　卢双盈

刘正安　刘君义　米　靖　汤生玲　李仲阳　李栋学

李梦卿　吴全全　沈　希　张元利　张建荣　周泽扬

孟庆国　姜大源　夏金星　徐　朔　徐　流　郭杰忠

曹　晔　崔世钢　韩亚兰

《园林专业技能训练》编写人员名单

主　　编　赵会芝（河北科技师范学院）

张洪燕（保定职业技术学院）

副 主 编　张丽娟（河北旅游职业学院）

聂庆娟（河北农业大学）

雷绍宇（河北科技师范学院）

宁广兴（北京正和恒基滨水生态环境治理股份有限公司）

编写人员（按姓氏笔画排序）

王建梅（河北科技师范学院）

乐建林（北京正和恒基滨水生态环境治理股份有限公司）

伍敏华（河北科技师范学院）

刘玉艳（河北科技师范学院）

赵　军（北京正和恒基滨水生态环境治理股份有限公司）

樊慧敏（河北工程大学）

丛 书 序

《国家中长期教育改革和发展规划纲要（2010—2020 年）》颁布实施以来，我国职业教育进入加快构建现代职业教育体系、全面提高技能型人才培养质量的新阶段。加快发展现代职业教育，实现职业教育改革发展新跨越，对职业学校"双师型"教师队伍建设提出了更高的要求。为此，教育部明确提出，要以推动教师专业化为引领，以加强"双师型"教师队伍建设为重点，以创新制度和机制为动力，以完善培养培训体系为保障，以实施素质提高计划为抓手，统筹规划，突出重点，改革创新，狠抓落实，切实提升职业院校教师队伍整体素质和建设水平，加快建成一支师德高尚、素质优良、技艺精湛、结构合理、专兼结合的高素质专业化的"双师型"教师队伍，为建设具有中国特色、世界水平的现代职业教育体系提供强有力的师资保障。

目前，我国共有 60 余所高校正在开展职教师资培养，但教师培养标准的缺失和培养课程资源的匮乏，制约了"双师型"教师培养质量的提高。为完善教师培养标准和课程体系，教育部、财政部在"职业院校教师素质提高计划"框架内专门设置了职教师资培养资源开发项目，中央财政划拨 1.5 亿元，系统开发用于本科专业的职教师资培养标准、培养方案、核心课程和特色教材等系列资源。其中，包括 88 个专业项目、12 个资格考试制度开发等公共项目。该项目由 42 家开设职业技术师范专业的高等学校牵头，组织近千家科研院所、职业学校、行业企业共同研发，一大批专家学者、优秀校长、一线教师、企业工程技术人员参与其中。

经过三年的努力，培养资源开发项目取得了丰硕成果。一是开发了中等职业学校 88 个专业（类）职教师资本科培养资源项目，内容包括专业教师标准、专业教师培养标准、评价方案，以及一系列专业课程大纲、主干课程教材及数字化资源；二是取得了 6 项公共基础研究成果，内容包括职教师资培养模式、国际职教师资培养、教育理论课程、质量保障体系、教学资源中心建设和学习平台开发等；三是完成了 18 个专业大类职教师资资格标准及认证考试标准开发。上述成果共计 800 多本正式出版物。总体来说，培养资源开发项目实现了高效益：形成了一大批资源，填补了相关标准和资源的空白；凝聚了一支研发队伍，强化了教师培养的"校—企—校"协同；引领了一批高校的教学改革，带动了"双师型"教师的专业化培养。职教师资培养资源开发项目是支撑专业化培养的一项系统化、基础性工程，是加强职教教师培养培训一体化建设的关键环节，也是对职教师资培养培训基地教师专业化培养实践、教师教育研究能力的系统检阅。

自 2013 年项目立项开题以来，各项目承担单位、项目负责人及全体开发人员做了大量深入细致的工作，结合职教教师培养实践，研发出很多填补空白、体现科学性和前瞻性的成果，有力推进了"双师型"教师专门化培养向更深层次发展。同时，专家指导委员会的各位专家以及项目管理办公室的各位同志，克服了许多困难，按照两部对项目开发工作的总体要求，为实施项目管理、研发、检查等投入了大量时间和心血，也为各个项目提供了专业的咨询和指导，有力地保障了项目实施和成果质量。在此，我们一并表示衷心的感谢。

编写委员会

2016 年 3 月

前　言

本教材是教育部、财政部"园林专业职教师资培养标准、培养方案、核心课程和特色教材开发"项目的研究成果之一。本教材适合职教师资园林专业及其相关、相近专业的学生和教师使用，也适用于园林工作者。

本教材包括园林植物繁殖、园林植物管理及起运包装、园林植物生产与养护、园林植物应用、园林绿地方案设计、园林绿地工程设计及园林工程施工与组织管理 7 个模块，共 55 个任务，涵盖了园林植物从繁殖、管理、养护到应用，园林绿地从方案设计、工程设计到施工组织管理等园林行业生产实践各个环节的核心技能。

本教材体系基于园林植物生产和园林绿地工程项目实施工作过程；任务内容选取针对园林职业岗位核心技能培养的需要；任务结构设计融合教师指导与组织教学实施的工作过程；其有别于其他的实验（实训）指导书，任务对技能培养所需要的知识内容进行了介绍，可以为专业技能培养提供一定的理论依据。

本教材由河北科技师范学院赵会芝任第一主编，保定职业技术学院张洪燕任第二主编；河北农业大学聂庆娟、河北旅游职业学院张丽娟、河北科技师范学院雷绍宇、北京正和恒基滨水生态环境治理股份有限公司宁广兴任副主编；河北工程大学樊慧敏，河北科技师范学院刘玉艳、伍敏华、王建梅，北京正和恒基滨水生态环境治理股份有限公司乐建林、赵军参编。其中，模块一由张洪燕、樊慧敏编写；模块二由张洪燕编写；模块三由张丽娟编写；模块四由刘玉艳编写；模块五由聂庆娟编写；模块六由赵会芝、雷绍宇、张洪燕编写；模块七由宁广兴、伍敏华、雷绍宇、赵会芝、乐建林、赵军编写。王建梅负责了文稿图片的整理工作。

本教材编写过程中得到了教育部专家指导委员会、相关院校、园林企业的大力支持与帮助，同时也参考了有关专家学者的著作和资料，在此一并表示衷心的感谢。

由于编者水平有限，书中难免有错误和疏漏之处，恳请读者给予批评与指正。

编　者

2016 年 4 月

目　　录

园林植物繁殖

任务1　园林植物种子的采集、调制与贮藏

【任务介绍】 园林植物种子的采集与贮藏是指在种子成熟期及时采收种子，并及时选优、去劣、除杂，晒干后在适宜的环境条件下贮藏以延长种子的寿命，保证种子的发芽力。

【任务目标】 ①掌握常见园林植物种子采收及贮藏的方法；②能够调制不同特性的种实；③熟悉并安全使用操作过程中的器具材料；④能独立分析和解决实际问题，进一步提高语言表达能力、沟通协调能力，强化团队意识及创新意识。

【教学设计】

本任务主要采用任务驱动教学法。①布置工作任务，选择有代表性的园林植物种类2~3种作为学生实训材料，明确本次实训的工作内容及相关要求。②任务分析，教师引导学生复习相关理论知识，理解种子成熟、贮藏的原理，了解种子采集与贮藏的方法、步骤及相关要求，并且让学生进行模拟操作。③任务实施，学生在教师的指导下进行种子采收及贮藏的实际操作。④任务评价，主要依据学生对种子采集时间选定的合理性、采集后调制方法是否得当、贮藏方法是否符合相关要求来进行，同时综合考虑学生在学习过程中分析问题、解决问题的能力，以及沟通协调、协作创新等方面的综合表现。

【任务知识】

1　种子采集

1.1　选择采种的母株　园林植物种子的采集，首先应考虑在良种繁育基地采集。留种母株应选择生长健壮、发育良好、能体现品种特性而无病虫害的植株。园林树木应选择树龄进入稳定而正常结实的成年期的植株为采种母树，根据培养目标对母树性状进行选择。如培育目标为行道树，母树应具有主干通直、树冠整齐匀称等特点；花灌木则应选择冠形饱满，叶、花、果具有典型的观赏特征的植株；草本花卉应采集主茎秆和早开的花朵所结的种子。

1.2　采种时期　一般根据种实形态成熟的外部特性和脱落方式，在种子已完全成熟时进行适时采收。

1.2.1　采种期间确定

（1）干果类种子　干果类如蒴果、蓇葖果、荚果、角果等，果实成熟后自然开裂散出种子，在种子充分成熟即将开裂或脱落前分批陆续采收，如矮牵牛、一串红、凤仙花、三色堇、合欢、海桐、刺槐等。

（2）肉质果类种子　肉质果如浆果、核果、梨果等成熟时果皮含水多，成熟后母体脱落而逐渐腐烂。这类果实在果实变软，颜色由绿变红、黄、紫等色时及时采收，如君子兰、天门冬、蔷薇、冬青、枸骨、火棘、南天竹、小檗、珊瑚树等。

（3）球果类种子　在果鳞干燥硬化变色时采收，如油松、马尾松、侧柏等变成黄褐色时采收。

1.2.2　种实脱落　种实成熟后，还需根据种实脱落方式和脱落时间的不同调整采种期。

1）种实挂在树上，较长时间不脱落，可在整株全部成熟后，一次性采收，如樟子松、马尾松、侧柏、杉木、悬铃木、苦楝、刺槐、槐、臭椿、白蜡、女贞、槭树、梓树等。万寿菊、鸡冠花等成熟后果实不开裂、种子不散落的种类，可在全株大部分种子成熟时，整株刈割或将整个花序剪下来采集种子。

2）成熟后随风飞散的，应在果实即将开裂时，于清晨空气湿度较大时采收，如杨树、柳树、泡桐、榆等。

3）大粒种实，可在果实开裂时立即自植株上收集或脱落后立即由地面上收集，如山桃、核桃、板栗、山杏等。

1.3 采种方法

1）对种实较小，已成熟尚未开裂的种子，如侧柏、桧柏等，先在树下铺好采种布，用采种钩采种或进行手采，然后将采集的种实全部集中。对已开裂的，在铺好采种布后，可用竹竿振动果枝，然后采集。

2）对种实大的树种，如海棠、山楂、银杏、核桃等，可用竹竿击打采种或手摘种实。

3）对大果穗或翅果树种，如臭椿、元宝枫、国槐等，可用高枝剪、采种钩将果穗剪下。

4）对树体不高的灌木类，如紫薇，可用枝剪将种实剪下或手采。

5）草本花卉一般将整个花序或种实采下。

2 种子采后处理

2.1 种子调制
是指种实采集后，为了获得纯净而质量优良的种实，并使其达到适合贮藏或播种程度所进行的一系列处理措施。对于不同类别及不同特性的种实，要采取相应的调制工序及方法。

（1）干果类种实调制　调制工序主要是使果实干燥，清除果皮和果翅、各种碎屑、泥土和夹杂物，取得纯净的种子，然后晾晒，使种子达到贮藏所要求的干燥程度。

（2）球果类种实调制　采用自然干燥脱粒或人工干燥脱粒。

2.2 净种和分级
（1）净种　清除种实中的枝叶、土块等夹杂物。方法有风选、水选、筛选等。

（2）种粒分级　将某一树种的一批种子按种粒大小进行分类。

2.3 种子贮藏
（1）干藏法　适合贮藏含水量较低的种子，大多数乔灌木及草花种子即可用此法。贮藏前应充分干燥，然后装入种子袋或桶中，放置阴凉、通风干燥的室内。密封干藏法是将种子放置于密闭容器中，在容器中加入适量干燥剂，并定期检查，更换干燥剂。密封干藏法可有效延长种子寿命。

（2）湿贮法　适用于含水量高的种子，常多限于越冬贮藏，并往往和催芽结合。一般将种子与相当于种子容量2～3倍湿沙或其他基质混拌，埋于排水良好的地下或堆放于室内，保持一定湿度，也可采用层积贮藏。少数种类种子需要贮藏于水中方能保持活力，如睡莲。

【任务实施条件】
采集种子的树种和花卉种类有：矮牵牛、一串红、合欢、海桐、刺槐、小檗、南天竹、泡桐、白蜡、臭椿、蔷薇、杨、柳等。修枝剪、布袋、纸袋、采集箱、竹匾、淘洗箩筐、种子瓶等。每15名学生配1名指导教师。

【任务实施过程】

1.1 布置工作任务 教师选取适当的园林植物种类为实训材料，根据园林植物不同成熟期，设计不同的种子采集、调制和贮藏时期，并对具体操作技术和程序作出安排。

1.2 任务组织实施

1.2.1 任务展示 教师为学生发放任务书，明确本实训任务具体的工作内容及要求。

1.2.2 任务分析 不同种类的园林植物种子的采集、调制与贮藏方法不同。选择有代表性的园林植物种类 2～3 种为样例，引导学生对任务进行分析，明确完成任务要做哪些具体的工作，要如何做，并对种子的采集、调制与贮藏的相关知识点进行深入学习领会；教师针对重点、难点问题进行讲解，以帮助学生具备初步的工作能力。

1.2.3 任务执行 学生以 3～5 人为单位，分好实训小组，结组完成园林植物种子的采集、调制与贮藏工作。在完成任务的过程中，边做边学，不断发现问题、解决问题，丰富理论知识，提高实践技能。具体工作步骤如下。

（1）园林植物种子的采集 完成小粒、容易开裂的干果类和球果种子、大粒种实、大果穗或翅果树种、灌木类等各类园林植物种子的采集工作。

（2）园林植物种子的调制 根据不同类型的园林植物种子，选择适当的方法进行调制。

（3）净种 对不同类型的园林种子，采用风选、筛选或水选方法，进行净种处理。

（4）分级 按种子的大小或轻重进行分级。

（5）贮藏 根据园林植物种子的类型，选用相应的贮藏方法，进行贮藏。

1.2.4 任务评价 本任务评价采用工作成果测评与过程性测评相结合的方式进行。工作成果评价主要对学生采集的种子外观质量、贮藏工作情况及实训总结报告质量进行评价；过程评价主要对学生是否能熟练完成园林植物种子的采集、调制与贮藏工作，以及在实训过程中所表现出的工作态度、沟通能力、协作能力及创新能力等进行评价。

【成果资料及要求】

每个同学提交 1 份实习总结报告，要求描述恰当，写出不同园林植物种子的采集、调制与贮藏的技术环节和管理要点，完成表 1-1 的填写。

表 1-1 园林植物的采集、调制与贮藏记录表

种名	采种日期	采种方法	调制方法	贮藏方法

【任务考核方式及成绩评价标准】

本任务采用任务成果测评与过程性测评相结合的方式，主要依据采集到的园林植物种子的外观质量，并综合考虑学生在学习过程中分析问题、解决问题的能力，以及沟通协调、协作创新等方面的综合表现。

1）能积极主动解决遇到的问题，能与他人沟通、协调完成任务，占总成绩的 20%。

2）掌握园林植物种子的采集、调制与贮藏工作方法，收集种子种粒饱满、质量良

好，占总成绩的 60%。

3）实训总结报告能准确说明园林植物种子的采集、调制与贮藏工作方法，反映实训工作过程，占总成绩的 20%。

【参考文献】

郭淑英，朱志国. 2009. 园林花卉［M］. 北京：中国电力出版社.

宛成钢，赵九州. 2011. 花卉学［M］. 上海：上海交通大学出版社.

赵梁军. 2011. 园林植物繁殖技术手册［M］. 北京：中国林业出版社.

赵彦杰. 2007. 园林实训指导［M］. 北京：中国农业大学出版社.

任务 2　园林植物种子的催芽

【任务介绍】 种子催芽是用人为方法打破园林植物种子的休眠，促使种胚长出、萌发生长、正常出苗。种子催芽可提高种子发芽率，减少播种量，节约种子，且出苗整齐。

【任务目标】 ①理解各种园林植物催芽的原理；②掌握常见园林植物种子催芽的方法；③能安全进行催芽的操作。

【教学设计】

本任务主要采用任务驱动教学法。①布置工作任务，教师为学生准备实训所需的种子材料，并向学生说明本实训的工作内容及相关要求。②任务分析，引导学生理解种子催芽的基本原理，了解种子催芽的工作方法与操作步骤。③任务实施，学生独立完成种子催芽工作。④任务评价，任务评价主要依据种子发芽的百分数，并综合考虑学生在学习过程中分析问题、解决问题的能力，以及沟通协调、协作创新等方面的综合表现。

【任务知识】

在播种前，要确定种子的品种是否纯正。然后选取种粒饱满、色泽新鲜、纯正且无病害的种子，根据种子的发芽难易程度选择适宜的催芽方法。

1　浸种催芽

促使种皮变软，种子吸水膨胀，有利于种子发芽，适用于大多数树种及部分草花的种子。

1.1　冷水浸种　播种前，特别是经过干藏的种子用冷水浸种，对加快出苗有显著作用。冷水浸种能软化种皮，种子吸水膨胀，酶的活力加强，促使贮藏的物质水解，能满足种子萌发需要。

浸种时间长短要据种子特性而定。多数种子为 1～3 d，种皮薄的可以缩短为数小时；种皮坚硬的，如核桃浸种时间需达 5～7 d。种子吸水量多少，除取决于浸种时间长短外，还和种子特性有关。一般含脂肪多的种子比含蛋白质多的种子吸水少，含蛋白质多的种子比含淀粉多的种子吸水量少。浸种的水以流水为宜，如在容器中静水浸种，则每日需换水 1～2 次。冷水浸种的水温一般为 0～3 ℃。

1.2　温水浸种　种子吸水速度是受温度制约的。水温越高，水分进入种子内部越快，有利于种子萌发。所以，温水浸种较冷水浸种效果要快些、好些。不同树种对水温要求差异较大。

温水浸种水温一般为30～60 ℃。种皮较厚的如枫杨、苦楝、君迁子等，可用60 ℃温水浸种；杉木、侧柏、臭椿等可用40～50 ℃温水浸泡；种皮薄的，如泡桐、悬铃木、桑树、一串红、翠菊、紫荆、珍珠梅、锦带花等，可用30 ℃温水浸种。对于发芽迟缓的种子，需提前浸种催芽，用30～40 ℃温水浸泡，待种子吸水膨胀后去掉多余的水分，用湿纱布包裹放入25 ℃环境中催芽。催芽过程中需每天用水冲洗，待种子露白后可播种，如文竹、仙客来、君子兰、天门冬、珊瑚豆、金银花等。

1.3 热水浸种 适用于种皮坚硬而致密、透水性很差的种子，温度一般为70～90 ℃，如合欢、相思树、刺槐、皂荚、山桃、山杏、乌桕、樟树、椴树、栾树、漆树等树种的种子。用热水浸种，种子与水的容积比以1∶3为宜。先将种子放入容器中，然后将热水倒入容器，边倒水边上下充分搅拌，使其受热均匀，再使其自然冷却。如在一次倒入热水后，还需继续浸种，则每天要换水1～2次，水温约40 ℃。

种子吸水膨胀后，可进行催芽。种子数量少的，可将浸种后的种子，放在通气良好的箩筐、蒲包或花盆中；种子数量多的，可将种子堆放在较宽敞的平坦水泥地上。种堆高度不宜超过30～50 cm，种堆上盖以通气良好的湿润物，每天用洁净温水淋洗2～3次，堆温保持在20～25 ℃。当有30%种子"咧嘴"时，即可播种。

2 机械损伤催芽

对种皮坚硬致密、透水透气性能差、不易吸水发芽的种子，如刺槐、油橄榄、美人蕉、荷花等，可用机械损伤法处理。方法是：将种子和沙粒、碎石等混合在一起揉搓或适当碾压，使种子擦伤、种皮破裂，再用温水浸泡，种子吸水膨胀而发芽。

3 层积催芽

对休眠的种子，可采用低温层积处理。把种子与湿润物混合或分层放置，然后放在0～7 ℃环境下，促进其达到发芽程度，如牡丹、鸢尾、蔷薇、海棠、山桃、杏、月季、杜鹃花、白玉兰、樟树、七叶树、银杏、楝树、冷杉、白蜡、槭树、火炬树等。层积时间因种类而异，一般在6个月左右（表1-2），如杜鹃花、榆叶梅需30～40 d，海棠需50～60 d，桃、李、梅等需70~90 d，蜡梅、白玉兰需3个月以上，红松等则在6个月以上，红叶蔷薇则需要处理12～14个月。

表1-2 部分树木种子层积催芽的天数

树种	层积催芽天数 /d	树种	层积催芽天数 /d
白蜡	80	杜仲	40
山楂	240	黄栌	120
黑松、赤松、油松	30～40	山荆子、海棠	60～90
山桃、山杏	80	花椒	60～90
君迁子（黑枣）	70～90	银杏	100～120
杜梨	50～60	平邑甜茶	30～40

层积催芽的方法：如果处理的种子多，选地势高、排水良好处挖坑，坑的宽度以1 m

为好，长度随种子的多少而定。深度一般应在地下水位之上，冻层以下；坑底铺鹅卵石或碎石，铺 10 cm 厚的湿河沙；干种子要浸种、消毒，然后将种子与沙子按 1∶3 比例混合，分层放入坑内，放至距坑沿 20 cm 为止。盖上湿沙，用土培成屋脊形，坑两侧各挖一条排水沟；坑中央直通种子底层放一小捆秸秆或下部带通气孔的竹制或木制通气管，以流通空气。定期检查种子坑温度、霉烂情况、通气情况；播种前 1～2 周检查催芽情况，当 30% 种子"咧嘴"时即可播种。

4　化学药剂处理催芽

有些园林植物种子外表有蜡质，有的酸性或碱性大。为了消除这些妨碍种子发芽的不利因素，必须采用化学药剂处理，以促进种子吸水萌动。用强酸强碱如浓硫酸或苛性钠处理种子再用清水洗净后播种。处理时间从几分钟到几小时不等，视种皮的坚硬程度及透性强弱而异，注意所选药剂、浓度、浸泡时间及浸后种子的清洗。对不具油脂、蜡质的种子，如马尾松、刺槐等，用 1% 苏打水浸种催芽，可软化种皮，促进种子代谢；对具有油脂、蜡质的种子，如乌桕、漆树、花椒、黄连木等用 1% 苏打水浸种 12 h 能去掉蜡质和油脂。

【任务实施条件】

常见园林植物种子 8～10 种，水、电磁炉、锅、浸泡种子容器（缸、盆等）、浓硫酸、氢氧化钠、纱布、箩筐、花盆、铁锹、沙子、秸秆、小刀等。每 15 名学生配 1 名指导教师。

【任务实施过程】

1　布置工作任务

教师选取适当的园林植物种子为实训材料，根据不同种类种子，设计不同的种子催芽方法，并对具体操作技术和程序作出安排。

2　任务组织实施

2.1　任务展示　　教师为学生发放任务书，帮助学生了解任务的主要内容及相关要求。

2.2　任务分析　　不同种类的园林植物种子的催芽方法不同。选择有代表性的园林植物种类 2～3 种为样例，引导学生对任务进行分析，明确完成任务要做哪些具体的工作，要如何做，并对种子的催芽处理相关知识点进行深入学习领会；教师针对重点、难点问题进行讲解，以帮助学生具备初步的工作能力。

2.3　任务执行　　学生结组完成园林植物种子的催芽工作。在完成任务的过程中，边做边学，不断发现问题、解决问题，丰富理论知识，提高实践技能。具体工作步骤如下。

2.3.1　浸种催芽

（1）温水浸种　　将相当于种子 3 倍体积的清水煮开，放置 6～10 min，直至水温降至 30～50 ℃；将种子浸入温水中并缓慢搅拌至水凉；将种子继续浸泡 12 h，之后每隔 12 h 换冷水一次，浸泡 1～3 d；种子膨胀后，取出，晾干种皮上的水分。

（2）热水浸种　　将相当于种子 3 倍体积的清水煮开，稍加放置，至水温降至 70～90 ℃，将种子放入热水中（70～90 ℃），并很快取出，放入 4～5 倍的凉水中降温；将种子在冷水中继续浸泡 12～24 h；将已膨胀种子取出，余下种子重复以上过程，直至大多数种子膨胀为止。

2.3.2　挫伤种皮　　将荷花、美人蕉等种皮坚硬不易透水的种子放入盆中，用利刀在每粒种子脐处将种皮挫伤，然后用温水浸泡，待种子"咧嘴"时即可播种。

2.3.3　层积处理　　根据园林植物种类、种子层积处理天数和播种时间，计算出层积处理开始时间。准备好湿沙和种子，按照前述方法挖坑，坑底铺鹅卵石或碎石，铺 10 cm 厚的湿河沙；然后将种子与沙子按 1∶3 比例混合，分层放入坑内，放至距坑沿 20 cm 为止。盖上湿沙，用土培成屋脊形，坑两侧各挖一条排水沟；坑中央直通种子底层放一小捆秸秆或下部带通气孔的竹制或木制通气管，以流通空气。定期检查种子坑温度、霉烂情况、通气情况；播种前 1～2 周检查催芽情况，30% 种子"咧嘴"时，筛去沙土，即可播种。

2.3.4　化学药剂处理催芽　　以结缕草种子为例。根据结缕草种子数量，以能浸泡全部种子为准，配制适量的 5% 氢氧化钠溶液。用 5% 氢氧化钠溶液浸种 24 h，再用清水冲洗干净，晾干后播种。

2.4　任务评价　　本任务采用工作成果测评与工作过程测评相结合的方式。工作成果评价主要对各组种子发芽的状况、实习总结报告的质量进行评价；过程评价主要对学生是否能熟练完成园林植物种子的催芽工作、各项操作是否规范，任务完成过程中的工作态度、与他人协作的能力、创新能力、灵活性，以及现场应变能力、分析问题、解决问题的能力等方面的表现进行评价。

【成果资料及要求】

每个同学提交 1 份实习总结报告，要求描述恰当，写出不同园林植物种子催芽的技术环节和管理要点，完成表 1-3 的填写。

表 1-3　园林植物种子的催芽记录表

种名	催芽开始时间	催芽方法	催芽过程中的处理	种子达 30%"咧嘴"时的时间	种子发芽率

【任务考核方式及成绩评价标准】

本任务采用任务成果测评与过程性测评相结合的方式，主要依据种子发芽率，并综合考虑学生在学习过程中分析问题、解决问题的能力，以及沟通协调、协作创新等方面的综合表现。

1）能积极主动解决遇到的问题，能与他人沟通、协调完成任务，占总成绩的 20%。

2）能熟练进行园林植物种子的催芽操作，种子发芽率高，占总成绩的 60%。

3）实习总结报告能准确说明园林植物种子的催芽方法及技术要点，概括实训工作过程，占总成绩的 20%。

【参考文献】

王秀娟，张兴．2007．园林植物栽培技术［M］．北京：中国化学工业出版社．

赵梁军．2011．园林植物繁殖技术手册［M］．北京：中国林业出版社．

赵彦杰．2007．园林实训指导［M］．北京：中国农业大学出版社．

任务3　园林植物的播种繁殖

【任务介绍】播种繁殖也叫种子繁殖，是指用种子繁殖后代或用播种的方式繁殖园林植物的方法。播种繁殖繁殖系数高，短时间内可获得大量幼苗，所得苗木根系完整，生长健壮。多用于一二年生草本花卉、园林树木的繁殖。

【任务目标】①掌握园林植物播种育苗基质的配制、播种技术及播后管理方法；②熟悉播种程序，了解园林植物播种苗生长过程；③通过播种繁殖操作，培养细致的观察能力，提高动手能力。

【教学设计】

本任务采用的主要教学方法为任务驱动法。以播种繁殖操作技术及播后管理为任务，通过任务实施、任务评价几个阶段来帮助学生熟练掌握苗床播种、盆播及穴盘播种方法，提高实践技能，同时培养学生观察能力和解决问题能力。

【任务知识】

1　播种时期

不同的园林植物，种子发芽所要求的最低温度不同，故播种期不同。应根据需要和其本身的生物学特性、各地的气候条件和生产目标来选择适宜的播种期，以提高种子发芽率。

（1）露地草花的播种期　　常见一二年生草花露地播种的适宜期见表1-4。宿根花卉、球根花卉播种期为春季或秋季，部分种类春、秋季均可。

表1-4　常见一二年生草花露地播种的适宜期

名称	播种期	名称	播种期	名称	播种期
半枝莲	4~5月	凤仙花	3月下旬至5月下旬	千日红	4~5月
长春花	4月	矮牵牛	4~5月	鸡冠花	4~5月
万寿菊	3月下旬至4月上旬	福禄考	3月或9月	一串红	3~4月
三色堇	9月	雏菊	9~10月	紫茉莉	4~5月
金鱼草	9月	中国石竹	9月	美女樱	4月或9月
虞美人	9月	紫罗兰	9月	牵牛花	4~5月
金盏菊	9月中旬至10月中旬	波斯菊	9~10月	羽衣甘蓝	8月

（2）露地木本园林植物的播种期　　多数大粒种子或种皮坚硬而需长期贮藏催芽的种子，如山杏、梅、山桃、榆叶梅、女贞、白蜡、核桃、板栗、椴树、文冠果等，多在9月上旬至10月下旬进行秋播。如经过层积处理过的种子可在春季土壤解冻后播种。而夏季成熟又不易贮藏的种子如君子兰、四季海棠、广玉兰、柳树、榆树、桑树等，多在种子成熟后随采随播。

（3）温室园林植物的播种期　　在温室内全年均可播种，可根据市场需要安排播种时间。温室播种尽可能保持相对恒温。

2　露地苗床播种育苗

2.1　整地做床　　选择光照充足、地势高、土质疏松、富含腐殖质的沙质壤土地块做播种床。深翻土壤，打碎土块，去除残根、杂草、砖、砾等杂物，消灭潜伏的害虫，施入适量腐熟而细碎的堆肥或厩肥作基肥，然后耙细、混匀、整平、做畦。做床时间，应与播种时间密切配合，在播种前5~6 d内完成。做成的苗床土层深30 cm、宽1.0 m、高20 cm、步道30~40 cm。

2.2 播种方法 根据种子的大小、植物种类，可采取点播、条播、撒播三种方式。

（1）点播 又称穴播，用于大粒种子，按一定的株行距挖栽植穴，播种方式有单粒点播与多粒点播，如紫茉莉、芍药、牡丹、七叶树、核桃、山杏、雪松、白玉兰等。点播最易管理，不必间苗，通风透光，生长好，用种量少。

（2）条播 常用于中小粒种子和种子量多的情况。按一定距离挖栽植沟，在沟中按一定距离播种，如侧柏、马尾松、白栎、麻栎等。需要间苗或分苗，用种量中等。

（3）撒播 用于小粒种子或种量很多。在一定宽度的苗床上均匀地将种子撒开。播种时可在种子中混入适量细沙，经充分拌匀后再行播种，如鸡冠花、翠菊、三色堇、虞美人、悬铃木、泡桐、杨树、柳树、松树等。撒播不易操作，需要间苗或分苗，苗木间距小且分布不均，生长不整齐，用种量大。

2.3 覆土 覆土厚度一般为种子直径的2~3倍，小粒种子以不见种子为度。

2.4 覆盖 为保持苗床湿润，覆土后要进行覆盖保墒。多用薄膜、稻草、草帘、遮阳网等。喜光性种子只能用透明薄膜覆盖。

2.5 浇水 在播种前一天将苗床浇一次透水，播种覆盖后每天喷水保湿，注意喷头要细。

2.6 播后管理 在温度较高时，可用遮阳网遮阴，降低地表温度，防止幼苗遭受日灼危害。保持土壤湿润，及时喷水。种子发芽出土时，应及时撤去覆盖物，防止幼苗徒长。当真叶出土后，根据苗的稀密程度及时间苗，去掉纤细弱苗，留壮苗。间苗后立即浇水，保证幼苗根系与土壤紧密结合。当幼苗长出3~4片真叶时，可分苗移栽。

3 盆播

盆播是指用一些专门的容器，如花盆、苗钵、育苗盘进行播种的方法。主要用于细小种子、名贵种子及温室花卉种子的精细播种。

（1）苗盆准备 盆播一般采用盆口较大的浅盆或浅箱，深10 cm，直径30 cm，底部有多个排水孔，播种前要洗刷干净，消毒后待用。

（2）基质准备 基质要求疏松、通气、透水。一般选富含有机质的沙质壤土。

（3）基质消毒 配制好的基质在上盆之前要消毒。消毒方法为：将育苗基质堆放在光照充足的水泥地面上，以每立方米土壤用0.075%的甲醛溶液2 L灌注、搅拌、压实，再用薄膜封闭熏蒸2 d，然后去除薄膜，暴晒至甲醛溶液完全挥发（约需2周时间）为止。

（4）基质装盆 用碎盆片把盆底排水孔盖上，下部铺2 cm厚粗粒河沙和细粒石子以利排水，上层装入过筛消毒的播种培养土，留出1~2 cm盆沿，双手抬盆轻击地面使盆土沉实。盆播的浇水可采用浸盆法。将播种盆下部浸入较大的盆或水池中，使土面位于盆外水面以上，当水由排水孔渗透至整个土面湿润时，将盆取出。育苗盘可用细喷头喷水，直到盆底排水孔有水渗出。

（5）播种 基质干湿适宜时，即可播种。一般采用点播或撒播。大粒、名贵的种子用点播，小粒种子用撒播。播种深度、覆土、覆盖同床播。

（6）播后管理　　将播种盆置于荫处，保持盆土湿润，干燥时用浸盆法给水，早晚将覆盖物打开数分钟，以便通风透气。幼苗出土后除去覆盖物，逐渐移到向阳处养护。

（7）分苗　　当幼苗长到4～5片真叶时，要进行第一次分苗，分苗前应首先按照园土∶腐叶土∶有机肥为4∶2∶2的比例配制培养土，然后进行分苗，小苗可被分种到温室畦内或花盆中，分苗时要根据花卉的种类不同确定适宜的株行距或每盆内的栽植株数，另外要注意保护幼苗的根系不受伤害，分苗后要注意加强水分管理，确保幼苗成活，某些花卉还要进行第二次分苗。

4　人工穴盘播种育苗

人工穴盘播种育苗是以不同规格的专用穴盘为容器，用泥炭土、蛭石等轻质无土材料为基质，采用人工方法播种（一穴一粒），一次成苗。穴盘育苗可节省种子，发芽率高，护根效果好；在起苗、运苗和定植过程中根系很少受损，方便随意搬动，可控制土壤病害的传播；运输、管理方便，便于规范化操作，是花卉生产中常用的一种育苗方法。

（1）穴盘育苗生产的设施与设备　　由于种苗生产对光、温、水等环境要求较高，一般宜选用双层薄膜温室或智能温室，要求温室内有加温、降温、遮阴、增湿等配套设备及移动式苗床等。

（2）穴盘选择　　市场上穴盘的种类比较多，一般有72穴、128穴、288穴、392穴等类型。根据育苗的品种、计划培育成品苗的大小选用适宜大小的穴盘。

（3）穴盘育苗的基质　　穴盘育苗采用的基质主要有泥炭、蛭石、珍珠岩等无土栽培基质。配制比例为泥炭土∶蛭石∶珍珠岩＝2∶1∶1或泥炭土∶蛭石＝2∶1，过孔径0.5 cm筛。基质消毒同前述。

（4）装盘与播种　　将配好且已消毒的基质装入穴盘，不可用力压紧，以防破坏土壤物理性质。基质不可装得过满，以防浇水时水流出。将装好基质的穴盘摞在一起，两手放在上面，均匀下压，然后将种子仔细点入穴盘，每穴一粒，再轻轻盖上一层细土，与小格相平为宜。播种后及时浇水，穴盘底部有水渗出即可。

（5）播后管理　　由于穴盘中基质量少，因此浇水一定要浇透，要保持基质湿润。冬春季出苗前可以用薄膜覆盖，保温保湿。夏季要放在遮阴处。当小苗长到3～4片真叶时，即可移栽，直接将苗盘连苗一起运到花盆附近，将小苗用手推出，植入花盆中。脱盘前要浇一次透水，使苗脱盘容易。

【任务实施条件】

3～5种园林植物种子（如一串红、鸡冠花、万寿菊、矮牵牛、蓝花鼠尾草等草花种子）；泥炭土、蛭石、珍珠岩、河沙、播种培养土等基质；播种盆、育苗盘、穴盘、筛子、花铲、喷壶、铁锹、瓦片等用具；甲醛溶液等药剂；每15名学生配1名指导教师。

【任务实施过程】

1　任务设计

本任务以学校或学校附近苗圃内的园林植物繁殖任务为支撑，根据生产需要，选择有代表性的园林植物种子3～5种，进行播种繁殖。

2 任务组织实施

2.1 任务展示 教师为学生发放任务书，帮助学生了解任务的主要内容及相关要求。

2.2 任务分析 不同种类的园林植物播种时期与方法不同。选择有代表性的园林植物种类3～5种为样例，引导学生对任务进行分析，明确完成任务要做哪些具体的工作，要如何做，并对播种繁殖的相关知识点进行深入学习领会；教师针对重点、难点问题进行讲解，以帮助学生具备初步的工作能力。

2.3 任务执行 以草本花卉鸡冠花穴盘播种为例。

（1）播种时期 鸡冠花生长期短，若计划国庆节用花，可于6月上中旬播种。

（2）穴盘准备 128孔穴盘，可用0.3%高锰酸钾水冲洗，然后再用清水冲洗，晾干后备用。

（3）基质准备 按照泥炭土∶蛭石为2∶1的比例配制培养土。配好后用甲醛溶液消毒。消毒方法见前述。

（4）装基质 将消毒好的基质装入穴盘，稍低于小格，不可太满。不要用力压紧，以防破坏土壤物理性质。

（5）播种 将装好基质的穴盘摞在一起，两手放在上面，均匀下压，然后将种子仔细点入穴盘，每穴一粒，再轻轻盖上一层过筛细土，与小格相平为宜。播种后及时浇水，穴盘底部有水渗出即可。

（6）覆盖 为保温保湿，将塑料薄膜盖在穴盘上。

（7）播后管理 将穴盘放入温室中，经常浇水，每次要浇透。在温度太高时，温室要加遮阳网遮阴，且要注意经常通风。

（8）掀覆盖物 当种子发芽出土后，要及时撤去薄膜，以防徒长。

（9）分苗 当小苗长到3～4片真叶时，即可移栽，将小苗植入花盆中。脱盘前要浇一次透水，使苗脱盘容易。

2.4 任务评价 本任务采用任务成果测评与过程性测评相结合的方式进行评价。具体包括工作成果、综合表现及实训总结报告三方面内容。其中，成果评价包括：整地做床的实际效果，土壤消毒处理方法是否适宜，播种方法是否得当，播种程序是否正确，播种后温度、光照、水分管理是否得当，间苗、分苗、移栽操作是否正确，以及播种苗成活率高低等内容；综合表现评价是对学生在学习过程中分析问题、解决问题的能力，以及沟通协调、协作创新等方面的综合表现进行评价；实训总结报告评价是对其能否较准确地介绍园林植物播种方法的技术环节和管理要点、概括实训过程进行评价。

【成果资料及要求】

每个同学提交1份实习总结报告，要求描述恰当，写出不同园林植物种子的播种方法的技术环节和管理要点，完成表1-5的填写。

表1-5 草花播种育苗过程记录表

种名	播种日期	开始发芽日期	80%发芽日期	真叶出现日期	分苗日期	备注

【任务考核方式及成绩评价标准】

本任务采用任务成果测评与过程性测评相结合的方式，主要依据种苗成活率和种苗的外观质量，并综合考虑学生在学习过程中分析问题、解决问题的能力，以及沟通协调、协作创新等方面的综合表现。

1）能积极主动解决遇到的问题，能与他人沟通、协调完成任务，占总成绩的20%。

2）能熟练进行园林植物的播种繁殖及播后管理，种子发芽率高，种苗成活率高，品质好，占总成绩的60%。

3）学习总结报告能较详细地介绍园林植物的播种繁殖过程，占总成绩的20%。

【参考文献】

曹春英. 2010. 花卉栽培［M］. 北京：中国农业出版社.

郭淑英，朱志国. 2009. 园林花卉［M］. 北京：中国电力出版社.

宛成钢，赵九州. 2011. 花卉学［M］. 上海：上海交通大学出版社.

赵梁军. 2011. 园林植物繁殖技术手册［M］. 北京：中国林业出版社.

赵彦杰. 2007. 园林实训指导［M］. 北京：中国农业大学出版社.

任务4　播种法建植草坪

【任务介绍】播种法建植草坪即用种子直接播种建立草坪的方法。大多数冷季型草坪草用种子直播法建坪，暖季型草坪草中的假俭草、雀稗、地毯草、野牛草、普通狗牙根和结缕草亦可用播种法建坪。播种法是建植草坪的常用方法。

【任务目标】①掌握播种法建植草坪的方式、方法，能较熟练地运用播种法建植草坪；②熟悉并安全使用操作过程中的器具材料；③能独立分析和解决实际问题，进一步提高语言表达能力、沟通协调能力，强化团队意识及创新意识。

【教学设计】

本任务采用的主要教学方法为任务驱动法。①布置工作任务，选择待建的草坪场地一块，由学生结组进行草坪草的播种工作。②组织实施工作任务，包括任务分析、任务执行等，教师引导学生理解播种时间、方法与操作步骤等内容，并指导学生开展草坪草的播种工作。③进行任务评价，主要依据草坪的外观质量和学生实训过程中的综合表现。

【任务知识】

1　播种时间

播种时间以温度为依据，暖季型草坪草以春季日均温稳定超过 12 ℃至夏季日均温不低于 25 ℃之间为播种适期，期间早播较迟播好；冷季型草坪草春季日均温度在 6～10 ℃，至夏季日均温稳定达到 20 ℃之前，以及夏末日均温稳定降到 24 ℃以下，秋季日均温降到 15 ℃之前，均为播种适期，不论春、秋，播种适期都是早比迟好。

2　播种方式

草坪草的播种方式有单播和混播两种。

2.1.1　单播　指只用一种草坪草种子建植草坪的方法，如暖季型草坪草中的狗牙根、假俭草、结缕草，以及冷季型草坪草中的高羊茅、剪股颖等，单播可以获得一致性很好的草坪。但单播草坪往往在抗病性和抗虫性等方面较差。因此用播种法建坪时一般采用两种以上草坪草混播。

2.1.2 混播 指根据草坪的使用目的、环境条件、草坪养护水平等选两种或两种以上的草种或同种不同品种混合播种的建坪方法，常用于冷季型草坪的建植。混播的优势在于避免缺点，优势互补，适应性强。

混播的类型有以下几种。

（1）短期混合草坪 用一二年生或短期多年生草种和长期多年生草种混合种植。该混合草坪能很快成坪，1～2年后，短期草种完成使命，形成纯一或混合的长期草坪。

（2）长期混合草坪 选择两个或多个竞争力相当、寿命相仿、性状互补的草种或品种混合种植，取长补短，提高草坪质量，延长草坪寿命。

（3）套种常绿草坪 在长江以南将冬绿型草种在夏绿型草坪上套种形成四季常绿的混合草坪，称为套种常绿草坪。

3 播种方法

播种要求将种子均匀分布在建坪地上，使种子在 0.5～1.5 cm 的土层中，或加盖 0.5～1.0 cm 厚的盖土。播种过深或加土过厚，影响出苗率，过浅或不盖土可能导致种子流失。各草种具体的播种深度可视种子大小和发芽的需光与否而定。一般播种深度以不超过所播种子长径的 3 倍为准。

（1）人工撒播 把建坪地划分成若干块，把种子也相应地分成若干份，均匀地撒播在地块中。适宜在有乔灌木等障碍物的位置、坡地及狭长和小面积建植地上应用。如果种子细小，可掺入细沙、细土后撒播，播 2～3 个来回以确保均匀；用耙子把草籽和土壤轻轻混合在一起，或者直接在草籽上盖土。

（2）机械播种 适用于建植面积较大的草坪。常用播种机有手摇式播种机、手推式和自行式播种机。其最大特点是容易控制播种量、播种均匀；不足之处是不够灵活。

【任务实施条件】

待建草坪场地一块（约 40 m²）；草坪种子若干（依据草种而定）、称量天平、五齿耙、铁镢、绳子、皮尺、浇灌设备等；每 3～5 个学习小组配 1 名指导教师。

【任务实施过程】

1 布置工作任务

本任务以学校草坪实训基地或者正在建设中的绿化工程中的草坪草播种任务为支撑，学生了解施工场地的现状，根据任务的总体安排选择草种，并开展草坪草的播种及播后管理工作。

2 任务组织实施

2.1.1 任务展示 教师为学生发放任务书，并将学生带入工程施工现场，了解草坪草播种施工场地的情况及其衔接工作，详细介绍草坪草播种任务的主要内容及相关要求。

2.1.2 任务分析 不同的草种播种量和播种方法不同，不同的观赏要求对草种的选择及播种方式也有不同要求。学生在学习过程中，不但要掌握草坪草播种的方法、程序，更要理解草坪的观赏要求及功能与草种和播种方式的选择之间的关系等相关知识。

2.1.3　任务执行　　学生结组完成所选草种的播种及播后管理工作。在完成任务的过程中，边做边学，不断发现问题、解决问题，丰富理论知识，提高实践技能。主要工作步骤如下。

（1）清理与平整场地　　清理坪床上大颗粒土块及石头、砖块等垃圾，用五齿耙对整理好的坪床场地再次耙平，使坪床表面土质疏松，土块细碎。

（2）坪床分区　　把坪床平均分成 4 等份。

（3）称量草种　　称量待播草种，并平均分成质量相等的 4 等份，每个坪床分区分配一份。

（4）撒播草种　　将每个分区上的草种均匀撒播到该分区内，先沿一个方向均匀撒播一半种子，再沿与第一次播种方向相垂直的方向撒播另一半种子。

（5）镇压　　用五齿耙把播种后的坪床轻轻耙一遍，使种子与土壤混合，铁磙镇压一遍，保证种子与土壤紧密接触。

（6）浇水　　第一次要浇透水，以后每天浇水 1～2 次，保持土壤呈湿润状至种子发芽（大约需要一周）。

（7）覆盖　　早春或秋冬低温播种时应进行覆盖，以提高土壤温度。早春覆盖者，待幼苗分蘖分枝时揭膜；秋冬覆盖者，待幼苗生长健壮并具有抗寒能力可揭膜。覆盖材料可用专门生产的地膜、草帘、草袋或者农作物秸秆、树叶、刨花、锯末等。护坡覆盖可用无纺布、遮阳网，用后不揭走，以增加土壤拉力，防止冲刷。

覆盖前应浇足水，待坪床不陷脚时再覆盖；用草袋、草帘覆盖也可在覆盖作业后浇水。

2.1.4　任务评价　　工作任务评价主要依据草坪的外观质量，并综合考虑学生在学习过程中分析问题、解决问题的能力，以及沟通协调、协作创新等方面的综合表现。

【成果资料及要求】

完成草坪草播种的全过程，并保证较好的外观质量。

以个人为单位，提交实训总结报告 1 份，要求图文并茂，描述恰当，能较详细地介绍草坪草的播种及管理技术。

【任务考核方式及成绩评价标准】

任务评价采用指导教师评价与组内评价相结合，工作成果评价与综合能力评价相结合的形式。

1）由指导教师分别为每一组评分，占总成绩的 50%。包括两方面的内容：①通过提问、观察操作过程及工作成果，判断学生是否具备草坪草的播种操作及播后管理的能力，占总成绩的 30%。②学习报告能否准确说明草坪草的播种操作及播后管理工作流程和技术要点，占总成绩的 20%。

2）由小组负责人根据组员在工作任务完成过程中的表现，为小组各成员评分，占总成绩的 50%。具体包括如下三个方面：①积极主动完成组长分配的工作任务，占总成绩的 10%。②理解草坪草的播种操作及播后管理相关知识，掌握其操作流程及技术要点，占总成绩的 20%。③工作过程中能积极主动解决遇到的问题，能很好地与同学进行沟通协调、团结合作，占总成绩的 20%。

【参考文献】

孙晓刚. 2002. 草坪建植与养护［M］. 北京：中国农业出版社.

袁明霞，刘玉华. 2010. 园林技术专业技能包［M］. 北京：中国农业出版社.

任务5　园林植物的扦插繁殖

【任务介绍】扦插繁殖是用植物营养器官的一部分（如枝、芽、根、叶等）作为插穗，在一定条件下，插在土、沙或其他基质中，使其生根发芽，成为完整独立新植株的育苗方法。经过剪、截等操作后用于直接扦插的部分营养器官叫插穗，通过扦插方法培育的苗木称为扦插苗。扦插繁殖操作简单，成苗迅速，能保证母本的优良性状，是园林植物的主要繁殖方法之一。

【任务目标】①理解扦插繁殖的技术原理，掌握扦插繁殖的基本育苗方法及插后管理要点；②能进行扦插苗繁育的操作及插后管理工作；③熟悉并安全使用扦插育苗操作过程中的器具材料；④通过扦插繁殖操作，培养细致的观察能力，提高动手能力。

【教学设计】

本任务采用的主要教学方法为任务驱动法。①布置工作任务，由学生独自完成植物扦插繁殖及插后管理工作。②组织实施工作任务，包括任务分析、任务执行等，教师引导学生理解扦插繁殖的原理、方法与操作步骤，让学生进行扦插的实际操作，并完成插后的管理工作。③进行任务评价，主要依据扦插苗的成活率和学生实训过程中的综合表现。

【任务知识】

1　硬枝扦插

硬枝扦插是指利用充分木质化的插穗进行扦插的育苗方法。此法技术简便、成活率高、适用范围广。很多园林植物都可用硬枝扦插，特别是落叶木本园林植物的扦插，生产上应用极为广泛。

1.1.1　扦插时间　春、秋两季均可，以春季为主。春季扦插宜早，应在萌芽前进行，北方地区可在土壤化冻后及时进行。秋季扦插在落叶后、土壤封冻前进行。

1.1.2　插穗的采集与贮藏　硬枝扦插使用的插穗在休眠期采集，可结合冬季修剪进行。在晚秋或初冬采后贮藏在湿沙中，也可在春季萌芽前，随采随插。选择树龄较为年轻的母树当年生枝条（在来源缺乏条件下也可用二年生枝条）或萌生条，要求枝条生长健壮，无病虫害，已木质化。采集到的枝条应按品种、粗度剪成50～100 cm长度，50根或100根捆扎成一捆，拴挂标签，注明品种、数量和采集日期，在1～5 ℃条件下进行湿沙贮藏。

1.1.3　插穗生根处理　扦插前，应对插穗进行生根处理，以提高育苗成活率。处理方法有植物激素处理法、浸水处理法、增温处理法、化学药剂处理法等。

2　嫩枝扦插

嫩枝扦插是在生长期应用半木质化或未木质化的插穗进行扦插育苗的方法，应用于硬枝扦插不易成活的常绿植物、草本植物和一些半常绿的木本观花植物，一般采用随采随剪随插的方法。

嫩枝扦插一般在6～7月份应用，只要当年生新茎（或枝）长到一定程度即可进行。为减少水分蒸发，采集插穗应在阴天无风或清晨有露水、16:30以后光照不很强烈的时间进行。

木本植物的嫩枝扦插的插穗需要从发育阶段年轻的母树上剪取，选择健壮、无病虫害、半木质化的新梢；草本花卉采用幼嫩的部分。

【任务实施条件】

修枝剪、生根粉、锄头、铁锹、容器、竹弓、薄膜、洒水壶、遮阳网等；采集插穗的母株；每 15～20 名学生配 1 名指导教师。

【任务实施过程】

1 布置工作任务

本任务的学习以学校或学校附近苗圃场内的扦插繁殖任务为支撑，学生了解苗圃地植物的生长状况，并根据苗圃场育苗任务的总体安排选择要进行扦插繁育的植物。

2 任务组织实施

2.1 任务展示 教师为学生发放任务书，并将学生带入苗圃场，了解苗木生长情况，详细介绍苗木扦插繁殖工作的主要内容及相关要求。

2.2 任务分析 教师引导学生对任务进行分析，明确完成任务要做哪些具体的工作，要如何做；引导学生理解扦插繁殖的相关知识点，并针对重点、难点问题进行讲解和演示，以帮助学生具备初步的工作能力。

2.3 任务执行 学生独立完成所选园林植物的扦插繁殖及插后管理工作。主要工作步骤如下。

2.3.1 硬枝扦插

（1）苗床整地 在土壤封冻前，在扦插床内施入有机肥，并深翻、耙细。次年春季土壤解冻后，进一步松土、做畦、浇透水，铺农用地膜，待用。

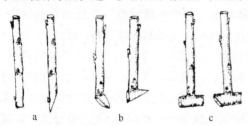

图 1-1 插穗的下切口形状（引自石进朝，2009）
a. 平切及斜切；b, c. 带踵

（2）剪截插穗 扦插前将冬藏后的插条先用清水浸泡 1 d，使其充分吸水；在枝条上选择中段的壮实部分，剪取长 10～20 cm 的枝条，每根插穗上保留 2～3 个充实的芽，枝条梢部的一般不用。常见插穗的下切口形状有平切、斜切及带踵。如图 1-1 所示。

（3）插穗生根处理 将插穗基部整理整齐，把生根粉配好倒在容器或面盆中，深 3～4 cm，插穗基部浸入生根粉溶剂中，时间长短根据药剂浓度而定，可按说明书操作。

（4）扦插 按株距 10 cm，行距 25 cm 直接穿破地膜扦插。扦插时直插、斜插均可，但倾斜度不宜过大，插穗入土深度是其长度的 1/2～2/3，干旱地区、沙质土壤可适当深些。注意不要碰伤芽眼，插入土中时不要左右晃动，并用手将周围土壤压实，保证插穗与基质能够紧密结合。

（5）浇水保湿、盖膜 插后应及时灌水，保持苗床的湿润。北方地区，扦插后可覆盖白色塑料薄膜，以提高地温、保持水分。

2.3.2 嫩枝扦插

（1）苗床整地 嫩枝扦插通常采用低床，用湿插法进行，即先将苗床或基质浇透水，然后再扦插。因枝条柔嫩，扦插基质要求疏松、精细整理，最好以蛭石、河沙、珍珠岩等材料为主。扦插也可以在专用的扦插床或容器中进行。

（2）剪截插穗 插穗剪截方法与硬枝扦插相同，剪口尽量在其节下，保留1～2片叶。叶片较大的树种，可剪去部分叶片，以减少蒸发。在采集、制穗期间，注意用湿润物覆盖嫩枝，以免失水萎蔫。草本花卉若插穗充足，最好用茎的顶端作插穗，利于生根。

（3）插穗生根处理 参考硬枝扦插插穗生根处理方法。

（4）扦插 扦插密度以插后叶面互不拥挤重叠为原则，株行距一般为5～10 cm，插穗一般垂直插入土中，入土部分为总长的1/3～1/2。

（5）浇水保湿、盖膜 插后应及时浇透水，并搭荫棚，棚高1～1.5 m，遮阴材料可用草帘或遮阳网，一般晴天早8时开始遮阴，下午5时卷帘，待幼苗逐步适应自然环境后（约10 d）撤除遮阴物。扦插后半个月内要保持土壤湿润及90%的空气湿度。待插条愈伤组织长好后，应控制浇水量，见干再浇，以促进根系生长。

2.4 任务评价 由教师对各组的工作成果及完成任务过程中的表现进行评价。包括：能否熟练进行扦插操作及扦插苗的后期管理工作，扦插成活率；任务完成过程中的工作态度、与他人协作的能力、创新能力、灵活性，以及现场应变能力、分析问题、解决问题的能力等方面的表现。

【成果资料及要求】

完成扦插繁殖的全过程，并保证一定的成活率。

以个人为单位，提交学习总结报告1份，要求图文并茂，描述恰当，能较详细地介绍扦插繁殖的操作及管理技术。

【任务考核方式及成绩评价标准】

本任务采用任务成果测评与过程性测评相结合的方式。

1）能熟练进行扦插操作及扦插苗的后期管理工作，占总成绩的20%。

2）能积极主动解决遇到的问题，能与他人沟通、协调完成任务，占总成绩的20%。

3）扦插成活率达到一定要求，占总成绩的40%。

4）实训总结报告能准确说明扦插繁殖的操作及管理技术、反映实训工作过程，占总成绩的20%。

【参考文献】

卢伟红，辛贺明. 2012. 果树栽培技术［M］. 大连：大连理工大学出版社.

石进朝. 2009. 园林苗圃［M］. 北京：中国农业出版社.

袁明霞，刘玉华. 2010. 园林技术专业技能包［M］. 北京：中国农业出版社.

任务6 园林植物的嫁接繁殖

【任务介绍】 嫁接即人们有目的地将一株植物上的枝或芽接到另一株植物的茎、干或根上，使之愈合生长在一起，形成新的独立植株的方法。用嫁接的方法培育出的苗木叫嫁接苗。用来嫁接的枝或芽叫接穗或接芽，承受接穗的植物叫砧木。

嫁接苗能保持优良品种接穗的性状，并可以利用砧木的优良性状增强栽培品种的适应性和抗逆性，生长快，树势强，利于加速新品种的推广应用，是园林植物的主要繁殖方法之一。

【任务目标】①理解嫁接繁殖的主要原理及影响因素，掌握嫁接繁殖的育苗方法及接后管理要点；②能进行芽接和枝接育苗操作及接后管理工作；③熟悉并安全使用嫁接育苗操作过程中的器具材料；④通过嫁接繁殖操作，培养细致的观察能力，提高动手能力。

【教学设计】

本任务采用的主要教学方法为任务驱动法。①布置工作任务，教师为学生准备植物材料，由学生独自完成嫁接繁殖及接后管理工作。②组织实施工作任务，包括任务分析、任务执行等，教师引导学生理解嫁接繁殖的原理、方法与操作步骤，学生进行模拟操作，并对苗圃中的植物进行嫁接繁殖的实际操作和后期管理工作。③进行任务评价，主要依据嫁接育苗的成活率和学生实训过程中的综合表现等。

【任务知识】

嫁接繁殖包括接穗的采集和贮运、砧木的准备、嫁接工具的准备、嫁接和接后管理等环节。

1 接穗采集

选择品种纯正、发育健壮、无检疫病虫害的成年植株作采穗母树，剪取树冠外围生长充实、枝条光洁、芽体饱满的发育枝或结果枝作接穗，以枝条中段为优。春季嫁接多采用一年生枝条，徒长性枝条或过弱枝不宜作接穗。

2 砧木选择

选用砧木，除要求与接穗的亲和力强外，还应有较强的抗逆性和对土壤的适应性；同时还应考虑对接穗生长和开花结果的影响，以及其规格是否满足园林绿化对嫁接苗高度、粗度的要求等。一般用根系发达的一二年生实生苗作砧木较好。

3 嫁接工具准备

（1）嫁接工具　主要有嫁接刀、单（双）面刀片、修枝剪、手锯、手锤等。

（2）绑扎材料　农用地膜、塑料绳。将农用地膜裁成宽度在 1～2 cm，长度随砧木粗度而定的细长条待用。

（3）涂抹材料　涂抹嫁接口的材料，通常为接蜡或泥浆，也可采用市场销售的保湿剂直接涂抹。

4 嫁接方法

常用的嫁接方法有枝接和芽接。

4.1.1 枝接　用枝条作接穗进行嫁接称为枝接。其优点是嫁接苗生长较快，尤其在大树更新换种时，可迅速恢复树冠。

枝接时间一般以春季 3～4 月进行（萌芽期至展叶期）；含单宁较多的核桃、板栗、柿树等，应在砧木展叶后嫁接；龙柏、翠柏、偃柏等，应在夏季新梢刚停止生长时嫁接；如果用接穗木质化程度较低的嫩枝嫁接，应在夏季新梢生长至一定长度时进行。

枝接依据方法又可分为劈接、切接、插皮接、舌接、靠接等。

4.1.2 芽接　用芽作接穗进行的嫁接称为芽接。芽接优点是省接穗，对砧木粗度要求不高，一般一年生（粗度＞0.5 cm）苗木即可作砧木。芽接不伤害砧木树体，即使嫁接失败影响也不大，可以补接，但芽接接穗生长慢，一般需要在苗木皮层能够剥离时方可进行，常用的芽接方法有 T 字形芽接、嵌芽接、套芽接等。

5 嫁接苗管理技术

5.1.1 挂牌 挂牌的目的是防止嫁接苗品种混杂，嫁接完成应立即挂牌，注明接穗品种、数量、贮藏情况和嫁接日期、方法等，以便日后了解生产情况和总结经验。为防止因挂牌造成的经营机密的丧失，挂牌内容要尽量多用一些代号和字母来表示。

5.1.2 检查成活情况 芽接后 7～15 d 即应检查成活情况。凡接芽新鲜，叶柄用手一触即落，说明其已形成离层，已经成活；接芽若不带叶柄的，则需要解除绑扎物进行检查。枝接的嫁接苗在接后 20～30 d 可检查其成活情况。检查发现接穗上的芽已萌动，或虽未萌动但芽仍保持新鲜、饱满，接口已产生愈伤组织，则表示已经成活。

5.1.3 松绑 枝接成活后可根据砧木生长及时解除绑扎物；但若高接或在多风地区可适当推迟解除绑扎物，以便保护接穗不被风吹折。

5.1.4 剪砧、抹芽和除萌 剪砧是指嫁接成活并解除包扎物后，及时将接口以上砧木部分剪去的操作。剪砧多为一次剪砧，即在接芽上方留 1.5～2 cm 剪去砧梢；在多风、干旱地区可采用两次剪砧，即第一次先在接口上方留一段砧木剪去上部，所留砧木枝梢可作为接穗的支柱，待接穗新梢木质化后，再在接芽上 1.5～2 cm 处进行第二次剪砧。

嫁接成活后，砧木上常会萌发不少蘖芽，应及时去除。如果嫁接部位以下没有叶片，也可以将一部分萌条留 1～2 片叶摘心，促进接穗生长；待接穗生长到一定程度再将这些萌条剪除。

5.1.5 立支柱 接穗在生长初期很细嫩，在春季风大的地方，可以在新梢（接穗）边立支柱，将接穗轻轻缚扎住，进行扶持，特别是采用枝接法，更应注意立支柱。若采用的是低位嫁接（距地面 5 cm 左右），也可在接口部位培土保护接穗新梢。

5.1.6 田间管理 当嫁接成活后，根据苗木生长状况及生长规律，应加强肥水管理，适时灌水、施肥、除草松土、防治病虫害，促进苗木生长。

【任务实施条件】

嫁接用砧木和接穗；修枝剪、嫁接刀、刀片、塑料条、磨石等；每 15～20 名学生配 1 名指导教师。

【任务实施过程】

1 布置工作任务

本任务的学习以学校或学校附近苗圃场内的植物嫁接任务为支撑，学生了解苗圃地植物的生长状况，并根据苗圃场育苗任务的总体安排选择要嫁接的植物。

2 任务组织实施

2.1 任务展示 教师为学生发放任务书，并将学生带入苗圃场，了解苗木生长情况，详细介绍苗木嫁接繁殖工作的主要内容及相关要求。

2.2　任务分析　　教师引导学生对任务进行分析，明确完成任务要做哪些具体的工作，要如何做；引导学生理解嫁接繁殖的相关知识点，并针对重点、难点问题进行讲解和演示，以帮助学生具备初步的工作能力。

2.3　任务执行　　学生独立完成所选园林植物的嫁接繁殖及接后管理工作。在完成任务的过程中，边做边学，不断发现问题、解决问题，丰富理论知识，提高实践技能。具体工作步骤如下。

2.3.1　嫁接前的准备工作　　嫁接前的准备工作包括：准备工具材料、选择采穗母树和砧木、采集接穗。

2.3.2　枝接

（1）**切接**　　枝接中最常用的一种方法，适用于大部分落叶树种，在砧木略粗于接穗时采用。如图 1-2 所示。

1）削接穗。接穗长 10 cm 左右，上端保留 2～3 个完整饱满的芽，接穗下端的一侧用刀削成长约 3 cm 的斜面，相对另一侧也削成 1 cm 左右斜面（呈楔形）。

2）砧木处理。选用直径 1～2 cm 的砧木，在距地面 5～10 cm 处剪断砧木，要求剪口平滑，在砧木一侧垂直下刀，略带木质部，切口长度为砧木直径的 1/5～1/4（大于接穗粗度），深度 2～3 cm。

3）接合与绑扎。接穗长削面对髓心，插入砧木切口中，使砧木与接穗形成层对齐，或至少有一侧形成层对齐，削面紧密结合，接穗上部露白 0.2 cm。随即用塑料条由下向上捆扎紧密，注意不要碰到接穗，在接口处涂接蜡以保湿，提高成活率。

（2）**劈接**　　通常在砧木较粗、接穗较小时使用。如图 1-3 所示。

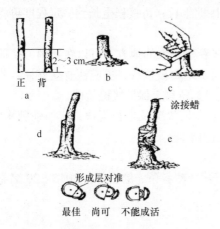
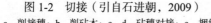
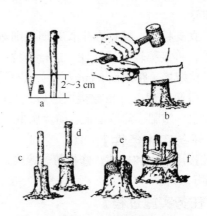

图 1-2　切接（引自石进朝，2009）　　　　图 1-3　劈接（引自石进朝，2009）
a. 削接穗；b. 削砧木；c，d. 砧穗对接；e. 捆绑　　a. 削接穗；b. 削砧木；c～e. 砧穗对接；f. 捆绑

1）削接穗。接穗削成楔形，两侧削面长 2～3 cm，接穗外侧要比内侧稍厚，削面要光滑。

2）砧木处理。选择光滑处将砧木截断，并削平锯（剪）口，用嫁接刀从其横断面的中心垂直向下劈开，深度 3～4 cm。

3）接合与绑缚。将削好的接穗立即插入砧木劈口内（接穗插入时可用嫁接刀将劈口撬开），接穗应靠在砧木的一侧，使两者的形成层紧密结合。砧木较粗时可同时插入 2～4

个接穗，随后用塑料条绑紧即可。为防止接口失水影响嫁接成活，接后涂以接蜡或套袋保湿。

（3）插皮接　　也叫皮下接，当砧木较粗、皮层厚时，采用此法嫁接，适宜在皮层易于剥离时进行，也常用于高接。如图 1-4 所示。

1）削接穗。接穗长 10 cm 左右，保留 2～3 个芽，接穗下端削成长 3～4 cm 的斜面，背面下部削去 0.5～1 cm 呈小斜面。

2）切砧木及嫁接。选砧木光滑处剪断，削平断面；将接穗的大削面向着砧木木质部方向插入皮层之间。接穗削面上端露出砧木削面 0.3 cm 左右为宜，最后用塑料条将接口包严绑紧。

（4）靠接　　主要用于培育一般嫁接难以成活的园林花木，要求砧木与接穗均为自根植株，而且粗度相近，在嫁接前应移植在一起。

将砧木和接穗相邻的光滑部位各削一个长 3～5 cm、大小相同、深达木质部的切口，对齐双方形成层后用塑料条绑缚严密。待愈合成活后，除去接口上方的砧木和接口下方的接穗部分，即成一株嫁接苗。

2.3.3　芽接

（1）T 字形芽接　　常用在一二年生的实生砧木上。如图 1-5 所示。

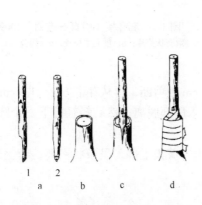

图 1-4　插皮接（引自石进朝，2009）

a. 削接穗（1 侧面；2 背面）；b. 削砧木；
c. 插入接穗；d. 捆绑

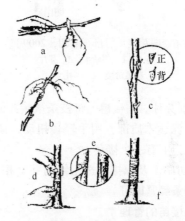

图 1-5　T 字形芽接（引自石进朝，2009）

a～c. 削接芽；d, e. 削砧木；f. 砧穗对接及捆绑

1）削芽片。采取当年生新鲜枝条作接穗，将叶片除去，留有一段叶柄；左手拿接穗，右手拿嫁接刀，先在芽的上方 0.5 cm 处横切一刀，刀口长 0.8～1.0 cm，深达木质部；再从芽下方 1～2 cm 处用刀向上斜削入木质部，长度至横切口即可，然后用两指捏住芽片两侧，将其取下。

2）切砧木。在砧木距地面 5～10 cm 处光滑无疤的部位横切一刀，深度以切断皮层为准；再在横切口中间向下纵切一个长 1～2 cm 的切口，使切口呈 T 字形。

3）接芽与绑缚。用芽接刀撬开切口皮层，随即把削好的芽片插入 T 形切口内，使芽片上部与 T 字形横切口对齐；用塑料条先在芽上方扎紧一道，再在芽下方捆紧一道，然后连缠三四下，系活扣。

（2）嵌芽接　　砧木、接穗不易离皮时或接穗具菱形沟可选用嵌芽接，如图1-6所示。

1）削芽片。先在接穗芽上方0.8～1 cm处向下斜切一刀，长约1.5 cm，再在芽下方0.5～0.8 cm处斜切一刀，至上一刀底部，取下带木质部的芽片。

2）切砧木。在砧木上切相应切口，大小略大于芽片。

3）接芽与绑缚。将芽片插入砧木切口中，注意芽片上部必须露出一段砧木皮层，然后用塑料条进行严密绑扎。

（3）套芽接　　套芽接又称环状芽接，其穗砧接触面积大，易于成活，但要求砧木与接穗枝条直径相等或相近，且为皮层易于剥离的树种。如图1-7所示。

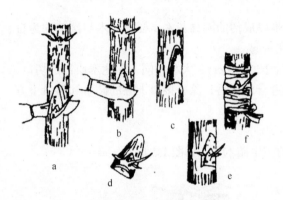

图1-6　嵌芽接（引自石进朝，2009）
a，b. 削芽片；c. 削砧木；d. 芽片；
e. 砧穗对接；f. 绑扎

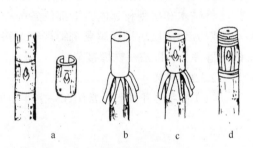

图1-7　套芽接（引自石进朝，2009）
a. 取套状芽片；b. 削砧木树皮；c. 接合；d. 绑扎

1）削芽片。在接穗上将枝条从接芽的上方1 cm处剪断，再从芽下方1～1.5 cm处用刀环切，深达木质部，用手轻轻扭动，使树皮与木质部脱离，然后轻轻拧下一个圆筒状皮层套管，上有一个接芽。

2）切砧木及嫁接。选粗细与芽套相同的砧木，剪去上部，呈条状剥离，套上芽套，用塑料绑条缠紧即可。

2.3.4　嫁接苗的管理

（1）检查成活、解绑及补接　　芽接后7～15 d应检查成活情况。凡接芽新鲜，叶柄用手一触即落，说明已经成活；未成活的需要补接。嫁接成活后可根据砧木生长情况及时解除绑扎物。

（2）剪砧、除萌　　嫁接成活并解除包扎物后，应及时剪砧并反复去除砧木基部发生的萌蘖。

（3）立支柱　　在新梢（接穗）边立支柱，将接穗轻轻缚扎住，进行扶持，特别是采用枝接法，更应注意立支柱。

（4）田间管理　　根据苗木生长状况及生长规律，适时灌水、施肥、除草松土、防治病虫害。

2.4　任务评价

工作任务评价主要依据嫁接育苗的成活率，并综合考虑学生在学习过程中分析问题、解决问题的能力，以及沟通协调、协作创新等方面的综合表现。

【成果资料及要求】

完成嫁接繁殖的全过程，并达到一定的成活率。

以个人为单位，提交学习总结报告 1 份，要求图文并茂，描述恰当，能较详细地介绍苗木嫁接繁殖及管理技术。

【任务考核方式及成绩评价标准】

本任务采用任务成果测评与过程性测评相结合的方式。

1）能熟练进行嫁接操作及嫁接苗的后期管理工作，占总成绩的 20%。

2）能积极主动解决遇到的问题，能与他人沟通、协调完成任务，占总成绩的 20%。

3）嫁接成活率高，占总成绩的 40%。

4）学习总结报告能较详细地介绍苗木嫁接繁殖及管理技术，占总成绩的 20%。

【参考文献】

卢伟红，辛贺明. 2012. 果树栽培技术［M］. 大连：大连理工大学出版社.

石进朝. 2009. 园林苗圃［M］. 北京：中国农业出版社.

任务7　园林植物的分生繁殖

【任务介绍】分生育苗是利用植物体的再生能力，将植物体再生的新个体与母株人为地进行分离，另行栽植培育，使之形成新植株的方法。该育苗方法具有简单易行、成活率高、成苗快等优点，在生产中主要用于丛生性强、萌蘖性强和能形成球根的宿根花卉、球根花卉及部分花灌木。

【任务目标】①掌握分生繁殖的基本育苗方法及管理要点；②能进行分生繁殖的操作及管理工作；③熟悉并安全使用分生繁殖操作过程中的器具材料；④通过分生繁殖操作，培养细致的观察能力，提高动手能力。

【教学设计】

本任务采用的主要教学方法为任务驱动法。①布置工作任务，教师为学生准备材料，由学生独自完成这些植物的分生繁殖及管理工作。②组织实施工作任务，包括任务分析、任务执行等，教师引导学生理解分生繁殖的原理、方法与操作步骤，并指导学生进行分生繁殖的实际操作和后期管理工作。③进行任务评价，主要依据苗木的成活率和学生实训过程中的综合表现等。

【任务知识】

园林植物的分生繁殖包括分株繁殖和分球繁殖。

1　分株繁殖

分株繁殖是利用某些植物能够萌生根蘖、匍匐茎、根状茎的习性，在它们生根后，将其切离母体培育成独立新植株的一种无性繁殖方法。在麦冬、虎耳草、石榴、贴梗海棠、黄刺玫、玫瑰、竹类等园林植物的繁殖中普遍采用。

分株的时期常在春、秋两季，由于分株法多用于花灌木和宿根花卉的繁殖，因此要考虑到分株对开花的影响。一般秋季开花植物宜在春季萌芽前进行，春季开花者宜在秋季落叶后进行，而竹类则宜在出笋前一个月进行。

1.1.1　侧分法　　根据母株的生长特性可分为灌丛分株（图 1-8）和根蘖分株（图 1-9）。

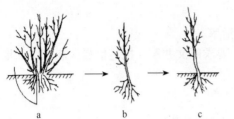

图 1-8　灌丛分株（引自石进朝，2009）
a. 切割；b. 分株；c. 栽植

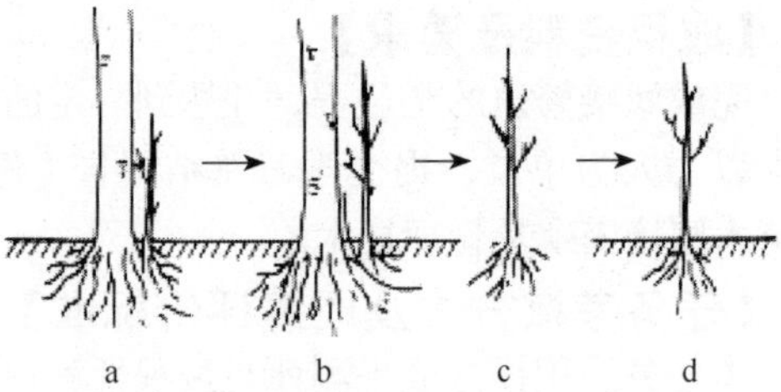

图 1-9　根蘖分株（引自俞玖，1988）
a. 长出的根蘖；b. 切割；c. 分离；d. 栽植

（1）灌丛分株　　该方法是在母株的一侧或两侧挖开，将带有一定茎干和根系的萌株带根挖出，另行栽植。此法适合于易形成灌木丛的植株，如牡丹、黄刺玫、玫瑰、腊梅、连翘、贴梗海棠、火炬树、香花槐等。

（2）根蘖分株　　该方法是在早春萌芽前或秋季落叶后，将母株周围地面上自然萌发生长的根蘖苗带根挖出后分别栽植，挖掘时不要将母株根系损伤太多，以免影响母株的生长。该法适用于根系容易大量发生不定芽而长成根蘖苗的植物，如刺槐、臭椿、枣等。

1.1.2　掘分法　　将母株全部带根挖起，用利斧或利刀将植株的根系分成有较好根系的几份，每份地上部分有 1～3 个茎干，再重新栽植（图 1-10）。很多宿根花卉适用此法，如荷兰菊、随意草、宿根福禄考、萱草、菊花、芍药、荷包牡丹等。

2　分球繁殖

分球繁殖是对球根花卉的地下变态根或变态茎产生的子球进行分级种植繁殖的方法。

球根花卉的地下变态器官种类很多，分为鳞茎、球茎、根茎、块茎、块根等，其母球能分裂出新球，或长出新球及多数小球（子球）。将小球进行分离，分级，重新栽植即可长成新的植株（图 1-11）。分球的时间主要是春季和秋季，球根采收后或栽植前进行。

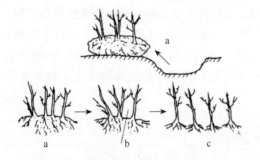

图 1-10　掘起分株（引自俞玖，1988）
a. 挖掘；b. 切割；c. 栽植

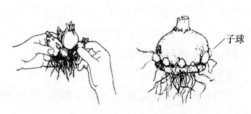

图 1-11　分球繁殖（引自刘燕，2003）

【任务实施条件】

修枝剪、铁锹、铲子、切割刀、洒水壶、竹弓、遮阳网等；分生母株；部分球根花卉的球根；每 15～20 名学生配 1 名指导教师。

【任务实施过程】

1　布置工作任务

本任务的学习以学校或学校附近苗圃场内的植物繁殖任务为支撑，学生了解苗圃地植物的生长状况，并根据苗圃场育苗任务的总体安排选择分生母株进行分生繁殖的实际操作。

2　任务组织实施

2.1　任务展示　教师为学生发放任务书，并将学生带入苗圃场，了解苗木生长情况，详细介绍苗木分生繁殖工作的主要内容及相关要求。

2.2　任务分析　教师引导学生对任务进行分析，明确完成任务要做哪些具体的工作，如何做；引导学生理解分生繁殖的相关知识点，并针对重点、难点问题进行讲解和演示，以帮助学生具备初步的工作能力。

2.3　任务执行　学生独立完成所选园林植物的分生繁殖及管理工作。在完成任务的过程中，边做边学，不断发现问题、解决问题，丰富理论知识，提高实践技能。具体工作步骤如下。

2.3.1　牡丹分生繁殖

（1）分株时间　一般于9月下旬至10月中旬进行分株繁殖，早则易秋发，晚则长势弱，不发新根。

（2）选取母株　选择根系发达、健壮且无病虫害的4～6年生植株作母株，将整个株丛从土中挖出，轻轻抖去根上附土，置阴凉处晾晒2～3 d，使根失水变软后再进行分株，这样不易伤根。

（3）分割母株　分割时应注意观察根系相互连接的情况，顺其自然之势用双手掰开，或用利刀劈开成几个株丛。每个株丛的地上部应带有3～5个枝条或2～3个萌蘖芽，下部应带有一定数量的主根和须根，使枝根比例适当、上下均衡。分株后要及时剪去死根、病根、残枝、病枝、老叶等，伤口处涂抹1%硫酸铜或0.5%高锰酸钾溶液消毒。

（4）栽植　种植土应选择排水良好且较肥沃的砂质壤土。栽植深度与苗木原栽植深度相同，不宜过深或过浅。

（5）养护　北方冬季寒冷地区，露地分栽的牡丹应注意防寒。可采取根颈处埋土或包草等措施御寒。新栽植的牡丹切忌施肥，待逐渐复壮后方可施肥。

2.3.2　大丽花分生繁殖

大丽花为菊科大丽花属多年生草本球根花卉，地下部分为块根，如图1-12所示。

在收获前选取生长健壮且具有优良特性、无病虫害的植株作种株，在早霜来临之前将整个块根挖回贮藏；次年3～4月将贮藏的块根取出，剔除腐烂和损伤的块根，放到温暖的地方（15～20 ℃）催芽；出芽后分割块根，保证分割块根上的根颈处至少要带有1个芽，然后分别栽植即可。

2.4　任务评价　工作任务评价主要依据分生育苗的成活率，并综合考虑学生在学习过程中分析问题、解决问题的能力，以及沟通协调、协作创新等方面的综合表现。

【成果资料及要求】

完成分生繁殖的全过程，并保证90%以上的

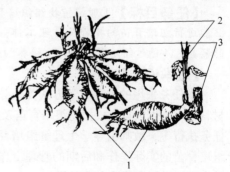

图1-12　大丽花分球繁殖（引自黄云玲和张君超，2014）

1. 块根；2. 芽；3. 根茎

成活率。

以个人为单位，提交学习总结报告 1 份，要求图文并茂，描述恰当，能较详细地介绍苗木分生繁殖及养护管理技术。

【任务考核方式及成绩评价标准】

本任务采用任务成果测评与过程性测评相结合的方式。

1）能熟练进行苗木分生繁殖及分生苗的养护管理工作，占总成绩的 20%。

2）能积极主动解决遇到的问题，能与他人沟通、协调完成任务，占总成绩的 20%。

3）分生繁殖后的苗木成活率在 90% 以上，占总成绩的 40%。

4）学习总结报告能准确说明苗木分生繁殖及养护管理技术，概括实训工作过程，占总成绩的 20%。

【参考文献】

曹春英. 2001. 花卉栽培［M］. 北京：中国农业出版社.

黄云玲，张君超. 2014. 园林植物栽培养护［M］. 2 版. 北京：中国林业出版社.

刘燕. 2003. 园林花卉学［M］. 北京：中国林业出版社.

卢伟红，辛贺明. 2012. 果树栽培技术［M］. 大连：大连理工大学出版社.

潘伟. 2013. 花卉生产技术［M］. 北京：航空工业出版社.

石进朝. 2009. 园林苗圃［M］. 北京：中国农业出版社.

俞玖. 1988. 园林苗圃学［M］. 北京：中国林业出版社.

袁明霞，刘玉华. 2010. 园林技术专业技能包［M］. 北京：中国农业出版社.

任务 8　园林植物的组织培养技术

【任务介绍】 植物组织培养是指在无菌和人工控制的条件下，利用适当的培养基，对植物体的部分材料进行培养，使其生长、分化并再生为完整植株的技术。由于培养材料脱离了植物母体，培养在试管或其他容器中，所以又称为植物离体培养或试管培养。

用于植物组织培养的植物材料均取自植物母体，为进行离体培养的初始材料，在植物组织培养中被称为外植体。

植物组织培养占用空间小，不受地区、季节限制，而且生长周期短、繁殖率高，可以批量生产，满足生产上的需要，尤其是能解决有些植物产种少或无的难题。

【任务目标】 ①理解植物组织培养的基本理论，掌握组培育苗的方法及管理要点；②能进行组培育苗的操作及管理工作；③熟悉并安全使用组织培养繁殖育苗操作过程中的器具；④通过组培育苗操作，培养细致的观察能力，提高动手能力。

【教学设计】

本任务采用的主要教学方法为任务驱动法。①布置工作任务，教师为学生准备植物材料，由学生独自完成植物组培育苗及管理工作。②组织实施工作任务，包括任务分析、任务执行等，教师引导学生理解组培育苗的原理、方法与操作步骤，并且指导学生进行组培育苗的实际操作和后期的管理工作。③进行任务评价，主要依据组培苗的成活率和学生实训过程中的综合表现等。

【任务知识】

根据培养材料的种类、培养过程等，可以将植物组织培养分为不同类型。

1　根据培养材料的种类划分

（1）植株培养　指对具有完整植株形态的幼苗或较大的植株进行的离体培养。

（2）胚胎培养　指对植物成熟或未成熟的胚进行的离体培养。

（3）器官培养　指对植物体各种器官及器官原基进行的离体培养。器官培养材料有根（根尖、切段）、茎（茎尖、切段）、叶（叶原基、叶片、子叶）、花（花瓣、雄蕊）、果实、种子等。一般培养的是什么器官，就可以称作什么培养，如培养的器官是花药，就称之为花药培养。

（4）组织培养　指对植物体各部位组织或已诱导的愈伤组织进行的离体培养。组织材料主要有分生组织、形成层、表皮、皮层、薄壁细胞、髓部、木质部等。

（5）细胞培养　指对植物的单个细胞或较小的细胞团进行的离体培养。细胞培养材料主要有性细胞、叶肉细胞、根尖细胞、韧皮部细胞等。

（6）原生质体培养　指对通过物理或化学的方法除去细胞壁的原生质体进行的离体培养。

2　根据植物组织培养过程划分

（1）初代培养　指将植物体上分离得到的外植体进行最初几代培养的阶段。主要目的是建立无菌培养体系，再进一步建立无性繁殖系。通常此阶段在植物组织培养中比较困难，又称为启动培养。

（2）继代培养　指将初代培养诱导产生的培养物重新分割，并转移至新鲜培养基上继续培养的阶段。主要目的是使培养物得到大量繁殖，又称为增殖培养。

（3）生根培养　指诱导组培苗产生根，进而形成完整植株的阶段。其目的是使组培苗生根，形成完整个体，为移栽做好准备。

此外，根据培养方式不同，又可分为固体培养、半固体培养和液体培养。液体培养没有加入琼脂等固化剂进行固化，可进行液体震荡培养解决通气问题。还可以根据培养方法的不同，分为平板培养、微室培养、悬浮培养和单细胞培养等。

【任务实施条件】

无菌组培室；乙醇、氯化汞等试剂；高压灭菌锅、解剖刀、组培瓶、超净工作台、分析天平等仪器设备；每15～20名学生配1名指导教师。

【任务实施过程】

1　布置工作任务

结合苗圃内园林植物繁殖生产的需要，选择合适的外植体，如蝴蝶兰、非洲菊、矮牵牛、百合等，进行组织培养快繁。

2　任务组织实施

2.1　任务展示　教师为学生发放任务书，并将学生带入组培室，了解组培室构成及各种试剂、仪器、设备的使用方法，详细介绍植物组织培养工作的主要内容及相关要求。

2.2　任务分析　教师引导学生对任务进行分析，明确完成任务要做哪些具体的工作，如何做；引导学生理解组培育苗的相关知识点，并针对重点、难点问题进行讲解和演示，以帮助学生具备初步的工作能力。

2.3 任务执行

2.3.1 准备试剂和仪器设备

（1）试剂　　乙醇、氯化汞（升汞）或次氯酸钠、0.1 mol/L NaOH 与 0.1 mol/L HCl、吲哚乙酸（IAA）或 2，4-D、6- 苄基氨基腺嘌呤（6-BA）等。

（2）仪器设备　　培养室、高压灭菌锅、解剖刀、三角烧瓶（100 mL）、烧杯、量筒、组培瓶、组培盖或封口膜、棉塞、棉线、超净工作台、分析天平、长镊子、剪刀、容量瓶、移液管、牛皮纸。

2.3.2 制备培养基

（1）量取母液　　将已配好的各种母液按顺序排好，根据培养基配制量、母液倍数或浓度准确计算和吸取相应量的各种母液和生长调节剂，注意不要漏掉某一种母液。

（2）溶解琼脂　　准确计算和称取琼脂、蔗糖用量，加入到含有水的容器中加热，不断搅拌使琼脂完全溶解后结束加热；加入各种母液后加水定容。

（3）调整 pH　　配制好培养基后应立即进行 pH 的调整。培养基的 pH 因培养材料不同而异，大多数植物要求在 pH 5.6～5.8 的条件下进行培养。但由于高温高压灭菌后，培养基的 pH 会下降 0.2～0.8，而且培养基偏酸时其凝固力较差，大于 6.0 时又会变硬，因此调整后的 pH 应高于目标 0.5 个单位。pH 的调整一般用 0.1 mol/L NaOH 或 0.1 mol/L HCl。测试 pH 一般用精密 pH 试纸；对准确度要求较高者最好用酸度计测试。

（4）分装　　将调整好 pH 的培养基趁热分装到洗涤后并晾干的培养容器中。分装时要掌握好分装量，一般以占培养容器的 1/4～1/3 为宜。分装时注意不要将培养基倒在容器口或容器壁上，以免导致污染。

（5）封口　　分装后的培养基立即用封口膜或棉塞将培养容器口封好，再用线绳捆扎紧实，最后对培养基及时做好标记。

（6）灭菌　　常用的灭菌方法是高压蒸汽灭菌法。将培养基置于高压灭菌锅中，在 0.108 MPa 的压力下（121 ℃）灭菌 15～20 min，注意要排除锅内的冷空气；取出组培瓶平放在台子上，待冷却后备用。接种操作所需的一切用具（如长镊子、解剖刀、剪刀等）及无菌水，需同时灭菌。

2.3.3 采集培养材料
组织培养所用的材料非常广泛，可采取根、茎、叶、花、芽和种子的子叶，有时也利用花粉粒和花药。其中，根尖不易灭菌，一般很少采用。对于木本花卉来说，阔叶树可在一二年生的枝条上采集，针叶树种多采种子内的子叶或胚轴，草本植物多采集茎尖。

在快速繁殖中，最常用的培养材料是茎尖，通常切块在 0.5 cm 左右，如果为培养无病毒苗而采用的培养材料通常仅取茎尖的分生组织部分，其长度在 0.1 mm 以下。

2.3.4 接种

（1）培养材料的消毒　　用洗涤灵对培养材料进行洗涤后，放在流水下冲洗 15～20 min；在超净工作台上，用 75% 的乙醇进行表面灭菌 30 s，而后用消毒剂灭菌一定时间，再用无菌水冲洗 3～5 次，最后用无菌滤纸吸去多余的水分。

（2）制备外植体　　用无菌刀、剪子、镊子等，在无菌的环境下对已消毒的材料进行适当的切割。例如，叶片切成 0.5 cm 见方的小块，茎切成含有一个节的小段，微茎尖要剥成只含 1~2 片幼叶的茎尖大小等，这就是外植体。较大的材料肉眼观察即可操作分离，较小的材料需要在双筒实体解剖镜下放大操作。在操作中严禁用手触动材料。

（3）接种　　在无菌环境下，左手拿组培瓶，靠近酒精灯火焰，先将瓶口外部灼烧，再用右手轻轻取下棉塞，灼烧瓶口里面，烤灼组培瓶时应旋转；然后用右手拿镊子夹一块外植体送入容器内，轻轻插入培养基上，除茎尖、茎段要尖端向上正放外，其他尚无统一要求；镊子灼烧后放回器械架上，在组培瓶瓶口轻轻塞上棉塞，包好包头纸，便完成了一次接种操作。要注意棉塞不能乱放，手拿的部分限于棉塞膨大的上半部分，塞入管内的那一段始终悬空，不要碰到其他任何物体。封口后应注明接种植物的名称、接种日期、处理方法等以免混淆。最后将接种好的材料，放入培养室中进行培养。

2.3.5　培养　　大多数植物需要温度为（25±2）℃的恒温环境；培养体系的建立阶段和中间繁殖体的增殖阶段需要 500~1000 lx 的光照，而对于生根壮苗阶段，宜提高到 3000~5000 lx 甚至 10 000 lx 的光照；最常用的光周期为 12~16 h 光照，8~12 h 黑暗；培养室一般要求 70%~80% 的相对湿度；对一些敏感植物材料进行培养时，最好选用透气好的封口材料，以利于气体交换，同时注意避免有害气体，如二氧化硫、乙烯等进入培养容器对植物造成伤害。

2.3.6　炼苗移栽

（1）炼苗　　移栽前将组培瓶放置在温室自然散射光下，去掉瓶盖；在组培瓶中加入少量的水，以利于软化培养基；在室温下炼苗 2~3 d，然后再移栽。

（2）移栽　　用镊子将生根苗从组培瓶中取出，洗去基部培养基，在 800 倍 50% 多菌灵溶液中浸泡 1~2 min 后移栽到消过毒的基质中，栽植深度适宜，尽量不要弄脏叶片，防止弄伤植株；栽前基质要浇透水，栽后把苗周围基质压实并轻浇薄水；保持一定的温度，并保持湿度达 90% 以上，移栽初期适当遮阴，注意防止苗期病虫害；当移栽苗长出 2~3 片新叶时，便可移栽到田间或盆钵中。

2.4　任务评价　　工作任务评价主要依据组培育苗的成活率、实训总结报告及其在学习过程中分析问题、解决问题的能力，以及沟通协调、协作创新等方面的综合表现。

【成果资料及要求】

完成组培育苗的全过程，并达到一定的成活率。

以个人为单位，提交实训总结报告 1 份，要求图文并茂，描述恰当，能较详细地介绍组培育苗的操作及管理技术。

【任务考核方式及成绩评价标准】

本任务采用任务成果测评与过程性测评相结合的方式。

1）能熟练进行组培育苗的操作及组培苗的后期管理工作，方法得当，占总成绩的 20%。

2）能积极主动解决遇到的问题，能与他人沟通、协调完成任务，占总成绩的 20%。

3）组培苗成活率较高，占总成绩的 40%。

4）学习总结报告能准确介绍组培育苗的操作及管理技术，占总成绩的 20%。

【参考文献】

李永文，刘新波. 2007. 植物组织培养技术［M］. 北京：北京大学出版社.

潘伟. 2013. 花卉生产技术［M］. 北京：航空工业出版社.

任务1 苗木的整形与修剪

【任务介绍】苗木的整形与修剪是根据各种苗木的生长发育规律，在不同发育阶段调节控制或促进苗木生长的一种措施。修剪是指对植株的某些器官，如茎、枝、叶、花、果、芽、根等部分进行剪截或删除的措施。整形是指对植株施行一定的修剪措施而形成某种树体结构形态。整形是通过一定的修剪手段来完成的，而修剪又是在一定的整形基础上，根据某种目的要求实施的。因此，两者是紧密相关的，统一于一定栽培管理目的要求下的技术措施。

【任务目标】①明确苗木整形修剪的意义，了解植物的生物学特性，掌握整形修剪的方法和各类大苗整形修剪的技术要点；②熟悉并安全使用整形修剪操作过程中的工具，能理论联系实际对苗木进行整形修剪的实际操作；③通过对苗木进行整形修剪，培养细致的观察能力，提高动手能力；④能独立分析和解决实际问题，进一步提高语言表达能力、沟通协调能力，强化团队意识及创新意识。

【教学设计】

本任务采用的主要教学方法为任务驱动法。①布置工作任务，由学生结组完成各类苗木的整形修剪工作。②组织实施工作任务，包括工作小组划分、任务分析、任务执行等，教师引导学生了解苗木的生物学特性，了解整形修剪的方法与操作步骤，并指导学生对苗圃中的苗木进行整形修剪的实际操作。③进行任务评价，包括组间评价、教师评价、苗圃场技术负责人评价等，评价主要依据学生回答问题和苗木修剪的实际情况，并综合考虑学生在实训过程中的综合表现。

【任务知识】

1 修剪

1.1.1 修剪时期 苗木的修剪可以分为冬季修剪和夏季修剪。冬季修剪是指自秋季落叶后至次年春季发芽前（一般12月至次年2月）的休眠期内进行的修剪，也称为休眠期修剪。修剪量大的整形，如截干、缩剪更新等多在冬季进行。夏季修剪是自春季发芽后至停止生长前（4～10月）的生长期进行的修剪，也称为生长期修剪。生长期修剪主要是摘除蘖芽、调整各主枝方位、疏除过密枝条、摘心或环剥等作业，以起到调整树势的作用。

1.1.2 修剪方法

（1）抹芽 苗木发芽时，将无用的枝芽抹除，减少营养消耗，促使留下的枝芽发育。抹芽的时间越早越好。

（2）摘心 将新梢生长点摘去，抑制新梢延长生长，促使其分枝。摘心多用于调节枝条生长不平衡的情况。将强枝进行摘心，控制其生长，以调整树冠各主枝的长势，使树冠匀称、丰满。对抗寒性差的树种，可通过摘心促其停止生长，使枝条充实，利于安全越冬。如图2-1所示。

（3）回缩 剪掉多年生枝条的一部分叫做回缩。回缩可以压低或抬高枝条角度，使之复壮，同时可以使后部发枝，避免"光腿"。如图2-2所示。

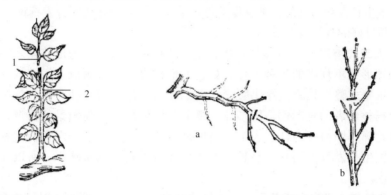

图 2-1 摘心（引自石进朝，2009）　　　图 2-2 回缩（引自石进朝，2009）
　1. 第一次摘心处；2. 第二次摘心处　　　　　　　a. 促使后部发枝；b. 回缩

（4）短截 剪去一年生枝的一部分叫做短截。根据短截程度的不同，可分为轻短截、中短截、重短截和极重短截。短截可促使剪口以下的芽萌发。若剪口芽饱满，则剪后枝条生长势强，发育旺盛，用于培养延长枝或骨干枝；若在枝条基部留1～2个芽进行重短截，则剪口芽易形成强壮枝条，育苗中多采用此法促进顶端优势，培育主干。如图2-3所示。

（5）疏枝 将过多、过密的枝条或枝组从基部剪除的操作称为疏枝。疏枝可以减少养分争夺，利于通风透光，可增强下部枝条的生长势。如图2-4所示。

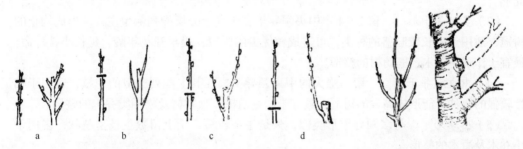

图 2-3 短截（引自石进朝，2009）　　　　图 2-4 疏枝（引自石进朝，2009）
　a. 轻短截；b. 中短截；c. 重短截；d. 极重短截

（6）刻伤 可以分为芽上刻伤和芽下刻伤。芽上刻伤可以促进伤口下芽萌发抽枝，芽下刻伤可以抑制伤口上部芽的生长势。如图2-5所示。

2 整形

整形工作总是结合修剪进行的，所以除特殊情况外，整形的时期与修剪的时期是统一的。整形的形式概括起来可分为以下三类。

2.1.1 自然式整形

按照树种本身的自然生长特性，对树冠的形状作辅助性的调整

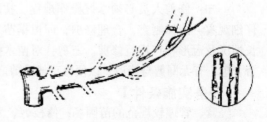

图 2-5 刻伤（引自石进朝，2009）

和促进，使之早日形成自然树形。对影响树形的徒长枝、冗枝、内膛枝、并生枝及枯枝和病虫枝等，均应加以抑制或剪除，应注意维护树冠的匀称完整。自然式整形是符合树种本身的生长发育习性的，常有促进苗木生长的效果，并能充分发挥该树种的树形特点，最易获得良好的观赏效果。

2.1.2 人工式整形 为满足园林绿化中的特殊要求，人为地将苗木整形成各种规则的几何图形或不规则的各种形体，如正方形树冠、球形树冠、垣壁式整形、雕塑式整形等。垣壁式整形是垂直绿化墙壁的主要方式，有U形、肋骨形、扇形等；雕塑式整形是根据整形者的意图创造的形体，整形时应注意与四周园景的协调，线条勿过于繁琐，以轮廓鲜明简练为佳。人工式整形是与树种本身的生长发育特性相违背的，不利于苗木的生长发育，而且一旦长期不剪，其形体效果就易破坏，所以在具体应用时应全面考虑。

2.1.3 自然与人工混合式整形 根据园林绿化上的某种要求，对自然树形加以或多或少的人工改造而形成的形式。

（1）杯状形 无中心主干，仅有相当一段高度的树干，形成"三股、六杈、十二枝"的树形。这种几何状的规整分枝整齐美观，冠内不允许有直立枝、内向枝的存在，在城市行道树中极为常见。

（2）自然开心形 由杯状形改进而来，无中心主干，分枝较低，三个主枝分布有一定间隔，左右相互错落分布，因此树冠不完全平面化，并能较好地利用空间，冠内阳光通透，有利于开花结果。园林中的碧桃、榆叶梅、石榴等观花、观果苗木修剪常采用此形。

（3）多领导干形 留2～4个中央领导干，于其上分层配列侧生主枝，形成均整的树冠，适用于生长较旺盛的种类，可造成较优美的树冠，提早开花年龄，延长小枝寿命，最宜于作观花乔木、庭荫树的整形。

（4）中央领导干形 留一强大的中央领导干，在其上配列疏散的主枝，适用于轴性较强的树种，能形成高大的树冠，最宜于作庭荫树、独赏树及松柏类乔木的整形。

（5）丛球形 与多领导干形类似，只是主干较短，干上留数主枝呈丛状，多用于小乔木及灌木的整形。

（6）棚架形 这是对藤本植物的整形。先建各种形式的棚架、廊、亭，种植藤本苗木后，按生长习性加以剪、整、诱引工作。

3 整形修剪的程序

修剪程序概括地说就是"一知、二看、三剪、四查、五处理"。

一知：修剪人员必须掌握操作规程、技术及其他特别要求。二看：修剪前应对苗木仔细观察，因树制宜，合理修剪，即根据苗木的生长习性、枝芽的发育特点、植株的生长情况及冠形特点进行修剪。三剪：对苗木按要求或规定进行修剪。四查：检查修剪是否合理，有无漏剪与错剪，以便修正或重剪。五处理：对剪口及剪下的枝叶进行处理。

【任务实施条件】

经营、管理较规范的苗圃场；修枝剪、手锯、梯子等；每3～5个学习小组配1名指导教师。

【任务实施过程】

1　布置工作任务

教师选取经营、管理较规范的苗圃场；将学生分成几个工作小组，并分配修剪任务，每组的任务应包括行道树、庭荫树、花木、藤木、绿篱等；学生在苗圃场技术人员和教师的指导下，完成苗木的整形修剪工作。

2　实习分组

本任务以小组为单位进行。通常3人组成一个小组，要求组内成员之间组织能力、沟通能力、学习能力、知识水平、技能水平等方面能够互相取长补短。选定组长1名，负责本组成员之间分工协作、相互学习及组内自评工作等。有条件的苗圃场和学校可以为每组安排1名校内指导教师和1名苗圃场指导教师。

3　任务展示

教师为学生发放任务书，带学生参观苗圃场，了解苗木的生长情况，详细介绍苗木整形修剪工作的主要内容及相关要求。

4　任务分析

不同苗木的枝芽特性不同，修剪方法也不同；即使是同种苗木，由于其年龄、生长情况、园林用途的差异，修剪的原则和采取的修剪方法也不完全相同。学生在完成任务的过程中不仅要熟练使用修剪工具进行操作，更重要的是能依据苗木的种类、苗龄、生长情况等采取正确的修剪方法。

5　任务执行

学生以组为单位，分工协作，共同完成苗木整形修剪工作。各类大苗整形修剪技术要点如下所述。

5.1.1　行道树、庭荫树　　行道树、庭荫树在苗圃期间主要是培养适合高度的主干。播种苗当年达不到2.5 m以上的定干高度，应在秋季落叶后，将一年生的播种苗按60 cm×40 cm株行距进行移植；第二年春季注意加强肥水管理，注意中耕除草和病虫害防治，促使地下部分形成较强的根系，待苗高达到1.5 m，干基直径为1.5 cm左右时，于落叶后在距地面5～10 cm处将地上部分剪除（平茬），覆盖3～5 cm厚的疏松土壤，以防水分蒸发过多，施有机肥准备越冬；待第三年春季萌芽生长后，随时注意去除无用的、多余的萌蘖芽，选留其中一个生长最健壮又直立的枝条作为主干，并注意病虫害的防治和土、肥、水管理；到秋季苗木高可达2.5～3.0 m，符合了行道树定干高度，结合第二次的移植，选留3～5个向四周分布均匀的枝条作主枝；次年对主枝在30～40 cm处短截，促使侧枝生长，以构成基本的树形。

5.1.2　花木类　　该类苗木有的为观花乔木，有的为丛生花灌木。

对于观花乔木的培养，如果选择顶端优势不强的小乔木类来培养，应选留适当高度的主干，在其上留3～4个主枝，并适当短截培养成疏散形；若为强阳性植物，一般不留中干，直接培养成自然开心形。如果选择顶端优势很弱的丛生灌木培养出主干，整剪成小乔木状一般需要 3 年以上的时间。第一年先把绝大部分丛生枝剪去，仅保留中央一根最粗壮的枝条进行培养；第二年剪除该枝条下部的新生分枝和新生根蘖条，同时保留该枝条上部 3～5 个枝条，其中央的一个直立向上的枝条作为中干，其余的作为主枝；第三年仍按第二年的基本树形将树干上新长出来的小枝和根蘖条剪除，保留主枝和中干上的新生枝。

对于大多数丛生花灌木，通常情况下，不将其整剪成小乔木状，仍保留丛生形式，在苗圃期间需要选留合适的多个主枝，并在地面以上留 3～5 个芽短截，促其多抽生分枝，以尽快成形。

5.1.3 藤木类 如紫藤、凌霄、地锦、蔓生蔷薇等出圃后除作为地被植物外，常依照设计要求做成棚架式、凉廊式、篱垣式等。藤本植物在苗圃期间的主要任务是养好根系，并培养一至数条健壮的主蔓，其方法主要是重截或近地面处回缩（平茬）。

5.1.4 绿篱及特殊造型苗木 在苗圃期间，应当对主枝和侧枝进行重截，通过地上和地下的平衡关系控制根系的生长，便于以后密植操作。同时促发分枝，控制高度，修剪时应尽量把苗木的高矮和蓬径的大小调整一致。

6 任务评价

任务评价采用指导教师评价与组内评价相结合，工作成果评价与综合能力评价相结合的形式。

工作任务评价主要依据苗木整形修剪的效果，并综合考虑学生在学习过程中分析问题、解决问题的能力，以及沟通协调、协作创新等方面的综合表现。

【成果资料及要求】

完成整形修剪的全过程。

以组为单位，提交总结报告。总结报告既要介绍工作环节、技术要求，还要总结工作细节和感受，要求图文并茂、描述全面、分析透彻。

【任务考核方式及成绩评价标准】

任务评价采用指导教师评价与组内评价相结合，工作成果评价与综合能力评价相结合的形式。

1）由各组指导教师分别为每一组评分，也可以由一名任课教师或苗圃场技术人员为各组评分，占总成绩的 50%。包括两方面的内容：① 通过提问、观察整形修剪的过程及成果，判断学生是否具备客观分析苗木的枝芽特性和生长情况，较熟练地进行修剪操作的能力，占总成绩的 30%。② 实训总结报告能说明苗木整形修剪的程序和技术要点，占总成绩的 20%。

2）由小组负责人根据组员在工作任务完成过程中的表现，为小组各成员评分，占总成绩的 50%。具体包括如下三个方面：①积极主动完成组长分配的工作任务，占总成绩的 10%。②理解整形修剪的理论基础，掌握整形修剪的操作技术要点，占总成绩的 20%。③工作过程中能积极主动解决遇到的问题，能很好地与同学进行沟通协调，团结合作，占总成绩的 20%。

【参考文献】

陈有民．1990．园林树木学［M］．北京：中国林业出版社．

卢伟红，辛贺明. 2012. 果树栽培技术［M］. 大连：大连理工大学出版社.

石进朝. 2011. 园林苗圃［M］. 北京：中国农业出版社.

俞玖. 1988. 园林苗圃［M］. 北京：中国林业出版社.

袁明霞，刘玉华. 2010. 园林技术专业技能包［M］. 北京：中国农业出版社.

张涛. 2003. 园林树木栽培与修剪［M］. 北京：中国农业出版社.

张秀英. 1999. 观赏花木整形修剪［M］. 北京：中国农业出版社.

任务2　苗圃水肥管理

【任务介绍】苗圃水肥管理是苗木培育的重要环节。本任务的学习以苗圃场中苗木的水肥管理任务为支撑，以学习小组为单位，制订水肥管理的技术方案，依据制订的技术方案保质保量完成一定数量苗木的水肥管理任务。

【任务目标】①能在教师指导下，以小组为单位制订苗圃水肥管理技术方案；②能依据制订的技术方案和技术规程，进行苗木水肥管理操作；③熟练并安全使用各类水肥管理的设备、器具材料；④能独立分析和解决问题，吃苦耐劳，合理分工并团结协作。

【教学设计】

本任务采用的主要教学方法为任务驱动法。①布置工作任务，教师分配任务，由学生结组完成所负责区域内苗木的水肥管理工作。②组织实施工作任务，包括工作小组划分、任务分析、任务执行等，教师引导学生理解水肥管理的原则、方法与操作步骤，并指导学生制订水肥管理技术方案，进行水肥管理的实际操作。③进行任务评价，包括组间评价、教师评价、苗圃场技术负责人评价等，评价主要依据学生回答问题和水肥管理的实际情况，并综合考虑学生在实训过程中的综合表现等。

【任务知识】

1　苗圃灌排水

1.1.1　灌溉与排水方法

（1）侧旁灌水　　适用于高床或高垄育苗，水自垄床侧旁渗入土中，有利于保持土壤的结构，促进苗木生长，注意要大水浇透。

（2）畦灌　　又叫大水漫灌，是苗圃灌水的常用方法，但灌水效率低，且易破坏土壤结构，不如侧旁灌水有利于苗木培养。

（3）节水灌溉　　喷灌、滴灌等方法，节水效果明显，但设施费用较高，可根据实际情况采用。

（4）排水　　明沟排水是苗圃地采用的主要排水方法，关键在于做好全园排水系统。

1.1.2　灌水量及灌溉次数　　灌水量及灌溉次数因植物栽植年限及生长发育时期、土壤质地和性质及天气状况而不同。掌握灌水量及灌溉次数的一个基本原则是，保证植物根系集中分布层处于湿润状态，即根系分布范围内的土壤湿度达到田间最大持水量70%左右。

1.1.3　灌溉水源　　灌溉用水以软水为宜，避免使用硬水。自来水、不含碱质的井水、河水、湖水、池塘水、雨水都可用来浇灌植物，切忌使用工厂排出的废水、污水。在灌溉过程中，应注意灌溉用水的酸碱度对植物的生长是否适宜。

2 苗圃施肥

苗圃施肥应综合考虑气候条件、苗圃地土壤条件、苗木需肥特性及肥料性质等因素。

2.1.1 施肥的种类

（1）基肥　　基肥以有机肥料为主，如堆肥、厩肥、绿肥或草皮土及塘泥等，也可适当搭配磷肥、钾肥。一般在耕地前将肥料全面撒于圃地，耕地时把肥料全部翻入耕作层中。基肥要施足，一般占全年总施肥量的70%～80%。

（2）种肥　　种肥是在播种时或播种前施于种子附近的肥料，一般以速效磷肥为主。种肥不仅给幼苗提供养分，而且能提高种子的发芽率，提高苗木的产量和质量。苗木在幼苗期对磷很敏感，在幼苗期缺磷严重影响幼苗根系和地上部分的生长。

（3）追肥　　追肥是在苗木生长发育期间施用的肥料，目的是及时补给代谢旺盛的苗木对养分的大量需要。追肥以速效肥料为主，常用的肥料有尿素、碳酸氢铵、氯化钾、腐熟人粪尿、过磷酸钙。

2.1.2 施肥次数　

苗木进入成熟期追肥次数较少，但要求一年至少追肥3～4次，分别为春季开始生长后、花前、花后、休眠期（厩肥、堆肥）；对于初栽2～3年的园林苗木，每年的生长期也要进行1～2次的追肥。

具体的施肥时期和次数应依植物的种类、各物候期需肥特点、当地的气候条件、土壤营养状况等情况合理安排，灵活掌握。

2.1.3 施肥深度和范围　

施肥深度和范围，要根据植物种类、年龄、土质、肥料性质等而定。

木本花卉、小灌木如茉莉、米兰、连翘、丁香等与高大的乔木相比，施肥相对要浅、范围要小。幼树根系浅，分布范围小，一般施肥比中壮龄树浅、范围小。

沙地、坡地和多雨地区，养分易流失，宜在植物需要时深施基肥。

氮肥在土壤中的移动性较强，浅施也可渗透到根系分布层，从而被植物所吸收；钾肥的移动性较差，磷肥的移动性更差，因此，应深施到根系分布最多处；由于磷在土壤中易被固定，为了充分发挥肥效，施过磷酸钙和骨粉时，应与厩肥、圈肥、人粪尿等混合均匀，堆积腐熟后作为基肥施用，效果更好。

2.1.4 施肥量　

施肥量受植物的种类、土壤的状况、肥料的种类及各物候期需肥状况等多方面影响，应根据不同的植物种类及大小确定。喜肥者多施，如梓树、梧桐、牡丹等；耐瘠薄者可少施，如刺槐、悬铃木、山杏等。开花结果多的大树较开花结果少的小树多施，一般胸径8～10 cm的苗木，每株施堆肥25～50 kg或浓粪尿12～25 kg；胸径10 cm以上的苗木，每株施浓粪尿25～50 kg。花灌木可酌情减少。

【任务实施条件】

经营、管理较规范的苗圃场；锄头、铁锹、铲、耙、运输工具、水桶、喷雾器等各类养护工具；每3～5个学习小组配1名指导教师。

【任务实施过程】

1 布置工作任务

教师选取经营、管理较规范的苗圃场；将学生分成几个工作小组，将苗圃场不同苗木区域的水肥管理工作分配给各小组；学生在苗圃场管理和技术人员以及教师的指导下，在工人的配合下，完成苗圃场指定区域内的苗木的水肥管理工作。

2　实习分组

本任务以小组为单位进行。根据苗圃场面积、工作量和班级人员数量进行分组。由于苗圃工作琐碎、工作量大，每小组人员数量可以适当增加。要求组内成员之间组织能力、沟通能力、学习能力、知识水平、技能水平等方面能够互相取长补短。选定组长1名，负责本组成员之间分工协作、技术交流及组内工作自评等。有条件的苗圃场和学校可以为每组安排1名校内指导教师和1名苗圃场指导教师。

3　任务展示

教师为学生发放任务书，并将学生带入苗圃场，了解苗圃管理情况和苗木生长情况，详细介绍苗木水肥管理工作的主要内容及相关要求。

4　任务分析

苗木的水肥管理工作和苗木的生长发育规律、季节等有很大的关系。学生在完成任务的过程中不仅要掌握技术环节和细节，还要了解不同时期工作安排的特点等。

5　任务执行

学生以组为单位，分工协作，共同完成苗圃场苗木水肥管理工作。在完成任务的过程中，边做边学，多思考，多总结，不断发现问题、解决问题，掌握苗圃管理技术。具体工作步骤如下。

5.1　灌排水

5.1.1　制订灌溉排水计划　确定灌溉排水时期、灌排水方法、水源、灌水次数、灌水量等。

5.1.2　灌溉

（1）灌"冻水"　即秋末或冬初的灌水（北京为11月上旬、中旬）。冬季结冻，放出潜热，有提高苗木越冬能力，并可防止早春干旱。

（2）春灌　早春灌水，不但有利于萌芽、开花、新梢生长与坐果，促使苗木健壮生长，还可以防止春寒、晚霜的为害。盐碱地区早春灌水后进行中耕还可以起到压碱的作用。同时开花较早的花木，还可以在萌芽后开花前，结合花前追肥进行，其具体时间，要因地、因树种而异。

（3）花后灌水　多数苗木在花谢后半个月左右是新梢迅速生长期，花后灌水在前期可促进新梢和叶片生长，扩大同化面积，增强光合作用，提高坐果率和增大果实，同时，对后期的花芽分化有一定的良好作用。

（4）花芽分化期灌水　此次水对观花、观果苗木非常重要。在新梢停止生长前及时而适量的灌水，可促进春梢生长而抑制秋梢生长，有利花芽分化及果实发育。

在北京一般年份，全年灌水6次。应安排在3月、4月、5月、6月、9月、11月各一次。干旱年份和土质不好或因缺水生长不良者应增加灌水次数。在西北干旱地区，灌水次数应更多一些。

5.1.3 排水 在园内及树旁纵横开浅沟，内外联通，以排积水。雨季前应将排水沟渠疏通，将各区域排水口打开进行自然排水。大雨过后要及时检查，如仍有地表存水时要及时采取措施将水排出。

5.2 施肥

5.2.1 设计施肥方案 确定施肥时期、植物需肥特征、施肥方法、肥料种类等。

5.2.2 施基肥 堆肥、厩肥、生石灰在第一次耕地时翻入土中，而饼肥、草木灰等作基肥，可在作床前将肥料均匀撒在地表，通过浅耕埋入耕作层的中上部，达到分层施肥的目的。在有机物不足的情况下，基肥可以集中穴施，即在树冠投影外缘和树盘中，开挖深40 cm、直径50 cm左右的穴，其数量视苗木的大小、肥量而定，施肥入穴，填土平沟灌水。

5.2.3 施种肥 常用的方法是在播种沟或穴内施熏土、草木灰和颗粒磷肥（过磷酸钙），因颗粒磷肥与土壤接触面积小，利于根系的吸收。不宜用粉状的磷肥作种肥，因为它容易灼伤种子和幼苗。另外，尿素、碳酸氢铵、磷酸铵等亦不能作种肥。

5.2.4 追肥

（1）沟施法 又叫条施。在行间开沟，把矿质肥料施在沟中，沟施的深度，原则上是使肥料能最大限度地被苗木吸收利用，具体深度依肥料的移动范围和苗根的深浅而定，一般要达5～10 cm以上。施肥后必须及时覆土，以免造成肥料损失。

（2）撒施法 把肥料与数倍或十几倍的干细土混合后撒在苗木行间。撒施肥料时，严防撒到苗木茎叶上，否则会严重灼伤苗木致使死亡。撒施肥料后必须盖土或松土。

（3）浇灌法 把肥料溶于水后浇于苗木行间根系附近，这种施肥方法比较省工，但存在施肥浅，不能很好覆盖肥料而使肥效减低的缺点。

（4）根外追肥 又称为叶面追肥。指根据植物生长需要将各种速效肥水溶液，喷洒在叶片、枝条及果实上的追肥方法，是一种临时性的辅助追肥措施。一般根外追肥的最适温度为18～25 ℃，湿度较大些效果好，最好的时间应选择无风天气的10:00之前和16:00以后。叶面喷肥，简单易行，用肥量小，发挥作用快，可及时满足植物的需要，同时也能避免某些元素在土壤中固定。尤其是缺水季节、缺水地区和不便施肥的地方，可采用此法。但根外施肥比较费工，不能代替土壤施肥，只能作为补充施肥的方法。

6 任务评价

任务评价采用指导教师评价与组内评价相结合，工作成果评价与综合能力评价相结合的形式。

工作任务评价主要依据苗木水肥管理的过程和效果，并综合考虑学生在学习过程中分析问题、解决问题的能力，以及沟通协调、协作创新等方面的综合表现。

【成果资料及要求】

以组为单位，提交总结报告。总结报告既要介绍工作环节、技术要求，还要总结工作细节和感受。要求图文并茂、描述全面、分析透彻。

【任务考核方式及成绩评价标准】

任务评价采用指导教师评价与组内评价相结合，工作成果评价与综合能力评价相结合的形式。

（1）教师或技术人员评价 由各组指导教师分别为每一组评分，也可以由一名任课教师或苗圃场技术人员为各组评分，占总成绩的50%。包括两方面的内容：①通过提问、观察苗圃所负责区域水肥管理的过程和效果，判断学生是否具备客观分析苗木需水、需肥情况，正确选择灌排水及施肥方法，并熟练进行管排水和施肥操作的能力，占总成绩的30%。②实训总结报告能准确说明苗圃水肥管理的方法和技术要点，占总成绩的20%。

（2）组长评价 由小组负责人根据组员在工作任务完成过程中的表现，为小组各成员评分，占总成绩的50%。具体包括如下三个方面：①积极主动完成组长分配的工作任务，占总成绩的10%。②理解苗圃水肥管理的理论基础，掌握苗圃水肥管理技术要点，占总成绩的20%。③工作过程中能积极主动解决遇到的问题，能很好地与同学进行沟通协调，团结合作，占总成绩的20%。

【参考文献】

陈有民. 1990. 园林树木学［M］. 北京：中国林业出版社.

黄云玲，张君超. 2014. 园林植物栽培养护［M］. 北京：中国林业出版社.

卢伟红，辛贺明. 2012. 果树栽培技术［M］. 大连：大连理工大学出版社.

石进朝. 2011. 园林苗圃［M］. 北京：中国农业出版社.

俞玖. 1988. 园林苗圃［M］. 北京：中国林业出版社.

袁明霞，刘玉华. 2010. 园林技术专业技能包［M］. 北京：中国农业出版社.

任务3 苗木移植

【任务介绍】 苗木移植是指在一定时期把生长拥挤的较小苗木，从原来的育苗地挖掘出来，在移植区内按一定的株行距重新栽植继续培育。苗木经过移植，在很大程度上改善了生长环境，使苗木在根系、树干、树形及定植后的适应能力等方面都有所提高，促进了苗木的优质和高产。苗木移植是培育大苗的重要措施。

本任务的学习以苗圃场中各类苗木的移植任务为支撑，以学习小组为单位，制订移植技术方案，依据制订的技术方案保质保量完成一定数量苗木的移植工作。

【任务目标】 ①能在教师指导下，以小组为单位制订苗木移植技术方案；②能依据制订的技术方案和技术规程，进行苗木移植操作；③熟练并安全使用各类移植工具；④能独立分析和解决问题，吃苦耐劳，合理分工并团结协作。

【教学设计】

本任务采用的主要教学方法为任务驱动法。①布置工作任务，教师带领学生了解苗圃内苗木的生长情况，并分配任务，由学生结组完成所负责苗木的移植工作。②组织实施工作任务，包括工作小组划分、任务分析、任务执行等，教师引导学生了解苗木移植的意义，理解苗木移植的方法与操作步骤，指导学生制订苗木移植技术方案，并进行苗木移植的实际操作。③进行任务评价，包括组间评价、教师评价、苗圃场技术负责人评价等，评价主要依据对学生的提问和苗木移植操作的实际情况，并综合考虑学生在学习过程中分析问题、解决问题的能力，以及沟通协调、协作创新等方面的综合表现。

【任务知识】

1 移植的目的

（1）培育良好的树形 通过移植，加大了苗木的株行距，扩大了单株营养面积，改善了通风透光条件，枝叶能自由伸张，树冠有扩大的空间。同时，移植时苗木的地上部与根系部分被适当修剪，抑制了苗木的高生长，降低茎根比值，使株型趋于丰满，树姿优美。

（2）提高移植成活率　　经过移植后，由于主根被切断，刺激切口处萌发出大量的侧根和须根，增强了根系吸收水分和养分的能力，促进苗木旺盛生长；同时，这些新生的侧根、须根都处于根颈附近和土壤的浅层，生产上称为有效根系。苗木出圃时，起苗作业方便，移植苗能保留大量根系，移植成活率高。

（3）培育规格一致的苗木　　通过移植，根据苗木各自的生长情况，进行分级栽植，方便管理，苗木生长均衡整齐，有利于在有效的苗圃地上培育出规格一致的优质苗木。

2　移植次数

培育大规格苗木要经过多次移植，移植次数取决于树种的生长速度和园林绿化对苗木规格的要求。生长速度快的树种，移植次数较多，生长速度慢的则移植次数少。一般阔叶树种，苗龄满一年后进行移植，培育2～3年后，苗龄达3～4年即可出圃；若对苗木规格要求较高，则要求进行2～3次移植，移植间隔时间通常为2～3年，苗龄达到5～8年后出圃，如多数行道树、庭荫树用苗或者重点工程和易受人为破坏的地段用苗。对于生长缓慢、根系不发达而且一直较难成活的树种，如椴树、七叶树、银杏和一些针叶树种，一般苗龄满两年开始移植，以后每隔3～5年移植一次，苗龄8～10年甚至更大一些方可出圃。

3　移植时间

一般而言，苗圃中移植苗木，常在春季苗木萌芽前或秋季苗木停止生长后进行。但随着科学技术的不断发展，只要条件许可，一年四季均可移植。

（1）春季移植　　春季土壤解冻后树液开始流动前是主要的移植时间，绝大多数树种都可春植。具体时间应根据各树种发芽早晚来安排，一般发芽早的先移，发芽晚的后移。

（2）秋季移植　　秋季移植应在落叶树开始落叶时始至落完叶止。冬季严寒和冻害严重的地区不能进行秋季移植。

（3）夏季移植（雨季移植）　　在夏季多雨季节也可以进行移植，多用于北方移植针叶常绿树，南方移植阔叶常绿树类。移植要避免在风吹日晒的情况下进行，最好选择多云或阴天无风的天气，但切忌在雨天或土壤过湿的情况下进行。

（4）冬季移植　　在气候比较温暖、冬天土壤不结冻或结冻时间短，天气不太干燥的地区，可以冬季移植。

4　移植密度

移植密度应综合考虑苗木培育目的、移植后留床培育年限、苗木生长速度、圃地自然条件、抚育管理的方法等因素。如果行间使用畜力或机引工具中耕，则行距应适当扩大；如果以养干为目的应密植，以养冠为目的应稀植，但树干容易弯曲。

【任务实施条件】

经营、管理较规范的苗圃场；皮尺、尼龙绳、修枝剪、锄头、铁锹、铲、运输工具、水桶等各类移植工具材料；每3～5个学习小组配1名指导教师。

【任务实施过程】

1　布置工作任务

教师选取经营、管理较规范的苗圃场；以苗圃场不同种类苗木的移植工作为任务；学生在苗圃场管理和技术人员以及教师的指导下，在工人的配合下，完成苗圃场指定区域内的苗木移植工作。

2　实习分组

本任务以小组为单位进行。根据苗圃场面积、工作量和班级人员数量进行分组。由于苗木移植工作量大，每小组人员数量可以适当增加。要求组内成员之间组织能力、沟通能力、学习能力、知识水平、技能水平等方面能够互相取长补短。选定组长1名，负责本组成员之间分工协作、技术交流及组内工作自评等。有条件的苗圃场和学校可以为每组分别安排1名校内指导教师和1名苗圃场指导教师。

3　任务展示

教师为学生发放任务书，并将学生带入苗圃，了解苗木生长情况及苗木移植任务，详细介绍苗木移植任务的主要内容及相关要求。

4　任务分析

苗木的移植需要根据苗木种类和大小确定移植时间、起苗方法和栽植方法。学生在完成任务的过程中要能根据苗木的实际情况制订移植方案，并掌握苗木移植的工作环节和技术要点。

5　任务执行

学生以组为单位，分工协作，共同完成苗木移植工作。在完成任务的过程中，教师要引导学生重视工作中的重点技术环节，解决遇到的难点问题，帮助学生丰富苗圃管理的理论知识，提高实践技能。具体工作步骤如下。

5.1.1　制订苗木移植方案　确定移植的时间、栽植密度、起苗的方法、栽植方法等。

5.1.2　移植前的准备工作　移植前除了准备工具材料外，还要确定要移植的苗木和栽植地。对待移植小苗生长的地块事先浇水，使土地相对疏松，便于起苗。

5.1.3　起苗　常用的起苗方法有以下几种。

（1）裸根起苗　大多数落叶树种和常绿树小苗在休眠期均可采用裸根起苗。一般2～3年生苗木保留根幅直径为30～40 cm，在此范围之外下锹，切断周围根系，再切断主根，提苗干。苗木起出后，抖去根部宿土，尽量保留完整的须根。

（2）带宿土起苗　落叶针叶树及部分移植成活率不高的落叶阔叶树需带宿土起苗。起苗方法同裸根起苗，起苗时保留根部护心土及根毛集中区的土块，以提高移植成活率。

（3）带土球起苗　常绿树及裸根移植不易成活的苗木应带土球起苗。方法是：按一定的土球规格（一般2～3年生的小苗土球直径可依冠幅作为参照，或略大于冠幅；较大的苗木可依干径的 8～10 倍作为参考标准）顺次挖去规格范围以外的土壤；根据具体情况进行包扎，土球直径在 20～30 cm 且须根较多不易散坨者可不加包扎，土球直径超过 30 cm 时，可用草绳包扎，包好后再把主根切断，将带土球的苗木提出坑外。

5.1.4　栽前处理　　起苗后首先应该修根。裸根苗剪去过长和损伤劈裂的根系，带土球苗木可将土球外露出的较大根段的伤口剪齐，过长须根剪短。修根后根据情况对枝条进行适当修剪。对萌芽力强的树种，可将地上部枝条短截、缩剪或疏枝，甚至可截干移植，对萌芽力弱的针叶树要保护好顶芽和针叶。修根剪枝后应进行保湿处理。裸根苗根系需浸入水中或埋入湿土中保存；带土球苗将土球用湿草帘覆盖或用土堆围住保存，栽植前根系可蘸泥浆，或用生根粉、根宝等处理，以提高移植成活率；栽前还应将苗木按粗细、高度进行分级，并剔除弱苗与废苗，将各级苗木分区栽植。

5.1.5　栽植

（1）穴植法　　适用于栽植大苗、带土球苗或较难成活的苗木。先按预定的株行距定点挖穴，栽植穴的直径和深度应大于苗木的根系，栽植深度以略深于原土印为宜，以免土壤下沉时苗根外露。栽植时先填少量的表土，将苗木放入坑内摆正扶直，再回填土，裸根苗轻轻向上提一下，使苗根舒展，不窝根，填土至适宜位置后踏实土壤，整平地面。带土球苗木栽植时要将包扎物拆除，使根系接触土壤。在条件允许的情况下，可采用挖坑机协助栽植。

（2）沟植法　　适用于根系较发达的小苗。栽植时按行距开沟，将苗木按要求的株距排放于沟内，然后覆土踏实。沟的深度应大于苗根长度，以免根部弯曲。此法工作效率较高，适用于一般苗木移植。

5.1.6　移植苗的管理　　苗木移植后要在 24 h 内浇第一次透水，隔 2～3 d 再浇第二次水，再隔 4～7 d 灌第三次水（俗称连三水）。雨季来临之前，应全面清理排水沟，保证排水畅通。若出现露根、倒伏等情况，应及时将苗木扶正，并在根际培土踏实。气候干旱的情况下应及时遮阴，平时注意中耕松土，并防治病虫害。

6　任务评价

任务评价采用指导教师评价与组内评价相结合，工作成果评价与综合能力评价相结合的形式。

工作任务评价主要依据苗木移植的过程和结果，并综合考虑学生在学习过程中分析问题、解决问题的能力，以及沟通协调、协作创新等方面的综合表现。

【成果资料及要求】

以组为单位，提交总结报告。总结报告既要说明工作环节、技术要求，还要总结工作细节和感受，要求图文并茂、描述全面、分析透彻。

【任务考核方式及成绩评价标准】

任务评价采用指导教师评价与组内评价相结合，工作成果评价与综合能力评价相结合的形式。

（1）教师或技术人员评价　　由各组指导教师分别为每一组评分，也可以由一名任课教师或苗圃场技术人员为各组评分，占总成绩的 50%。包括两方面的内容：①通过提问、观察苗木移植过程及成果，判断学生是否具备根据苗木的生物学特性及生长情况确定栽植密度和栽植方法，熟练进行苗木的起苗、栽植等操作的能力，占总成绩的30%。②实训总结报告能准确说明苗木移植的方法和技术要点，概括实训工作过程，占总成绩的20%。

（2）组长评价　　由小组负责人根据组员在工作任务完成过程中的表现，为小组各成员评分，占总成绩的50%。具体包括如下三个方面：①积极主动完成组长分配的工作任务，占总成绩的10%。②理解苗木移植的理论基础，掌握苗木移植的操作流程及技术要点，占总成绩的20%。③工作过程中能积极主动解决遇到的问题，能很好地与同学进行沟通协调，协作创新，占总成绩的20%。

【参考文献】

石进朝. 2009. 园林苗圃［M］. 北京：中国农业出版社.

俞玖. 1988. 园林苗圃［M］. 北京：中国林业出版社.

任务4　苗木出圃

【任务介绍】苗圃中的苗木经过一定时期培育，达到园林绿化的规格要求后即可出圃。苗木出圃是苗木培育过程中的最后一个环节，关系到苗木的质量、栽植成活率和经济效益。苗木出圃的主要工作内容有苗木调查、起苗、包装、运输、假植等。

本任务的实施以苗圃场中苗木的出圃任务为支撑，学生观察苗木出圃的流程，以实习小组为单位，进行苗木的起苗、包装等环节的技能训练，并完成详细的实训总结报告。

【任务目标】①能在教师指导下，熟悉苗木出圃流程；②能依据苗木出圃技术方案和规程，进行苗木出圃过程中关键技术环节的操作；③熟练并安全使用各类工具；④能独立分析和解决问题，吃苦耐劳，合理分工并团结协作。

【教学设计】

本任务采用的主要教学方法为现场教学法。①教师带学生参观苗圃场，了解苗圃的苗木生长情况，确定要出圃的苗木，并为各小组分配训练任务。②学生在现场工作人员和指导教师的引导下熟悉苗木出圃的程序，并在关键技术环节进行实际操作，通过小组合作、反复训练掌握技术要领。③进行任务评价，包括组间评价、教师评价、苗圃场技术负责人评价等，评价主要依据对学生的提问和苗木出圃过程中的实际操作情况，并综合考虑学生在学习过程中的综合表现。

【任务知识】

园林苗木的质量是指苗木的生长发育能力和对环境的适应能力，以及由此产生的在同一年龄、相同培育方式与环境下形成的生物学特性和美观的树姿树形。苗木出圃必须满足必要的条件、符合园林绿化的用苗要求，并按照一定的质量标准，做到"五不出"：品种不对、质量不合格、规格不符、有病虫害、有机械损伤不出圃，以保证苗木出圃的质量。

1　出圃苗木的质量要求

（1）苗木品种要纯正、名实相符　　凡是经过嫁接、扦插等营养繁殖生产的园艺品种苗木，不能以实生苗以次充好，如各种品种的玉兰、重瓣榆叶梅、黄刺玫、牡丹、月季等。

（2）树形完好，生长健壮　　出圃苗木应树形完好、枝干匀称、枝叶丰满，骨架基础良好，符合绿化要求；对于萌芽弱的针叶树种，要有饱满的顶芽，且顶芽无二次生长现象。苗木要生长健壮，茎根比（苗木地上部分与地下部分重量或体积之比）小、高径比（苗木高度与地径之比）适宜、重量大。

（3）完好的根系，根系发育良好　　有较多的侧根和须根，主根短而直，根系长度符合要求；按规范进行掘苗，土坨不能散裂；无机械损伤。

（4）无病虫害和机械损伤　　无明显的病虫害，无被检疫的病虫；除少数苗木需截干外，其枝干及树冠应无明显机械损伤，符合要求；凡是根系不合格，包括土坨散裂的苗木不能出圃。

2　出圃苗木的规格要求

规格是根据绿化需要，人为制订的各种苗木的形态大小。北京市园林局对园林苗木出圃的规格标准如表 2-1 所示。

表 2-1　苗木出圃的规格标准

苗木类别	代表树种	出圃苗木的最低标准	备注
常绿乔木	圆柏、雪松	树形丰满、主梢苗壮、顶芽明显，苗木高度在 1.5 m 以上或胸际直径在 5 cm 以上	高度每提高 0.5 m，即提高一个出圃规格级别
大型、中型落叶乔木	毛白杨、国槐、栾树、银杏等	树形良好，树干通直，胸径在 3 cm 以上（行道树在 4 cm 以上），分枝点在 2.0～2.2 m 以上。绿化工程用落叶乔木，设计规格常为胸径 7～10 cm	胸径每增加 0.5 cm，提高一个规格级别
有主干的果树、单干式的灌木和小型落叶乔木	苹果、榆叶梅、碧桃、西府海棠、紫叶李等	主干上端树冠丰满，地径在 2.5 cm 以上	地径每增加 0.5 cm，即提高一个规格级别
多干式灌木	丁香、金银木、黄刺玫、珍珠梅等大型灌木类	要求自地际分枝处有三个以上分布均匀的主枝；出圃高度要求在 80 cm 以上	高度每增加 30 cm，即提高一个规格级别
	紫荆、紫薇、棣棠、鸡麻等中型灌木苗木类	出圃高度要求在 50 cm 以上	高度每增加 20 cm，即提高一个规格级别
	月季、郁李、牡丹、小檗等小型灌木类	出圃高度要求在 30 cm 以上	高度每增加 10 cm，即提高一个规格级别
绿篱类	小叶黄杨、大叶黄杨、金叶女贞等	树势旺盛，全株成丛，基部枝叶丰满，冠丛直径不小于 20 cm，苗木高度在 50 cm 以上	高度每增高 20 cm，即提高一个规格级别
攀援类苗木	地锦、凌霄、葡萄等	生长旺盛，枝蔓发育充实，腋芽饱满，根系发达，至少 2～3 个主蔓	以苗龄确定出圃规格，每增加一年，提高一个规格级别
	母竹	为 2～5 年生苗龄	
	散生竹	大中型竹苗具有竹秆 1～2 个；小型竹苗具有竹秆 5 个以上	以苗龄、竹叶盘数、土坨大小和竹秆个数为规定指标
	丛生竹	每丛竹具有竹秆 5 个以上	
人工造型苗	黄杨球、龙柏球、绿篱苗，以及乔木矮化或灌木乔化等人工造型的苗木	出圃规格不统一，应按不同要求和不同使用目的而定	

【任务实施条件】

经营、管理较规范的苗圃场；锄头、铁锹、起苗犁、运输工具、草绳等各类苗木出圃工具材料；每 3～5 个学习小组配 1 名指导教师。

【任务实施过程】

1 任务设计

教师选取经营、管理较规范的苗圃场，带领学生参观苗圃场，观察苗木出圃的流程，并对其关键技术进行实际操作，在工人的配合下，完成一定数量不同类型的苗木出圃工作。

2 实习分组

本任务以小组为单位进行。根据待出圃苗木数量、规格和及班级人员数量进行分组。由于苗木出圃工作量大，每小组人员数量可以适当增加。要求组内成员之间组织能力、沟通能力、学习能力、知识水平、技能水平等方面能够互相取长补短。选定组长 1 名，负责本组成员之间分工协作、技术交流及组内自评等工作。

3 任务展示

教师为学生发放任务书，并将学生带入苗圃，了解苗木生长情况，依据苗木出圃标准确定待出圃苗木，详细介绍苗木出圃的流程及相关要求。

4 任务分析

苗木出圃需要根据苗木的出圃规格要求、质量要求，以及市场需求来决定出圃苗木的种类和数量，并且熟练掌握苗木出圃的步骤、方法和技术要求。学生在完成任务的过程中不仅要掌握工作步骤和细节，还要了解不同时期苗木出圃工作的特点，洞察苗木市场变化与苗圃管理的关系等。

5 任务执行

学生以组为单位，分工协作，共同完成苗木出圃工作。具体工作步骤如下。

5.1 确定出圃苗木 教师带领学生参观苗圃场，了解苗木生长情况，根据出圃苗木质量标准和苗圃场技术人员一起确定待出圃苗木，俗称"号苗"。

5.2 移植前的准备工作 移植前除了准备工具材料外，还要确定要出圃的苗木种类和数量，并在苗圃地进行"号苗"。对于待出圃苗木，如果苗圃地土壤比较干燥，应在起苗前 2～3 d 适当灌水，使土地相对疏松，便于起苗。

5.3 起苗 最好选择在无风的阴天起苗，尽量不要在土壤冻结情况下起苗；起苗工具要锋利；对针叶树在起苗过程中应特别注意保护顶芽和根系。

5.3.1 裸根起苗 适用于大多数落叶树种和少数常绿树小苗，如黄杨、侧柏、马尾松等。起小苗时，沿苗行方向，在两行中间（根据根系大小为地径的 6～10 倍）挖一条沟，在沟壁下侧挖出斜槽，根据根系要求的深度切断苗根，再于第一和第二苗行中心将铁锹垂直插入，把苗木向沟内推倒，即可取出苗木。大规格苗木裸根起苗时，应单株挖掘，根系的幅度为其地径的 8～12 倍。以树干为圆心画圆，在圆圈处向外挖掘做沟，垂直挖至一定深度，切断侧根；然后于一侧向内深挖，适当轻摇树干，并将主根切断，粗根最好锯断，切忌强按树干和硬劈粗根，造成根系劈裂；然后轻轻放倒苗木并打碎根部泥土，保留须根；起出的苗木立即蘸浆，若不能及时运走，应放在阴凉处假植。

5.3.2 带土球起苗 适用于常绿树、名贵树种和较大规格的苗木。乔木土球的直径为根颈直径的 8~10 倍，土球高度为其直径的 2/3，应包括大部分的根系在内；灌木的土球大小以其冠幅的 1/4~1/2 为标准。挖苗时先将苗冠用草绳拢起，再将苗木周围无根生长的表层土壤铲去，在土球直径的外围挖一条操作沟，沟深与土球高度相等，沟壁应垂直；当挖至 1/2 深时，应逐渐向内缩小，使土球呈苹果型；最后用铁锹从土球底部斜着向内切断主根，使土球与地底分开，然后根据实际情况决定是否包扎。注意应随挖随修整土球，使其表面平整，局部圆滑；遇到细根用铁锹斩断，3 cm 以上的粗根，应用锯子锯断。

5.3.3 机械起苗 随着生产的发展，用起苗犁起苗的苗圃越来越多。机械起苗工作效率高，劳动强度小，但是机械起苗只能完成切断苗根、翻松土壤，不能完成全部起苗程序。

5.4 包装

5.4.1 裸根苗包扎 裸根小苗如果在运输过程中超过 24 h，一般要进行包装，特别对珍贵难成活的树种更要做好包装，以防失水。包装要在背风庇荫处进行。生产上常用的包装材料有麻袋、蒲包、稻草包、塑料薄膜、牛皮纸袋、塑膜纸袋等。包装前先用泥浆或水凝胶等吸水保水物质蘸根。包装时先将包装材料铺放在地上，上面放上苔藓、锯末、稻草等湿润物，再将苗木根对根放在包装物上，并在根间放些湿润物。根据苗木的大小确定每个包装的株数。捆扎不宜太紧，以利通气。外面挂一标签，标明树种、苗龄、苗木数量、等级和苗圃名称等。

5.4.2 带土球苗木软材包装 带土球的大苗应单株包装。一般可用蒲包和草绳包进行包装。小土球和近距离运输可用简易的四瓣包扎法，即将土球放入蒲包中或草片上，然后拎起四角包好即可。草绳包装需要在土球修整成形，但尚未铲离地面时，在土球中部打腰箍，腰箍打几圈视土球大小而定，到最后一圈时将绳尾压住，不使其散开，然后可根据土球情况包装成橘子式、井字式或五角式等。

（1）橘子（网络）式包装 如图 2-6 所示。先将草绳一头系在主干（或腰绳）上，再在土球上斜向缠绕，经土球底沿绕过对面，向上于球面一半处经树干折回，顺同一方向按一定间隔缠绕至满球；然后再绕第二遍，与第一遍的每道肩沿处的草绳整齐相压，缠绕至满球后系牢即可。

（2）井字包法 井字包法又称古钱包法（图 2-7）。包扎时先将草绳一端系在主干

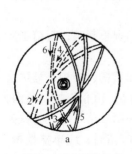

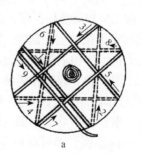

图 2-6 橘子式包装（引自石进朝，2009） 图 2-7 井字包法（引自石进朝，2009）

上或腰箍上，然后按图 2-7a 所示的顺序包扎，先由 1 拉到 2，绕到土球下面，从 3 拉到 4，再绕过土球底部，从 5 拉到 6……如此顺序包扎下去，最后从侧面看，就成图 2-7b 的样子。

（3）五角星包扎法　　五角星包扎法（图 2-8）包扎时，先将草绳一端系在腰箍上或主干上，然后按图 2-8a 所示的次序包扎，先由 1 拉到 2，绕过土球底部，由 3 拉到 4，

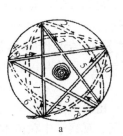

图 2-8　五角星包扎法（引自石进朝，2009）

再绕过土球底部，由 5 拉到 6，过土球底由 7 拉到 8，再绕过土球底由 9 拉到 10，绕过土球底回到 1。按如此顺序包扎拉紧，最后从侧面看成图 2-8b 的样子。

井字式和五角式适用于黏性土及运距不远的落叶树，以及 1 t 以下的常绿树，否则宜用橘子式。

以上三种包扎方法，特别要注意的是，包扎时绳要拉紧，并用木棒击打，使其草绳紧贴土球或能使草绳嵌进土球一部分，才能牢固可靠。如果是黏性土壤，可用草绳直接包扎，适用的最大土球直径可达 1.3 m 左右；如果是沙性土壤，则应该用蒲包等软材料首先包住土球，然后再用草绳包扎。

5.5　装运　　苗木运输过程中，要注意温度和湿度。温度高要遮阴，湿度低要适当喷水。装运过程中，要注意保护树体，树干之间、树体与车厢、吊车接触处要垫放稻草、棉被等软材避免磨损树皮，并用绳索将苗木与车身紧紧拴牢，防止苗木滚动。

裸根大苗装运时，苗木根部装在车厢前面，先装大苗、重苗，大苗间隙填放小规格苗；带土球的大树要用机械起吊和载重汽车运输，装卸和运输过程中应保证土球和木箱完好，尤其是根系，树冠应围拢，装车时根系、土球、木箱向前，树冠朝后，树冠不能与地面接触；最后盖上湿草袋或苫布遮盖加以保护。运输时汽车要慢速行驶。卸车时应顺序吊下。

5.6　假植　　苗木假植是将苗木的根系用湿润的土壤进行临时性埋植，目的是防止苗木根系失水干枯而丧失生命力。根据假植时间的长短可分为临时性假植和长期假植。临时性假植是起苗后不能及时栽植，但假植时间不会超过一个月，这时只需挖开假植沟将苗木根系用湿润的土壤培埋即可。长期假植又叫越冬假植，要在入冬前选排水良好、背风遮阴、土层疏松、便于管理、交通方便的地方，和主风方向垂直挖沟，迎风面的沟壁挖成 45° 的斜面，背风面的沟壁挖成垂直。将苗木排列于沟内斜壁上，用细碎湿土覆盖苗木的根部踩实，适当灌水，用草帘一类的覆盖物将苗木的地上部分覆盖，以免苗木受冻和干梢。

6　任务评价

任务评价采用指导教师评价与组内评价相结合，工作成果评价与综合能力评价相结合的形式。

工作任务评价主要依据苗木出圃的过程和结果，并综合考虑学生在学习过程中分析问题、解决问题的能力，以及沟通协调、协作创新等方面的综合表现。

【成果资料及要求】
完成一定数量和种类的苗木出圃工作。

以组为单位，提交总结报告。总结报告既要说明工作流程、重要环节技术要求，还要总结工作细节和感受。

【任务考核方式及成绩评价标准】

任务评价采用指导教师评价与组内评价相结合，工作成果评价与综合能力评价相结合的形式。

（1）**教师评价**　　由各组指导教师分别为每一组评分，占总成绩的 50%。包括两方面的内容：①通过提问、观察学生在苗木移植工作中的表现，判断学生是否具备根据苗木的出圃规格要求、质量要求以及市场需求正确选择待出圃苗木，并能正确进行起苗、分级、包装、装运、假植等操作的能力，占总成绩的 30%。②实训总结报告能准确说明苗木出圃的工作流程及各环节的技术要点，占总成绩的 20%。

（2）**组长评价**　　由小组负责人根据组员在工作任务完成过程中的表现，为小组各成员评分，占总成绩的 50%。具体包括如下三个方面：①积极主动完成组长分配的工作任务，占总成绩的 10%。②理解苗木的出圃规格要求、质量要求等知识要点，掌握苗木出圃的程序和操作技术要点，占总成绩的 20%。③工作过程中能积极主动解决遇到的问题，能很好地与同学进行沟通协调，团结合作，占总成绩的 20%。

【参考文献】

黄云玲，张君超. 2014. 园林植物栽培养护［M］. 北京：中国林业出版社.

石进朝. 2011. 园林苗圃［M］. 北京：中国农业出版社.

俞玖. 1988. 园林苗圃［M］. 北京：中国林业出版社.

园林植物生产与养护

任务1　园林植物的识别

【任务介绍】园林植物指适用于园林绿化的植物材料，分为草本和木本。园林植物的识别主要包括对园林植物的生长性状、园林树木的树形、园林植物的叶、园林植物的花、园林植物的果实、园林树木的冬态识别等。

【任务目标】通过本任务的学习，使学生达到以下要求：①通过对枝、叶、花、果等标本和实物的形态识别和观察，学会应用植物形态术语描述园林植物；②通过对冬季园林树木芽、枝条及残存花果的观察，掌握园林树木冬态特征的识别；③能够正确识别本地区常见的园林植物，特别是校园植物，能够独立完成某地区园林植物资源调查、鉴定工作；④在以实际操作过程为主的项目教学过程中，锻炼学生的团队合作能力；培养学生搜集、整理和应用信息资料的能力，使学生具有独立分析问题和解决问题的能力。

【教学设计】

教师选择本地区常见园林植物的标本，结合本地区及校园的园林植物，作为本实训的具体工作任务。

本任务主要采用任务驱动教学法。①进行任务设计，以校园园林植物识别为本实训任务，具体包括园林植物生长性状的观察，园林树木树形的观察，园林植物叶、花、果实的形态特征观察，园林树木冬态识别。②任务组织实施，学生了解园林植物识别的方法与步骤，并在教师的指导下，以组为单位，完成任务。教师的教与学生的学均以任务为引领，在完成任务的过程中，进一步巩固、丰富学生的园林植物识别相关理论知识，提高园林植物识别能力。③任务评价。

【任务知识】

1　园林植物的种类

1.1.1　草本　　分为一年生草本、二年生草本和多年生草本。

（1）一年生草本　　一年内完成生命周期的草本植物。

（2）二年生草本　　两个生长季内完成生命周期的草本植物。

（3）多年生草本　　生命周期在两年以上的草本植物。

1.1.2　木本　　分为常绿树种和落叶树种，包括乔木、灌木、亚灌木、藤木、匍地类。

（1）乔木　　具有明显直立的主干，通常主干高度在6m以上。

（2）灌木　　没有明显主干，由地面分出多数枝条或虽有主干而高度不超过6m者，如榆叶梅、丁香等。

（3）亚灌木　　茎枝上部越冬枯死，仅基部为多年生而木质化，如沙蒿等。

（4）藤木　　能缠绕或攀附他物而向上生长的木本植物，如葡萄、爬山虎等。

（5）匍地类　　干、枝等均匍地生长，与地面接触部分可生出不定根而扩大占地范围，如沙地柏等。

2 园林树木的树形

通常园林树木的树形可分为圆球形、尖塔形、伞形、圆柱形、卵圆形、圆锥形、棕榈形等，见图3-1。其中圆球形如黄栌、元宝枫等；尖塔形如雪松、水杉等；伞形如龙爪槐、千头椿等；圆柱形如杜松、新疆杨等；平顶形如合欢、黄檗等；卵圆形如毛白杨、悬铃木等；圆锥形如圆柏、云杉等；棕榈形如棕榈、蒲葵等。

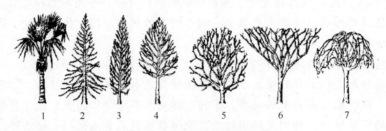

图 3-1　树形（引自卓丽环和刘承珊，2010）
1. 棕榈形；2. 尖塔形；3. 圆柱形；4. 卵形；5. 圆球形；
6. 平顶形；7. 伞形

3 园林植物的叶

3.1.1　叶的组成　叶一般由叶片、叶柄和托叶三部分组成，见图3-2。

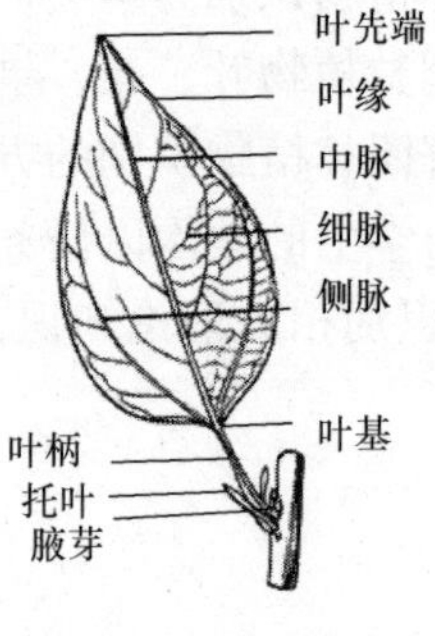

具有叶片、叶柄和托叶三部分的叶，称为完全叶，如豆科、蔷薇科等植物的叶。不具有这三部分中任何一部分或两部分的叶，称为不完全叶，如泡桐的叶缺少托叶；金银花的叶缺少叶柄。

（1）叶片　　指叶柄顶端的宽扁部分。

（2）叶柄　　指叶片与枝条连接的部分。

（3）托叶　　指叶片或叶柄基部两侧小型的叶状体。

（4）叶腋　　指叶柄与枝间夹角内的部位，常具腋芽。

（5）单叶　　叶柄具一个叶片的叶，叶片与叶柄间不具关节。

（6）复叶　　总叶柄具两片以上分离的叶片。

（7）总叶柄　　复叶的叶柄，或指着生小叶以下的部分。

（8）叶轴　　总叶柄以上着生小叶的部分。

图 3-2　叶的组成（引自卓丽环和刘承珊，2010）

（9）小叶　　复叶中的每个小叶。其各部分分别叫小叶片、小叶柄及小托叶等。小叶的叶腋不具腋芽。

3.1.2　叶脉及脉序　如图3-3所示。

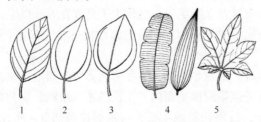

图 3-3　叶脉及脉序（引自卓丽环和刘承珊，2010）
1. 羽状脉；2. 三出脉；3. 离基三出脉；4. 平行脉；5. 掌状脉

1）脉序。叶脉在叶片上排列的方式。

2）主脉。叶片中部较粗的叶脉，又叫中脉。

3）侧脉。由主脉向两侧分出的次级脉。

4）细脉。由侧脉分出，并联络各侧脉的细小脉，又叫小脉。

5）网状脉。指叶脉数回分枝变细，并互相联结为网状的脉序。

6）羽状脉。具一条主脉，侧脉排列成羽状，如榆树等。

7）三出脉。由叶基伸出三条主脉，如肉桂、枣树等。

8）离基三出脉。羽状脉中最下一对较粗的侧脉出自离开叶基稍上之处，如檫树、浙江桂等。

9）掌状脉。几条近等粗的主脉由叶柄顶端生出，如葡萄、紫荆、法桐等。

10）平行脉。为多数次脉紧密平行排列的叶脉，如竹类等。

3.1.3 叶序　　叶在枝上着生的方式（图3-4）

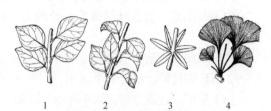

图3-4　叶在枝上着生的方式
（引自卓丽环和刘承珊，2010）
1. 互生；2. 对生；3. 轮生；4. 簇生

1）互生。每节着生一叶，节间有距离，叶片在枝条上交错排列，如杨、柳、碧桃等。

2）对生。每节相对两面各生一叶，如桂花、紫丁香、毛泡桐等。

3）轮生。每节有规则的着生3个以上的叶子，如夹竹桃等。

4）簇生。多数叶片成簇生于短枝上，如银杏、落叶松、雪松等。

3.1.4 叶形　　指叶片的形态（图3-5）。树木叶片的形态多种多样，大小不同，形态各异。但同一种树木叶片的形态是比较稳定的，可作为识别树木和分类的依据。叶片的形态通常是从叶形、叶尖、叶基、叶缘、叶裂和叶脉等方面来描述。

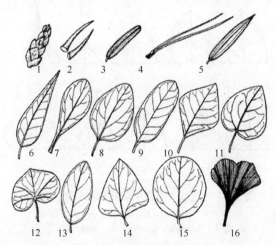

图3-5　叶形（引自卓丽环和刘承珊，2010）
1. 鳞形；2. 锥形；3. 条形；4. 针形；5. 刺形；6. 披针形；7. 匙形；
8. 卵形；9. 长圆形；10. 菱形；11. 心形；12. 肾形；13. 椭圆形；
14. 三角形；15. 圆形；16. 扇形

1）鳞形。叶细小成鳞片状，如侧柏、柽柳、木麻黄等。

2）锥形。叶短而先端尖，基部略宽，如柳杉，又叫钻形。

3）刺形。叶扁平狭长，先端锐尖或渐尖，如刺柏等。

4）条形。叶扁平狭长，两侧边缘近平行，如冷杉、水杉等，又叫线形。

5）针形。叶细长而先端尖如针状，如马尾松、油松、华山松等。

6）披针形。叶窄长，最宽处在中部或中部以下，先端渐长尖，长为宽的 4～5 倍，如柠檬桉。

7）倒披针形。颠倒的披针形，最宽处在上部，如海桐。

8）匙形。状如汤匙，全形窄长，先端宽而圆，向下渐窄，如紫叶小檗等。

9）卵形。状如鸡蛋，中部以下最宽，长为宽的 1.5～2 倍，如毛白杨等。

10）倒卵形。颠倒的卵形，最宽处在上端，如白玉兰等。

11）圆形。状如圆形，如黄栌等。

12）长圆形。长方状椭圆形，长约为宽的 3 倍，两侧边缘近平行，又叫矩圆形，如苦槠等。

13）椭圆形。近于长圆形，但中部最宽，边缘自中部起向上下两端渐窄，长为宽的 1.5～2 倍，如杜仲、君迁子等。

14）菱形。近斜方形，如小叶杨、乌桕、丝棉木等。

15）三角形。状如三角形，如加杨等。

16）心形。状如心脏，先端尖或渐尖，基部内凹具二圆形浅裂及一弯缺，如紫丁香、紫荆等。

17）肾形。状如肾形，先端宽钝，基部凹陷，横径较长，如连香树。

18）扇形。顶端宽圆，向下渐狭，如银杏。

3.1.5 叶先端（图 3-6）

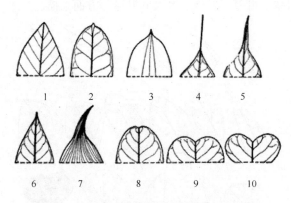

图 3-6 叶先端（引自卓丽环和刘承珊，2010）
1. 尖；2. 微凸；3. 凸尖；4. 芒尖；5. 尾尖；
6. 渐尖；7. 骤尖；8. 微凹；9. 凹缺；10. 二裂

1）尖。先端成一锐角，又叫急尖，如女贞。

2）微凸。中脉的顶端略伸出于先端之外，又叫具小短尖头。

3）凸尖。叶先端由中脉延伸于外而形成一短突尖或短尖头，又叫具短尖头。

4）芒尖。凸尖延长成芒状。

5）尾尖。先端呈尾状，如菩提树。

6）渐尖。先端渐狭成长尖头，如夹竹桃。

7）骤尖。先端逐渐尖削成一个坚硬的尖头，有时也用于表示突然渐尖头，又名骤凸。

8）钝形。先端钝或窄圆。

9）截形。先端钝或窄圆。

10）微凹。先端圆，顶端中间稍凹，如黄檀。

11）凹缺。先端凹缺稍深，如黄杨，又名微缺。

12）倒心形。先端深凹，呈倒心形。

13）二裂。先端具二浅裂，如银杏。

3.1.6 叶基（图3-7）

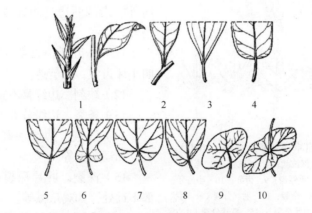

图3-7 叶基（引自卓丽环和刘承珊，2010）
1. 下延；2. 渐狭；3. 楔形；4. 戟形；5. 圆形；
6. 耳形；7. 心形；8. 偏斜形；9. 盾形；10. 合生穿茎

1）下延。叶基自着生处起贴生于枝上，如杉木、柳杉等。

2）渐狭。叶基两侧向内渐缩形成翅状叶柄的叶基。

3）楔形。叶下部两侧渐狭成楔子形，如八角等。

4）戟形。叶基部平截，如元宝枫等。

5）圆形。叶基部渐圆，如山杨、圆叶乌桕等。

6）耳形。基部两侧各有一耳形裂片，如辽东栎等。

7）心形。叶基部心脏形，如紫荆、紫丁香等。

8）偏斜形。基部两侧不对称，如椴树、小叶朴等。

9）鞘状。基部伸展形成鞘状，如沙拐枣。

10）盾状。叶柄着生于叶背部的一点，如柠檬桉幼苗、蝙蝠葛等。

11）合生抱茎。两个对生无柄叶的基部合生成一体，如盘叶忍冬、金松。

3.1.7 叶缘（图3-8）

1）全缘。叶缘不具任何锯齿和缺裂，如丁香、紫荆等。

2）波状。边缘波浪状起伏，如樟树、毛白杨等。

3）浅波状。边缘波状较浅，如白栎。

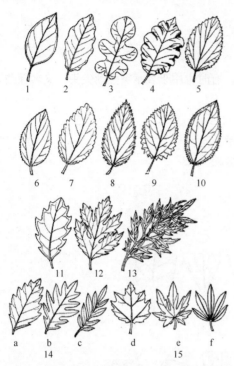

图 3-8　叶缘（引自卓丽环和刘承珊，2010）
1. 全缘；2. 波状；3. 深波状；4. 皱波状；5. 锯齿；6. 细锯齿；7. 钝齿；8. 重锯齿；9. 齿牙；10. 小齿牙；11. 浅裂；12. 深裂；13. 全裂；14. 羽状分裂（a. 羽状浅裂；b. 羽状深裂；c. 羽状全裂）；15. 掌状分裂（d. 掌状浅裂；e. 掌状深裂；f. 掌状全裂）

4）深波状。边缘波状较深，如蒙古栎。

5）皱波状。边缘波状皱曲，如北京杨壮枝之叶。

6）锯齿。边缘有尖锐的锯齿，齿端向前，如白榆、油茶等。

7）细锯齿。边缘锯齿细密，如垂柳等。

8）钝齿。边缘锯齿先端钝，如加拿大杨等。

9）重锯齿。锯齿之间又具小锯齿，如樱花。

10）齿牙。边缘有尖锐的齿牙，齿端向外，齿的两边近相等，又叫牙齿状，如苎麻。

11）小齿牙。边缘具较小的齿牙，又叫小牙齿状，如荚迷。

12）缺刻。边缘具不整齐较深的裂片。

13）条裂。边缘分裂为狭条。

14）浅裂。边缘浅裂至中脉的1/3左右，如辽东栎等。

15）深裂。叶片深裂至离中脉或叶基部不远处，如鸡爪槭等。

16）全裂。叶片分裂深至中脉或叶柄顶端，裂片彼此完全分开，如银桦。

17）羽状分裂。裂片排列成羽状，并具羽状脉。因分裂深浅程度不同，又可分为羽状浅裂、羽状深裂、羽状全裂等。

18）掌状分裂。裂片排列成掌状，并具掌状脉，因分裂深浅程度不同，又可分为掌状浅裂、掌状全裂、掌状三浅裂、掌状五浅裂、掌状五深裂等。

3.1.8　复叶的种类（图 3-9）

1）单身复叶。外形似单叶，但小叶片与叶柄间具关节，如柑橘，又叫单小叶复叶。

2）二出复叶。总叶柄上仅具两个小叶，又叫两小叶复叶，如歪头菜等。

3）三出复叶。总叶柄上具 3 个小叶，如迎春等。

4）羽状三出复叶。顶生小叶着生在总叶轴的顶端，其小叶柄较两个侧生小

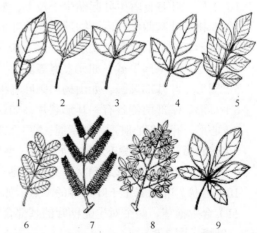

图 3-9　复叶的种类（引自卓丽环和刘承珊，2010）
1. 单身复叶；2. 二出复叶；3. 三出复叶；4. 羽状三出复叶；5. 奇数羽状复叶；6. 偶数羽状复叶；7. 二回羽状复叶；8. 三回羽状复叶；9. 掌状三出复叶

叶的小叶柄为长，如胡枝子等。

5）掌状三出复叶。3个小叶都着生在总叶柄顶端的一点上，小叶柄近等长，如橡胶树等。

6）羽状复叶。复叶的小叶排列成羽状，生于总叶轴的两侧。

7）奇数羽状复叶。羽状复叶的顶端有一个小叶，小叶的总数为单数，如槐树等。

8）偶数羽状复叶。羽状复叶的顶端有两个小叶，小叶的总数为双数，如皂荚等。

9）二回羽状复叶。总叶柄的两侧有羽状排列的一回羽状复叶，总叶柄的末次分枝连同其上小叶叫羽片，羽片的轴叫羽片轴或小羽轴，如合欢等。

10）三回羽状复叶。总叶柄两侧有羽状排列的二回羽状复叶，如南天竹、苦楝等。

11）掌状复叶。几个小叶着生在总叶柄顶端，如荆条、七叶树等。

3.1.9　叶的变态（图3-10）

叶的变态除冬芽的芽鳞、花的各部分、苞片及竹箨外，尚有下列几种。

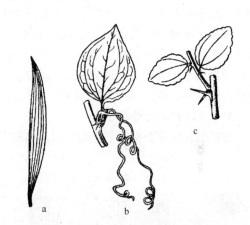

图3-10　叶的变态（引自卓丽环和刘承珊，2010）
a. 叶状柄；b. 卷须；c. 托叶刺

1）托叶刺。由托叶变成的刺，如刺槐、枣树等。

2）卷须。由叶片（或托叶）变为纤弱细长的卷须，如爬山虎、五叶地锦、菝葜的卷须。

3）叶状柄。小叶退化，叶柄成扁平的叶状体，如相思树等。

4）叶鞘。由数枚芽鳞组成，包围针叶基部，如松属树木。

5）托叶鞘。由托叶延伸而成，如木蓼等。

4　园林植物的花

4.1.1　花的组成

花一般由花柄、花托、花被、雌蕊群和雄蕊群组成。具备以上五部分的花，称为完全花；缺少其中一部分或几部分的，称为不完全花。

（1）花柄　　花柄是着生花的小枝，用以支撑花果，输送花发育所需的各种营养物质和水分，其内部结构与茎相似，并且与茎连通。花柄的长短因植物的不同而异。有些植物的花柄很短，甚至没有，花朵直接生长在枝条上。

（2）花托　　花柄顶端膨大的部分，其上着生有花萼、花冠、雄蕊群和雌蕊群。花托的形状在不同植物中变化较大，形态多样，有圆柱形，如玉兰；也有凹陷的，如桃、梅。

（3）花萼　　花萼位于花的最外轮，有若干萼片组成，通常为绿色，包在花蕾外面，起保护花蕾和幼果的作用，并能进行光合作用，为子房发育提供营养物质。根据花萼的离合程度，花萼可分为离萼和合萼。各萼片之间完全分离的称离萼，如山茶等；各萼片彼此连合者称合萼，如月季等。

（4）花冠　　花冠位于花萼内侧，由若干片花瓣组成，排成一轮或多轮。花冠通常具有鲜艳的色彩，但也有许多植物的花冠呈白色。有些植物的花瓣内有芳香腺，能散发出芳香气味，花冠的彩色与芳香适应于昆虫传粉，此外花冠还有保护雄蕊、雌蕊的作用。

1）雄蕊群。种子植物的雄性繁殖器官，位于花冠内侧，是一朵花内所有雄蕊的总称。每个雄蕊由花药和花丝组成，花丝通常细长呈丝状，基部着生在花托上或贴生在花冠上。花药是花丝顶端膨大成囊状的部分，花药中有四个花粉囊，成熟后花粉囊自行破裂，花粉有裂口散出。雄蕊的类型因植物种类不同而不同。根据药丝分离连合的情况分为离生雄蕊、单体雄蕊、二体雄蕊、多体雄蕊等几种，见图 3-11。

2）雌蕊群。种子植物的雌性繁殖器官。位于花的中央部分，由一至多个具繁殖功能的变态叶——心皮卷和而成。雌蕊长呈瓶状，由子房、花柱及花柱头三部分组成。

4.1.2　花序的类型　　　　花在总花柄上有规律的排列方式，称花序。这总花柄称为花序轴。

按花开放顺序的先后可分为无限花序、有限花序、混合花序。无限花序指花序下部的花先开，依次向上开放，或由花序外围向中心依次开放，如梨树；有限花序指花序最顶点或最中心的花先开，外侧或下部的花后开，如苹果；混合花序指有限花序和无限花序混生的花序，即主轴可无限延长，生长无限花序，而侧枝为有限花序，如泡桐的花序是由聚伞花序排成圆锥花序状。

常见的花序主要有以下几种类型，如图 3-12 所示。

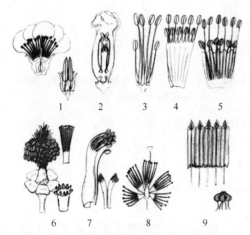

图 3-11　雄蕊类型

1. 内生雄蕊；2. 二强雄蕊；3. 四强雄蕊；
4. 五强雄蕊；5. 六强雄蕊；6. 单体雄蕊；7. 二体雄蕊；8. 多体雄蕊；9. 聚药雄蕊

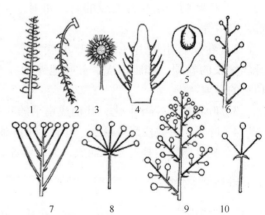

图 3-12　花序的类型

1. 穗状花序；2. 柔荑花序；3. 头状花序；4. 肉穗花序；5. 隐头花序；6. 总状花序；7. 伞房花序；8. 伞形花序；9. 圆锥花序；10. 聚伞花序

1）穗状花序。花多数，无梗，排列于不分枝的主轴上，如水青树等。

2）柔荑花序。由单性花组成的穗状花芽，通常花轴细软下垂，开花后（雄花序）或果熟后（果序）整个脱落，如杨柳科树种。

3）头状花序。花轴短缩，顶端膨大，上面着生许多无梗花，全形呈圆球形，如悬铃木、枫香等。

4）肉穗花序。为一种穗状花序，总轴肉质肥厚，分枝或不分枝，且为一佛焰苞所包被，棕榈科通常也属该类的花序。

5）隐头花序。花聚生于凹陷、中空、肉质的总花托内，如无花果、榕树等。

6）总状花序。与穗状花序相似，但花有梗，近等长，如刺槐等。

7）伞房花序。与总状花序相似，但花梗不等长，最下的花梗最大，渐上渐短，使整个花序顶成一平头状，如梨、苹果等。

8）伞形花序。花集生于花轴的顶端，花梗近等长，如五加科有些种类。

9）圆锥花序。花轴上每一个分枝是一个总状花序，又叫复总状花序；有时花轴分枝，分枝上着生二花以上，外形呈圆锥状的花丛，如珍珠梅、槐树等。

10）聚伞花序。为一有限花序，最内或中央的花先开，两侧的花后开。

11）复聚伞花序。花轴顶端着生一花，其两侧各有一分枝，每分枝上着生聚伞花序，或重复连续二歧分枝的花序，如卫矛等。

5 园林植物的果实

果实是植物开花受精后的子房发育形成的。包围果实的壁叫果皮，一般可分为3层，最外的一层叫外果皮，中间的一层叫中果皮，最内一层叫内果皮。果实的类型多种多样，依据形成一个果实的花的数目多少或一朵花中雄蕊数目的多少，可以分为单果、聚花果和聚合果；依据果皮的质地不同，可分为肉果和干果；依据果皮的开裂与否，可分为裂果和闭果。以下是一些主要的果实简述。

5.1.1 单果类型
由一花中的一个子房或一个心皮形成的单个果实（图3-13）。

1）蓇葖果。为开裂的干果，成熟时心皮沿背缝线或腹缝线开裂，如银桦、白玉兰等。

2）荚果。由单心皮上位子房形成的干果，成熟时通常沿背、腹两缝线开裂，或不裂，如蝶形花科、含羞草科。

3）蒴果。由两个以上合生心皮的子房形成。开裂方式有：室背开裂，即沿心皮的背缝线开裂，如橡胶树等；室间开裂，即沿室之间的隔膜开裂，如杜鹃等；室轴开裂，即室背或室间开裂的裂瓣与隔膜同时分离，但心皮间的隔膜保持联合，如乌桕等；孔裂，即果实成熟时种子由小孔散出；瓣裂，即以瓣片的方式开裂，如窿缘桉等。

图3-13 果实类型（引自卓丽环和刘承珊，2010）

1. 聚合蓇葖果；2. 聚合核果；3. 聚花果；4. 蓇葖果；5. 荚果；6. 颖果；7. 胞果；8. 蒴果（a. 瓣裂；b. 室背开裂；c. 室间开裂）；9. 翅果；10. 坚果；11. 浆果；12. 柑果；13. 梨果；14. 核果

4）瘦果。为一小而仅具一心皮一种子不开裂的干果，如铁线莲等；有时亦有多于一个心皮的，如菊科植物的果实。

5）颖果。与瘦果相似，但果皮和种皮愈合，不易分离，有时还包有颖片，如多数竹类。

6）胞果。具有一颗种子，由合生心皮的上位子房形成，果皮薄而膨胀，疏松地包围种子，且与种子极易分离，如梭树等。

7）翅果。瘦果状带翅的干果，由合生心皮的上位子房形成，如榆树、槭树、杜仲、臭椿等。

8）坚果。具一颗种子的干果，果皮坚硬，由合生心皮的下位子房形成，如板栗、榛子等，并常有总苞包围。

9）浆果。由合生心皮的子房形成，外果皮薄，中果皮和内果皮肉质，含浆汁，如葡萄、荔枝等。

10）柑果。浆果的一种，但外果皮软而厚，中果皮和内果皮多汁，由合生心皮上位子房形成，如柑橘类。

11）梨果。具有软骨质内果皮的肉质果，由合生心皮的下位子房参与花托形成，内有数室，如梨、苹果等。

12）核果。外果皮薄，中果皮肉质或纤维质，内果皮坚硬，称为果核。一室一种子或数室数种子，如桃、李等。

5.1.2 聚合果　　由一花内的各离生心皮形成的小果聚合而成。由于小果类型不同，可分为聚合蓇葖果，如八角属及木兰属；聚合核果，如悬钩子；聚合浆果，如五味子；聚合瘦果，如铁线莲等。

5.1.3 聚花果　　由一整个花序形成的合生果，如桑葚、无花果、菠萝蜜。

6　园林树木的冬态

6.1　芽　　尚未萌发的枝、叶和花的雏形。其外部包被的鳞片，称为芽鳞，通常是叶的变态。

6.1.1　芽的类型

1）顶芽。生于枝顶的芽。

2）腋芽。生于叶腋的芽，形体一般较顶芽小，又叫侧芽。

3）假顶芽。顶芽退化或枯死后，能代替顶芽生长发育的最靠近枝顶的腋芽，如柳、板栗等。

4）柄下芽。隐藏于叶柄基部内的芽，如悬铃木等，又叫隐芽。

5）单生芽。单个独生于一处的芽。

6）并生芽。数个并生在一起的芽，如桃、杏等。位于外侧的芽叫副芽，当中的叫主芽。

7）叠生芽。数个上下重叠在一起的芽，如枫杨、皂荚等。位于上部的芽叫副芽，最下的叫主芽。

8）花芽。将发育成花或花序的芽。

9）叶芽。将发育成枝、叶的芽。

10）混合芽。将同时发育成枝、叶、花混合的芽。

11）裸芽。没有芽鳞的芽，如枫杨、山核桃等。

12）鳞芽。有芽鳞的芽，如樟树、加杨等。

6.1.2　芽的形状

1）圆球形。状如圆球，如白榆花芽等。

2）卵形。其状如卵，狭端在上，如青冈等。

3）椭圆形。其纵截面为椭圆形，如青檀等。

4）圆锥形。渐上渐狭，横截面为圆形，如云杉、青杨等。

5）纺锤形。渐上渐窄，状如纺锤，如水青冈等。

6）扁三角形。其纵截面为三角形，横切面为扁圆形，如柿树等。

6.1.3　芽序　芽在枝条上的着生顺序。

1）互生。每节只生长一个芽，交互在枝条上分布，如杨、柳、榆等。

2）对生。每节生长两个对生芽，如丁香、洋白蜡等。

3）并生。每节的每个叶痕中水平着生两个以上的芽，如杏等。

4）轮生。每节着生 3 个以上的芽，如油松、雪松等。

5）簇生。数个芽生长在一起，如榆叶梅等。

6）叠生。每节的每个叶痕中上下着生两个以上的芽，如紫穗槐、枫杨等。

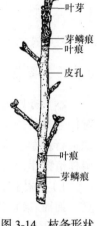

图 3-14　枝条形状（引自卓丽环和刘承珊，2010）

6.2　枝条　指着生叶、花、果等器官的轴（图 3-14）。

枝条形态

1）节。枝上着生叶的部分。

2）节间。两节之间的部分。节间较长的枝条叫长枝；节间极短的叫短枝，又称叶距，一般生长极为缓慢。

3）叶痕。叶脱落后，叶柄基部在小枝上留下的痕迹。

4）维管束痕。叶脱落后，维管束在叶痕中留下的痕迹，又叫叶迹。其形状不一，散生或聚生。

5）托叶痕。托叶脱落后，留下的痕迹。常呈条状、三角状或围绕着枝条成环状。

6）芽鳞痕。芽开放后，顶芽芽鳞脱落留下的痕迹，其数目与芽鳞数相同。

7）皮孔。枝条上的表皮破裂所形成的小裂口。根据树种的不同，其形状、大小、颜色、疏密等各有不同。

8）髓。指枝条的中心部分。髓按小枝内部形状可分为空心髓（如连翘等）、片状髓（如核桃等）、实心髓（如蒙古栎等）。

6.3　其他　残存果实、枯叶及越冬花序等。

6.4　枝的变态（图 3-15）

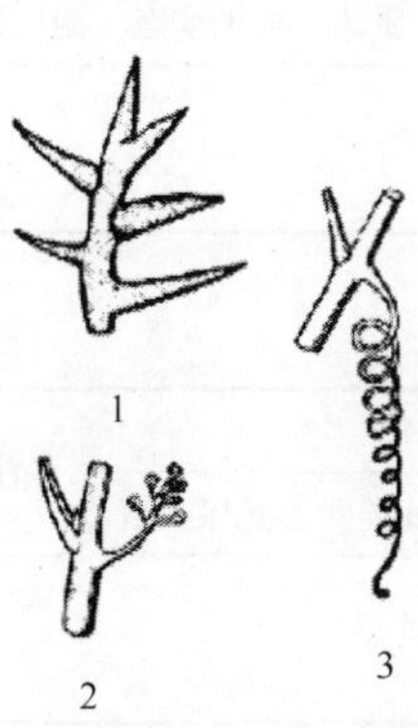

1）枝刺。枝条变成硬刺，刺分枝或不分枝，如皂荚、山楂、石榴、贴梗海棠、刺榆等。

2）卷须。许多攀援植物的一部分分枝变为卷曲的细丝，用以缠绕其他物体，使植物得以攀援生长，称为茎卷须，如葡萄、五叶地锦等。

图 3-15　枝的变态（引自卓丽环和刘承珊，2010）
1. 枝刺；2. 吸盘；3. 卷须

3）吸盘。位于卷须的末端呈盘状，能分泌黏质以黏附他物，如爬墙虎等。

【任务实施条件】

标本、本地区及校园园林植物、剪枝剪、解剖刀、解剖针、放大镜、记录夹和记录纸、铅笔及工具书等，每 15～20 名学生配 1 名指导教师。

【任务实施过程】

1 任务设计

教师选取本地区常见园林植物，对园林植物识别具体工作内容及要求进行设计。

2 任务实施

本任务以组为单位进行，4～6人组成一个实习小组，选定组长1名；教师引导学生对任务进行分析，明确完成任务要做哪些具体的工作，要如何做，并针对重点、难点问题进行讲解。学生以组为单位，完成园林植物生长性状的观察，园林树木树形的观察，园林植物叶、花、果实的形态特征观察，园林树木冬态识别等工作。具体工作步骤如下。

1）园林植物生长性状的观察。观察其是草本还是木本，一年生还是多年生，茎是直立、匍匐、缠绕还是攀援。

2）园林树木树形的观察。观察各种树木树形，了解其观赏特性。

3）园林植物叶、花、果实的形态特征的观察。观察叶是单叶还是复叶，叶片的形状、叶序，花单生还是成花序，果实是何种类型等基本的特征，然后再对各个器官进行细致深入地观察，准确全面地了解该植物。结构复杂的植物器官，需要逐层剖析，详细记录数目、形状、位置，便于研究比对。

4）园林树木冬态识别。主要着眼于对树形、树干、枝、叶痕、叶迹、皮孔、髓、冬芽、枝干附属物及枝条的变态、宿存的果实、枝叶等部位的观察。

5）填写记录表格。具体如表3-1～表3-4所示。

表 3-1　叶的形态特征

序号	树种	项目										
		科属	叶的类型	叶形	叶脉及脉序	叶尖	叶基	叶缘	叶序	质地	叶的变态	附属物
1												
2												

表 3-2　花的形态特征

序号	树种	项目						备注
		花的类型	花冠形状	花被的排列	雄蕊类型	雌蕊类型	花序类型	
1								
2								

表 3-3　果的形态特征

序号	树种	项目			备注
		科属	果实的类型	果实颜色	
1					
2					

表 3-4　木本植物的冬态特征

序号	树种	项目								
		芽的类型	芽的形状	芽序	叶痕形状与颜色	皮孔形状与颜色	髓心形状	越冬花絮、残存果实、枯叶	枝的变态	附属物
1										
2										

【成果资料及相关要求】

以组为单位，提交园林植物叶、花、果实的形态特征调查表，以及园林树木冬态特征调查表各 1 份，要求表格记录内容完整、名词术语规范。以个人为单位，提交实习总结 1 份，要求 1000 字以上。

【任务考核方式及成绩评价标准】

本任务采用学生评价与教师评价相结合，阶段性评价与最终工作成果评价相结合的方式进行评价。

（1）学生自评　　由组长对本组成员的个人表现进行评价，占总成绩的 50%，具体包括两方面内容：①积极主动完成组长分配的调查记录任务，按时提交相关的表格，且记录内容详细、完整，占总成绩的 35%。②调查过程中能积极主动解决问题，很好地与同学进行沟通协调，团结合作，占总成绩的 15%。

（2）教师评价　　由指导教师对各组的实习成绩进行评价，占总成绩的 50%，包括如下内容：①根据阶段性成果及汇报情况进行评价。要求表格内容正确、完整；要求汇报者能代表全组同学，清楚明了的汇报记录内容，并准确回答相关问题，占总成绩的 25%。②根据最终提交的记录表格评价，占总成绩的 15%。③根据实习总结进行评价，占总成绩的 10%。

【参考文献】

陈秀波，张百川．2012．园林树木识别与应用［M］．武汉：华中科技大学出版社.

陈有民．2009．园林树木学［M］．修订版．北京：中国林业出版社.

方彦，何国生，向民．2005．园林植物［M］．北京：高等教育出版社.

潘文明．2009．园林技术专业实训指导［M］．苏州：苏州大学出版社.

卓丽环．2006．园林树木［M］．北京：高等教育出版社.

卓丽环，刘承珊．2010．园林技术专业综合实训指导书［M］．北京：中国林业出版社.

任务 2　园林植物的物候期调查

【任务介绍】 生物在进化过程中，由于长期适应这种周期变化的环境，形成与之相适应的生态和生理机能有规律性变化的习性（即生物的生命活动能随气候变化而变化）。人们可以通过其生命活动的动态变化来认识气候的变化，所以称为"生物气候学时期"，简称为"物候期"。本任务主要包括观测园林植物的萌芽期、展叶期、开花期、果实发育期、新梢生长期，以及秋叶变色期及落叶期等。

【任务目标】 ①通过园林植物的物候期的观察，使学生掌握正确的观察记录方法；②掌握园林植物的季相变化，为园林植物配置，形成四季景观提供依据；③培养学生严谨求实的工作精神。

【教学设计】

教师指定校内或校外的乔木、灌木及草本植物各 5 种作为本实训的材料，并给出园林植物的物候期观测记录卡。

本任务主要采用任务驱动教学法。①进行任务设计，以教师指定的园林植物的物候期调查为本实训任务，周期一年。②任务组织实施，学生了解园林植物物候期调查的方法与步骤，并在教师的指导下，以组为单位，完成任务。③任务评价。

【任务知识】

对于不同的植物种类，物候期会有各种不同的记载方法，甚至在每个物候内亦根据调查要求，分出更细微的物候期。观察时各植物种类间物候期的划分界线要明确，标准要统一。在具体观察时应附图（照片）说明，以便参考比较。

1.1.1 萌芽期的观察

1）芽膨大始期。具芽鳞者，当芽鳞开始分离，侧面显露出浅色的线形或角形时，为芽膨大始期。

2）芽开放（绽）期或显蕾期（花蕾或花序出现期）。树木之鳞芽，当鳞芽裂开，芽顶部出现新鲜颜色的幼叶或花蕾顶部时，为芽开放（绽）期。

1.1.2 展叶期的观察

1）展叶开始期。从芽苞伸出的卷曲或按叶折叠的小叶，出现第一批有 1~2 片小叶平展时为准。

2）展叶盛期。阔叶树以其半数枝条上的小叶完全平展时为准。

3）春色叶呈现始期。以春季所展之新叶整体上开始呈现有一定观赏价值的特有色彩时为准。

4）春色叶变色期。以春叶特有色彩整体上消失为准。

1.1.3 花期的观察

1）开花始期。在选定观测的同种数株树上，见到一半以上植株，有 5% 的（只有 1 株亦按此标准）花瓣完全展开时为开花始期。

2）开花盛期（或盛花期）。在观测树上见有一半以上的花蕾都展开花瓣或一半以上的柔荑花序松散下垂或散粉时，为开花盛期。

3）开花末期。在观测树上残留约 5% 的花时，为开花末期。

1.1.4 果实发育期的观察

1）幼果出现期。见子房开始膨大时，为幼果出现期。

2）果实生长周期。选定幼果，每周测量其纵径、横径或体积，直到采收或成熟脱落时止。

3）生理落果期。幼果变黄、脱落。可分几次落果。

4）果实或种子成熟期。当观测树上，有一半的果实或种子变为成熟色时，为果实和种子成熟期。

5）脱落期。又可细分以下两期：开始脱落期，即见成熟种子开始散布或连同果实脱落的时期；脱落末期，即成熟种子或连同果实基本脱完。

1.1.5 新梢生长周期的观察

新梢生长期的观察，指从开始生长到停止生长止，定期定枝观察新梢生长长度，分清一次梢（春梢）、二次梢（夏梢）、三次梢（秋梢）生长期。

1）新梢开始生长期。选定的主枝一年生延长枝（或增加中枝、短枝）上顶部营养芽（叶芽）开放为一次（春）梢开始生长期；一次梢顶部腋芽开放为二次梢开始生长期，以及三次以上梢开始生长期。

2）枝条生长周期。对选定枝上顶部梢定期观测其长度和粗度，以便确定延长生长与粗生长的周期和生长快慢时期及特点。

3）新梢停止生长期。以所观察的营养枝形成顶芽或梢端自枯不再生长为止。

1.1.6　秋叶变色期的观察　　秋叶变色期，是指由于正常季节变化，树木出现变色叶，其颜色不再消失，并且新变色之叶在不断增多至全部变色的时期。

1）秋叶开始变色期。当观测树木的全株叶片约有 5% 开始呈现秋色叶时，为开始变色期。

2）秋叶全部变色期。全株所有的叶片完全变色时，为秋叶全部变色期。

3）可供观秋色叶期。以部分（30%～50%）叶片所呈现的秋色叶有一定观赏效果的起始日期为准。

1.1.7　落叶期的观察　　落叶期观察，指观测树木秋冬开始落叶，至树上叶子全部落尽时止。

1）落叶始期。约有 5% 的叶子脱落时为落叶始期。

2）落叶盛期。全株有 30%～50% 的叶子脱落时，为落叶盛期。

3）落叶末期。树上的叶子几乎全部（90%～95%）脱落为落叶末期。

【任务实施条件】

标签、直尺、温度计、放大镜、记录本、铅笔等，每 20～30 名学生配 1 名指导教师。

【任务实施过程】

1.1.1　任务设计　　教师指定校内或校外的乔木、灌木及草本植物各 5 种，给出园林植物物候期观测记录卡（表3-5），对指定植物结合记录卡内容进行观测。

1.1.2　任务实施　　本任务以组为单位进行，4～6 人组成一个实习小组，选定组长 1 名。教师向学生讲解园林植物物候期观测要点及注意事项，学生以组为单位，共同完成指定校内或校外的乔木、灌木及草本植物各 5 种的物候期观测、记录，以及数据整理和分析。具体工作步骤如下。

1）确定观测植物。对观测的园林植物，挂牌做好标记。

2）确定观测方法。物候期观察要细致，注意物候的转换期。一般以目测为主，亦可使用测具测定。同时要注意气候变化和管理技术等对物候期变化的影响。观察时应列表注明品种、砧木、树龄、所在地。

3）观测时间与频率。分别于观测日的 14:00～17:00 实施物候数据记录。在物候变化较快的时期每天观察 1 次（如萌芽始期和开花期），物候现象不明显时每周观察 2 次（根据不同植物生长习性而有所区别），定期核对记录。

4）确定观测内容。包括萌芽期观测（乔灌木植物从早春萌芽开始，草本植物从出土开始观测）、展叶期观测、开花期观测、果实发育期观测、新梢生长期观测、秋叶变色与脱落期观测。观测物候期的同时，要记录气候条件的变化或参照就近气象台站的记录资料，观察项目一般包括气温、土温、降水、风、日照情况、大气湿度等。

5）记录方法。要有统一的标准和要求，才能进行比较。对每一物候期的起止日期必

表 3-5　园林树木物候观测记录卡

观测单位：

观测地点：　　省（市）　　县（区）　　北纬 ° ′　　东经 ° ′　　海拔　m

地形　　土壤　　同生植物　　小气候　　养护情况　　观测者：

编号 生境 物候期＼树种	萌芽期			展叶期			开花期							果实发育期						新梢生长期								秋叶变色与脱落期							备注
	树液开始流动期	花芽膨大开始期	叶芽膨大开始期	展叶开始期	展叶盛期	春色叶变绿期	开花始期	开花盛期	开花末期	最佳观花起止日	再度开花起止期	二次梢开花期	三次梢开花期	幼果出现期	生理落果期	果实成熟期	果实开始脱落期	果实脱落末期	可供观果起止期	春梢始长期	春梢停长期	二次梢始长期	二次梢停长期	三次梢始长期	三次梢停长期	四次梢始长期	四次梢停长期	秋叶开始变色期	秋叶全部变色期	落叶开始期	落叶盛期	落叶末期	可供观秋色叶期	最佳观秋色叶期	

须记清。

6）对数据进行整理汇总及分析

【成果资料及要求】

以组为单位，提交物候期观测记录卡 1 份和分析说明 1 份。要求对不同观测植物准确识别，物候观测准确程度高，记录清晰。

以个人为单位，提交实习总结 1 份，要求 1000 字以上。

【任务考核方式及成绩评价标准】

本任务采用学生评价与教师评价相结合，阶段性评价与最终工作成果评价相结合的方式进行评价。

（1）学生自评（50%）　按时提交观测成果，且内容完整、合理，格式规范等。

（2）教师评价（50%）　观测成果内容正确、完整，格式规范；代表全组汇报的同学，清楚明了地展示观测记录及分析说明，并准确回答相关问题等。

【参考文献】

陈有民. 2009. 园林树木学［M］. 修订版. 北京：中国林业出版社.

庞丽萍，苏小慧. 2014. 园林植物栽培与养护［M］. 北京：中国林业出版社.

祝遵凌，王瑞辉. 2005. 园林植物栽培养护［M］. 北京：中国林业出版社.

卓丽环. 2016. 园林树木［M］. 北京：高等教育出版社.

任务3　腐叶土的堆制

【任务介绍】 腐叶土又称腐殖土，是植物枝叶在土壤中经过微生物分解发酵后形成的营养土。本实训为堆制一个小型的腐叶土肥堆。腐叶土呈酸性，pH 为 4.6～5.2，不含石灰质，可用于各种花卉栽培。

【任务目标】 ①了解腐叶土的组成和特点；②掌握堆制腐叶土肥堆的方法。

【教学设计】

本实训的具体工作任务就是堆制腐叶土肥堆。

本任务主要采用任务驱动教学法。①进行任务设计，以堆制腐叶土肥堆为本实训任务，具体包括场地的选择、材料的准备、制作过程。②任务组织实施，学生了解堆制腐叶土肥堆的内容与流程，并在教师的指导下，以组为单位，完成任务。③任务评价。

【任务知识】

腐叶土制作的具体方法是秋天收集落叶（最好是木本阔叶乔木的叶片，壳斗科植物落叶最佳，杉树、落叶松也可，硬松针不可取）、橘子皮、香蕉皮、腐烂水果、蔬菜等废弃物，在室外避风向阳、地势平坦处挖一个深 1 m 左右的坑，将落叶、普通土壤、少量其他有机物等混合均匀置于坑中，放入少量呋喃丹防止生虫。堆制时，先放一层园土，再放一层落叶等物，如此反复堆放数层后，再浇入水（含水量达到 60%～70% 为宜），不可过湿。最后在顶部上堆至少 30 cm 的土封严。经过翌年夏季高温发酵充分腐熟，到秋季晾晒杀菌，捣碎过筛后即可使用。未腐熟的残渣按此法继续堆制。堆制过程中不能压得过紧，要让一部分空气进入，有利于好气菌活动，加速分解；过湿会产生有毒物质，造成养分流失，影响土质。

【任务实施条件】

铁锹、铁耙、水桶、土筐、筛子、呋喃丹及塑料布等，每15～20名学生配1名指导教师。

【任务实施过程】

1.1.1 任务设计 教师选取制肥场地，对腐叶土制作的具体工作内容及要求进行设计。

1.1.2 任务实施 本任务以组为单位进行。8～10人组成一个实习小组，要求组内男女生比例均衡。选定组长1名，教师向学生讲解腐叶土的组成、积制与施用方法，并针对注意事项进行讲解，以帮助学生掌握操作过程中注意要点。学生以组为单位，完成腐叶土堆制工作，具体工作步骤如下。

（1）场地选择 场地选择地势平坦、靠近水源的背风向阳处。

（2）材料的准备 秋天收集落叶（阔叶）若干、园土（细碎）若干，收集污废水。

（3）腐叶土堆制 每组堆制4～5 m³的腐叶土，单独成堆。

【成果资料及要求】

以组为单位，提交腐叶土肥堆1堆、实习报告1份，其中，实训报告包括：报告题目、实训目的、实训材料及用具、实训地点、实训方法及步骤、结果分析与讨论。

要求堆制选材准确、操作得当规范。实习报告记录完整、交代清楚、结论明确。

【任务考核方式及成绩评价标准】

本任务采用学生评价与教师评价相结合，阶段性评价与最终工作成果评价相结合的方式进行评价。

（1）学生评价（50%） 按时提交堆制成果，且堆制过程操作方法得当等。

（2）教师评价（50%） 堆制过程操作方法得当、吃苦耐劳；代表全组汇报的同学，清楚明了地阐述整个堆制过程，并准确回答相关问题，实训报告和实习总结等。

【参考文献】

劳动和社会保障部教材办公室组织. 2004. 园林植物生产技术［M］. 北京：中国劳动社会保障出版社.

赵彦杰. 2007. 园林实训指导［M］. 北京：中国农业大学出版社.

任务4 培养土的配制

【任务介绍】培养土是指为了满足花卉特别是盆栽花卉生长发育的需要，根据不同种类花卉对土壤的不同要求，人工专门配制的含有丰富养料、具有良好排水和通透（透气）性能、能保湿保肥、满足花卉生长发育要求的土壤。本实训任务主要包括熟悉常用的配制培养土的材料、进行培养土的配制、调整培养土的酸碱度、培养土的消毒等。

【任务目标】①认识各类常见的栽培基质，了解其特点和性能；②掌握培养土的配制技术及培养土的消毒技术；③能根据园林植物习性和材料的性质配制培养土。

【教学设计】

本任务主要采用任务驱动教学法。①进行任务设计，以各类盆栽花卉的培养土配制为本实训任务，具体包括配制一般草花、木本花卉、温室花卉需要的培养土。②任务组织实施，学生了解常用的材料、配制比例、工作流程、操作方法，并在教师的指导下，以组为单位，完成任务。③任务评价。

【任务知识】

1　配制培养土常用的材料

（1）园土　　园土是配制培养土的主要原料，多采用壤土，最好是菜园土或种过豆科植物的表层土壤。园土一般肥力较高、结构良好，但在干旱时土表容易板结，其透水性、透气性较差，所以不能单独使用，需要配合其他的疏松材料。

（2）腐叶土　　腐叶土是配制培养土最广泛使用的材料，利用各种植物叶子、杂草等掺入园土，加水发酵而成。pH 呈酸性，暴晒后使用。

（3）河沙　　可选用一般粗沙，是培养土的基础材料。掺入一定比例河沙，有利于培养土通气排水。

（4）山泥　　山泥是一种由树叶腐烂而成的天然腐殖质土。其特点是疏松透气呈酸性，适合兰花、栀子、杜鹃、山茶等喜酸性土壤的花卉。

（5）泥炭　　泥炭又叫草炭、泥煤。含丰富的有机质，呈酸性，适用于栽植耐酸性植物。泥炭本身有防腐作用，不易产生霉菌，且含有胡敏酸，有刺激插条生根的作用；加入泥炭，有利于改良土壤结构，可混合或单独使用。

（6）草木灰　　草木灰是稻壳等农作物秸秆烧后的灰，富含钾元素。加入培养土中，使之排水良好，土壤疏松。

（7）蛭石　　蛭石是由黑云母和金云母风化而成的片状次生产物，在 1000 ℃左右的高温下加热膨胀后形成的疏松多孔状体，具有轻质、吸水、保水、持肥、吸热和保温性能较强的特点。但是长期使用后会使蜂房状结构遭到破坏而导致透气性下降，常与珍珠岩或泥炭土等混合使用。

（8）珍珠岩　　珍珠岩由一种铝硅酸盐火山石经过粉碎、加热至 1100～1200 ℃煅烧后膨胀而成，具有疏松、透气、吸水、体轻的特点，常与蛭石、泥炭土、河沙等混合使用。

（9）炉渣　　炉渣不仅是理想的透水、疏松、透气材料，同时其容重较小，含有一定量的石灰质，是君子兰培养土中重要的掺和物，使用时以沸腾炉喷出的碎末为最好，采用普通的炉渣时则应该先打碎，过筛后选用颗粒直径为 2～3 mm 的粗末。

（10）厩肥土　　厩肥土由动物粪便、落叶等掺入园土、污水，堆积沤制而成，具有较丰富的肥力。

（11）骨粉　　是由动物骨磨碎发酵而成，含大量磷元素。加入量不超过 1%。

（12）木屑　　将木屑经发酵后，掺入培养土中，也能改善土壤的松散度和吸水性。木屑还能不同程度地中和土壤的酸碱度，有利于花木的生长。

（13）苔藓　　苔藓晒干后掺入培养土中，可使土壤疏松，通水、透气良好。

2　配制比例

（1）适用于一般花木的培养土　　用泥炭土 3 份、园土 1.5 份、河沙 2 份、饼肥渣 0.5 份，混合配制。

（2）喜酸耐阴花卉的培养土　　用腐叶土和泥炭土各 4 份、木屑 1 份、蛭石或腐熟厩肥土 1 份，混合配制。

（3）适用于凤梨科、多肉花卉、萝藦科、爵床科花卉的培养土　用泥炭土（或腐叶土）4份、园土和蛭石各2份、河沙1份，混合配制。

（4）适用于天南星科、竹芋科、苦苣苔科、蕨类及胡椒科花卉的培养土　可用泥炭土（或腐叶土）5份、园土和蛭石各2份、河沙1份，混合配制。

（5）适用于附生型仙人掌类花卉（主要包括昙花、令箭荷花等）的培养土　可用腐叶土、园土、粗沙各3份，骨粉和草木灰各1份，混合配制。

（6）适用于陆生型仙人掌类花卉（主要包括仙人掌、仙人球、山影拳等）的培养土　可用腐叶土2份、园土3份、粗沙4份、细碎瓦片屑（或石灰石砾、陈灰墙皮、贝壳粉）1份，混合配制。

（7）喜阴湿植物（主要包括肾蕨、万年青、吉祥草、龟背竹、吊竹梅等）的培养土　可用园土2份、河沙1份、木屑或泥炭土1份，混合配制。

（8）根系发达，生长较旺花卉（主要包括吊钟花、菊花、虎尾兰等）的培养土　可用园土4份，腐叶土、砻糠灰和粗沙各2份，混合配制。

（9）播种用的培养土　可用园土2份、砻糠灰和沙各1份，混合配制。扦插用的基质，可用园土和砻糠灰各半混合配制。

对观果、观花类植物特别是大型花卉，除配用以上材料外，还应在土壤中添加少量骨粉或过磷酸钙。

以上所说的培养土，都应在消毒后使用。

3　测定培养土酸碱度

培养土的酸碱度直接影响着培养土的理化性质和花卉的生长。通常用pH来表示，pH 7为中性，小于7为酸性，大于7为碱性。如果土壤过酸或过碱均需加以改良。测定培养土酸碱度最简便的方法是化学试剂法，称通过1 mm筛孔的风干土样10 g，放入50 mL小烧杯中，再加25 mL蒸馏水，在磁力搅拌器上搅拌1 min，使土粒充分分散，放置0.5 h后，用pH计测定。根据测定结果，对酸碱度不适宜的培养土，可采取如下措施加以调整。如酸性过高，可在盆土中加少量石灰粉或草木灰等；碱性过高，可在盆土中加少量硫磺粉、硫酸铝、硫酸亚铁、腐殖质肥等。也可用pH试纸进行测定。

4　消毒

土壤常用的消毒方法有蒸煮消毒法、药剂消毒法、二硫化碳消毒法及高温暴晒法等。

（1）蒸煮消毒法　把配制好的栽培用土，放入适当的容器中，隔水在锅中蒸煮消毒。这种方法只限于小规模栽培、少量用土时应用。也可将蒸汽通入土壤消毒，要求蒸汽温度在100～120 ℃，消毒时间40～60 min。这是最有效的消毒方法。

（2）药剂消毒法　向培养土中喷洒甲醛溶液、高锰酸钾等药剂，可以杀灭土壤中的虫卵、菌类及杂草种子。如向培养土中每立方米均匀洒上40%的甲醛溶液400～500 mL，然后把土堆积，上盖塑料薄膜。经过48 h后，甲醛溶液化为气体，除去堆上所盖的薄膜，摊开土堆。待甲醛溶液全部蒸发后，消毒完成。

（3）二硫化碳消毒法　先堆积培养土，在土堆的上方穿透几个孔穴，按100 m³的土壤用350 g左右的二硫化碳的比例，注入后在孔穴开口处用草秆等盖严密。经过48～72 h，除去草盖，摊开土堆，使二硫化碳全部散失。

（4）高温暴晒法　　将按比例配制好的培养土，薄摊于干净的水泥地面上，暴晒2～3 d，经常翻动，即可杀死大量真菌的分生孢子、菌丝体，以及部分害虫的卵、幼虫和病原线虫。此法多在6～8月采用。

【任务实施条件】

园土、腐叶土、泥炭、炉渣、河沙、珍珠岩、草木灰、有机肥、筛子、铁锹、土筐、酸度计、天平、100 mL 三角瓶、50 mL 小烧杯、玻璃棒、洗瓶等，每15～20名学生配1名指导教师。

【任务实施过程】

1.1.1　任务设计　　根据培养土配制具体工作步骤及要求进行设计。

1.1.2　任务实施　　本任务以组为单位，8～10人组成一个实习小组，选定组长1名。教师向学生讲解不同花卉培养土的配制比例，如何测定和调整酸碱度，以及土壤的消毒方法，帮助明确配制的步骤及相关要求。学生以组为单位，完成培养土的配制工作。具体工作步骤如下。

1）认识并熟悉各类基质材料。将各类土料粉碎、过筛后备用。

2）配制。按要求配制中性培养土、酸性培养土、碱性培养土。

3）测量。测定培养土的酸碱度。

4）消毒。用甲醛消毒法。

【成果资料及要求】

以组为单位，提交中性培养土、酸性培养土、碱性培养土各1份，实习报告1份，实习总结1份。

要求配制选材得当、配制比例合理、土壤酸碱度符合花卉习性、土壤消毒操作得当；实习报告记录清楚、数据完整、结论明确。

【任务考核方式及成绩评价标准】

本任务采用学生评价与教师评价相结合，阶段性评价与最终工作成果评价相结合的方式进行评价。

（1）小组自评（50%）　　按时提交相关的配制工作成果，且配制选材得当、配制比例合理、土壤酸碱度符合花卉习性、土壤消毒操作得当等。

（2）教师评价（50%）　　要求配制选材得当、配制比例合理、土壤酸碱度符合花卉习性、土壤消毒操作得当；代表全组汇报的同学，清楚明了的展示配制成果，并准确回答相关问题。根据最终提交的中性培养土、酸性培养土、碱性培养土、实习报告及实习总结进行评价。

【参考文献】

劳动和社会保障部教材办公室组织. 2004. 园林植物生产技术［M］. 北京：中国劳动社会保障出版社.

魏岩. 2003. 园林植物栽培与养护［M］. 北京：中国科学技术出版社.

赵彦杰. 2007. 园林实训指导［M］. 北京：中国农业大学出版社.

任务 5　矾肥水的配制

【任务介绍】矾肥水是一种偏酸性的肥料，是用硫酸亚铁、粪干、饼肥和水，按一定比例配制，经充分发酵后变成的黑绿色液体。矾肥水兑水稀释后使用，土壤呈微酸性，pH 为 5.6～6.7，长期浇灌矾肥水，可使北方中性或碱性土呈弱酸性，适合由南方移植的多数花卉生长的需要。本实训主要内容为配制矾肥水。

【任务目标】①掌握矾肥水配制及使用方法，了解矾肥水的特点；②培养吃苦耐劳的实践精神。

【教学设计】

本任务主要采用任务驱动教学法。①进行任务设计，以矾肥水配制为本实训任务，具体包括场地的选择，材料的准备、配比、发酵过程。②任务组织实施，教师帮助学生了解矾肥水配制的用途、方法步骤与过程；学生在教师的指导下，以组为单位，完成任务。③任务评价。

【任务知识】

矾肥水配制时各种材料的比例为：水 20～25 kg，饼肥或蹄片 1～1.5 kg，硫酸亚铁（黑矾）250～300 g。将上述材料一起投入缸内，放置阳光下曝晒发酵约 1 个月，取其上清液兑水稀释后即可使用。

【任务实施条件】

大缸、秤、水桶、硫酸亚铁（黑矾）、豆饼等，每 16～20 名学生配 1 名指导教师。

【任务实施过程】

1.1.1　任务设计　教师选取配制场地，对矾肥水配制的具体工作内容及要求进行设计。

1.1.2　任务实施　本任务以组为单位进行。8～10 人组成一个实习小组，选定组长 1 名，教师向学生讲授矾肥水的配制与施用方法。学生以组为单位，共同完成矾肥水配制工作。具体工作步骤如下。

1）场地选择。场地选择地势平坦、靠近水源及施用地点的向阳处。

2）材料的准备。水、饼肥或蹄片、硫酸亚铁（黑矾）。

3）制作。将水 25 kg、饼肥或蹄片 1.5 kg、硫酸亚铁（黑矾）300 g，一起投入缸内，放置阳光下曝晒发酵约 1 个月。

【成果资料及要求】

以组为单位，提交矾肥水 1 缸、实习报告 1 份。其中，实训报告包括：报告题目、实训目的、实训材料及用具、实训地点、实训方法及步骤、结果分析与讨论。以个人为单位，提交实习总结 1 份，要求 1000 字以上，能准确说明矾肥水配置工作内容与方法，反映实训工作过程。

【任务考核方式及成绩评价标准】

本任务采用学生评价与教师评价相结合，阶段性评价与最终工作成果评价相结合的方式进行评价。

（1）小组自评（50%）　按时提交配制成果，且配制过程操作方法得当等。

（2）教师评价（50%）　配制过程操作方法得当；汇报者能代表全组同学，清楚明了地阐述整个配制过程，并准确回答相关问题；根据最终提交的矾肥水、实训报告及实习总结进行评价。

【参考文献】

柳近. 1988. 怎样配置矾肥水［J］. 中国花卉盆景,（11）：10.

任务6　盆花的上盆与换盆

【任务介绍】上盆是将播种苗、扦插苗、地被植株栽植于花盆中的操作。换盆是指随着盆栽植株的生长，当原来的花盆已经限制其生长，或原有的基质养分已经消耗殆尽、盆土的理化性质变劣、植株根系部分腐烂老化时，需要将小盆换成同植株大小相称的大盆或是更换新盆土，将植株由小盆移换到另一个大盆中的操作过程。本实训任务主要内容是盆花的上盆、换盆的基本操作。

【任务目标】①掌握上盆、换盆的技术；②培养组织、协调能力和团队精神。

【教学设计】

本任务主要采用任务驱动教学法。①进行任务设计，以盆花的上盆与换盆为本实训任务。②任务组织实施，学生了解盆花的上盆与换盆的操作方法与步骤，并在教师的指导下，以组为单位，个人独立完成任务。③任务评价。

【任务知识】

1　盆花上盆

上盆时间多在春季进行，也可以在其他季节进行。

（1）花盆的选择　　根据花苗的大小选择合适的花盆，花盆太大太小都不宜。太小，头重脚轻，既不相衬，根系也难以舒展；太大，盆土持水过多，而植株叶面积小，水分蒸发少，土不易干燥，影响根系呼吸，甚至导致烂根。

（2）垫片　　花苗上盆时一般先采用1～3块碎盆片盖在盆底排水孔洞的上方，搭成人字形或品字形（小盆直接放一片），使盆土不能堵塞洞口，以保证多余水分的流出，防止涝害。

（3）加培养土　　添加培养基质时一般先加一层粗培养土，其上再铺上一层细培养土。避免园林植物的根与基肥直接接触，以防肥害。

（4）栽植　　栽植时一般先将苗木立于盆中央，掌握好种植深度，一般根颈处距盆口沿2～3 cm。栽植时一手扶苗，一手从四周加入细培养土，当加到半盆时，振动花盆并用手指轻压紧培养土，使根与土紧密结合后再加细培养土，直到距盆口3～4 cm处，再在面上稍加一层粗培养土，以便浇水施肥，并防止板结。对于只有基生叶而无明显主茎的植株，上盆时应注意不能将生长点埋于土中。

（5）养护　　苗木上盆后应及时浇水，一般用喷壶浇两遍，见水从盆底排出即可；移至荫蔽处养护一周左右，待苗木生根成活后，进行正规管理。

2　盆花换盆

（1）换盆的时间　　盆花必须选择好换盆时机，才能保证植株对新环境的适应。多数情况下换盆最好在休眠期进行，尽量避开开花期，其中以春季最佳；如果原来的花盆够大，则尽量不要更换。

（2）换盆次数　　一般一二年生花卉每年换盆2～3次，宿根花卉每年换盆1次，木本花卉每2～3年换盆1次。

（3）换盆的程序　　换盆的程序一般包括选盆、"退火"消毒、垫片、填底、控水收边、倒盆、切削与修剪根系、栽植和养护等。

1）选盆。应根据花木植株的大小选择相应口径的花盆。

2）"退火"消毒。使用新盆前应"退火"、去碱，即在栽植前先放在清水中浸一昼夜，刷洗、晾干后再使用，以去其燥性；使用旧盆前应刷洗干净并进行杀菌、消毒，以杀灭其带有的病虫害。

3）垫片与填底。同上盆。

4）控水收边。换盆前对于原盆应暂停浇水2～3 d，使盆土干缩"收边"，若迟迟不收边则可用花铲紧贴盆的内壁依次插一圈，使土与盆壁分开。

5）脱盆。一般右手托花盆，左手拍打盆壁，使土团松动，再用左手拇指插入盆底孔洞，顶出土团，或将植株连同土团一起倒出来。

6）切削与修剪根系。可先剥去植株土团表面褐色的网状老根，再用花铲或竹签削去或剔除土团面上的、周边的和底部的土，修剪去枯根和过长的根，兰花、君子兰等肉质根系的花卉还应该采用竹签剔土，并在断根伤口沾草木灰或炭粉以防腐烂。

7）栽植。同上盆。对于不带土坨的花木，当加到一半土时可将苗轻轻向上悬提一下，然后一边加土一边把土轻轻压紧，直到距盆沿2～3 cm，但种植兰花时加土可以至盆口，以利于兰花生长。

8）养护。植株换好盆后应一次浇透水，然后放置在荫蔽处养护半个月左右，等花木逐步恢复生机适应盆土环境后再进行正常护理。

【任务实施条件】

花盆、需盆栽的花木、盆花、碎瓦片、配制好的营养土、花铲、喷壶、筛子、枝剪及复合肥，每10～15名学生配1名指导教师。

【任务实施过程】

1.1.1　任务设计　　教师选取操作场地，进行盆花上盆和换盆，对盆花上盆与换盆的具体工作内容及要求进行设计。

1.1.2　任务实施　　本任务以组为单位进行。3～4人组成一个实习小组，选定组长1名，教师向学生讲解盆花上盆和换盆的技术，明确相关要求。学生以组为单位，独立完成盆花上盆和换盆操作。具体工作步骤如下。

1）上盆。包括：选盆、盆底处理、装盆、浇水。

2）换盆。包括：选盆、盆底处理、脱盆、整理、栽植、浇水。

【成果资料及要求】

以个人为单位，提交盆花上盆与换盆作品各1份、实训报告1份。其中实训报告包括：报告题目、实训目的、实训材料及用具、实训地点、实训方法及步骤、结果分析与讨论。以个人为单位，提交实习总结1份，要求能准确说明盆花上盆与换盆的工作方法，反映实训工作过程，要求1000字以上。

【任务考核方式及成绩评价标准】

本任务采用学生评价与教师评价相结合，阶段性评价与最终工作成果评价相结合的方式进行评价。

（1）小组自评（50%）　　按时提交工作成果等。

（2）教师评价（50%）　　根据最终的上盆、换盆操作完成情况及成活率，以及对教师提问的回答情况、实训报告及实训总结等进行评价。

【参考文献】

劳动和社会保障部教材办公室组织. 2004. 园林植物生产技术［M］. 北京：中国劳动社会保障出版社.

刘燕. 2003. 园林花卉学［M］. 北京：中国林业出版社.

潘文明. 2009. 园林技术专业实训指导［M］. 苏州：苏州大学出版社.

赵彦杰. 2007. 园林实训指导［M］. 北京：中国农业大学出版社.

任务 7　盆 花 管 理

【任务介绍】 盆花所需要的环境条件大都需要人工控制，它的生长好坏取决于日常的养护、管理水平，略有疏忽，就会造成植株生长不良，甚至死亡。盆花管理主要包括施肥、浇水、病虫害防治、整形修剪等。

【任务目标】 ①了解常见盆花的生物学特性及应用方式，掌握盆花的管理要点；②培养学生对盆花进行肥水管理、整形修剪、病虫害防治的能力。

【教学设计】

本实训的具体工作任务就是在一定的环境条件下，对盆花进行养护管理。

本任务主要采用任务驱动教学法。①进行任务设计，以盆花管理为本实训任务，具体包括施肥、浇水、病虫害防治、整形修剪等。②任务组织实施，学生了解盆花管理的方法、步骤及要点，并在教师的指导下，以组为单位，完成作任务。③任务评价。

【任务知识】

1.1.1　施肥

（1）肥料的类型　　肥料主要分为有机肥料和无机肥料。常用的有机肥料包括堆肥、厩肥、饼肥、人粪尿、鸡鸭粪、牛粪、麻酱渣、蹄片和羊角等。无机肥料包括氮肥（如尿素、硫酸铵、碳铵等）、钾肥（如硫酸钾等）、磷肥（如过磷酸钙等）。现在有各种专用肥，如观叶肥、观花肥、君子兰肥等。

（2）施肥方法

1）基肥。将有机肥与培养土混合均匀即可。马掌片等施在盆的下层和四周，并用培养土与植物根系隔开，一般在上盆或翻盆时施入。不耐肥的幼苗不施基肥，只用普通培养土栽植。

2）追肥。在生长期的施肥。盆花大多追施液肥，主要有豆饼水、麻渣水和马掌水。放缸内浸泡一个月以上，充分腐熟后稀释5～10倍使用。

3）根外施肥。就是将化肥或微量元素用水溶解后喷施于叶面等地上部位。其优点是吸收快、用量少、流失少、效率高。常用的有尿素、磷酸二氢钾、硼酸等。

1.1.2　浇水　　盆花的水分管理是一项非常重要而细致的工作，是保证植株正常生长的主要栽培措施之一。

（1）浇水量

1）不同种类的盆花，浇水量不同。蕨类植物、兰科植物、秋海棠类植物生长期要求丰富的水分；多浆植物要求较少的水分。同一类植物的不同品种对水分的需求也不一样，如同为蕨类植物，肾蕨在光线不强的室内，保持土壤湿润即可；而铁线蕨则要求将花盆放在水盘之中。

2）不同生长期的盆花，浇水量不同。当植物进入休眠期时，浇水量应依植物种类不同而减少或停止。从休眠进入生长期，浇水量逐渐增加。生长旺盛时期，浇水量要充足。开花前浇水量要适当控制，盛花期适当增多，结实期适当减少浇水量。

3）季节不同，植物对水分的要求不同。

春季。天气渐暖，盆栽植物出室之前，要逐渐加强通风锻炼。这时应增加浇水量。草花每隔 1~2 d 浇水 1 次；花木每隔 3~4 d 浇水 1 次。

夏季。大多数盆栽植物种类放置在荫棚下养护。但因天气炎热，蒸发量和植物的蒸腾量仍很大，每天早晚各浇水 1 次。

秋季。秋季天气转凉，放在露地的盆栽植物，可每 2~3 d 浇水 1 次。

冬季。盆栽植物移入温室，低温温室中的盆花（如三角花）每 4~5 d 浇水 1 次；中温及高温温室的盆花一般 1~2 d 浇水 1 次；日光充足而温度较高的温室内浇水要多一些。

（2）浇水时间　　水温与植株温度接近时浇水为好。夏季以早晨日出前或日落后为好，冬季以上午 9~10 时为好。

（3）浇水原则　　盆土见干才浇水，浇水就应浇透，俗称"干透浇透"，即见干见湿。要避免多次浇水不足，只湿表层盆土，形成"截腰水"。

（4）浇水方法　　除用喷壶浇灌外，还可用喷灌、滴灌、浸盆等方法。一般新上盆或换盆植株、新移植小苗用喷壶浇水。

1.1.3　病虫害防治　　病虫害直接影响花卉的观赏和生长发育，要根据当地病虫害发生发展规律和主要病虫害的种类，事先做好防治的各项准备工作，及时适时消灭多种病虫害，运用综合措施减少病虫危害。

（1）增强抗性　　引栽抗性强的品种，平时加强对盆花土、肥、水、光的精心管理。

（2）避免感染　　外地购买的盆花要严格检疫。盆土使用前要严格消毒，一旦发现病害株，除及时治疗外，还要移地放置。

（3）健康施药　　在盆花未发生病虫害的健康时期，定期喷施灭菌、杀虫药剂。病虫蔓延的时期，药物应选用广谱、多效又不易引起药害的剂型。如介壳虫如果发生数量少时，可用刷子刷除或用竹片剥除；数量多时，在若虫孵化初期，喷洒 40% 氧化乐果乳剂 1000 倍液，每隔 7~10 d 喷 1 次，连喷 2~3 次。白粉病在盆花刚发芽时喷洒 65% 代森锌 600 倍液，以后每隔 7~10 d 喷 1 次，连续喷 3~4 次；注意通风透光，增施磷肥、钾肥，以提高抗病力。

1.1.4　整形修剪　　根据盆花种类研究整形修剪方案及修剪内容。一般情况先修剪枯枝、残花、残叶，再修剪徒长枝、过弱枝、砧木萌蘖。也可根据株形培养计划，去除多余枝或叶，根据花期及花枝数，确定摘心、抹芽、摘蕾数量。

1.1.5　盆花的光、温管理　　盆花生长发育的各个时期要根据各种花卉对温度、光照的需要及时调整，使花卉处于适宜的温度、光照条件，如遮阴、温室通风降温、温室加热增温等。

【任务实施条件】

盆花、有机肥、枝剪、喷壶、喷雾器、水桶等，每15～20名学生配1名指导教师。

【任务实施过程】

1.1.1　任务设计　教师选取适当的场地与盆花，对盆花管理的具体工作内容及要求进行设计。

1.1.2　任务实施　本任务以组为单位进行。4～6人组成一个实习小组，选定组长1名，教师向学生讲解盆花管理的技术，明确盆花管理的操作内容及技术要点。学生以组为单位，对教师指定的盆花种类和数量，共同完成盆花施肥、浇水、病虫害防治、整形修剪、温度光照调节等任务。

【成果资料及要求】

以组为单位，提交经养护后的盆花若干盆、实训报告1份。其中实训报告包括：报告题目、实训目的、实训材料及用具、实训地点、实训方法及步骤、结果分析与讨论。以个人为单位，提交实习总结1份，要求1000字以上。

【任务考核方式及成绩评价标准】

本任务采用学生评价与教师评价相结合，阶段性评价与最终工作成果评价相结合的方式进行评价。

（1）小组评价（50%）　按时提交相关的工作成果，且操作规范，记录完整，交代清楚，结论明确。

（2）教师评价（50%）　根据阶段性成果及汇报情况进行评价。要求操作规范，记录完整，交代清楚，结论明确，并准确回答相关问题；以组为单位，检查盆花管理的效果，依据盆花的生长发育状况评分；根据最终提交的实训报告及实训总结进行评价。

【参考文献】

劳动和社会保障部教材办公室组织. 2004. 园林植物生产技术［M］. 北京：中国劳动社会保障出版社.

刘燕. 2003. 园林花卉学［M］. 北京：中国林业出版社.

潘文明. 2009. 园林技术专业实训指导［M］. 苏州：苏州大学出版社.

赵彦杰. 2007. 园林实训指导［M］. 北京：中国农业大学出版社.

任务8　常见切花的分级与包装

【任务介绍】切花通常是指从植物体上剪切下来的具有观赏价值的植物体的一部分，用于插花或制作花束、花篮、花圈等花卉装饰。最常用的鲜切花有月季、唐菖蒲（即剑兰）、香石竹、菊花、非洲菊等。切花的分级对于规范指导切花生产具有重要意义，既有利于与国际接轨，又有利于我国鲜切花产业的良性发展。

【任务目标】①认识常见鲜切花；②熟悉常见鲜切花的分级标准与包装方法，了解市场常见鲜切花的包装方式与方法；③培养学生动手操作能力。

【教学设计】

本任务主要采用任务驱动教学法。①进行任务设计，以鲜切花的分级和包装为本实训任务，具体包括月季、唐菖蒲、香石竹、菊花、非洲菊切花的分级和包装。②任务组织实施，学生了解鲜切花分级和包装的标准及步骤，并在教师的指导下，以组为单位，分工协作，完成任务。③任务评价。

【任务知识】

1　鲜切花质量等级划分公共标准

表3-6为2001年颁布实施的我国鲜切花质量等级划分标准。

表3-6　鲜切花质量等级划分公共标准

项目　级别	一级品	二级品	三级品
整体效果	整体感、新鲜程度很好，成熟度高，具有该品种特征	整体感、新鲜程度度好，成熟度较高，具有该品种特性	整体感、新鲜程度较好，成熟度一般，基本保持该品种特性
病虫害及缺损情况	无病虫害、折损、擦伤、压伤、冷害、水渍、药害、灼伤、斑点、褪色	无病虫害、折损、擦伤、压伤、冷害、水渍、药害、灼伤、斑点、褪色	有不明显的病害斑迹或微小的虫孔，有轻微折损、擦伤、压伤、冷害、水渍、药害、灼伤、斑点或褪色

2　主要鲜切花质量等级划分

（1）月季的分级　　见表3-7。

表3-7　月季切花质量等级划分标准

（*Rosa* cvs. 蔷薇科　蔷薇属）

项目　级别	一级品	二级品	三级品
花	花色纯正、鲜艳具光泽，无变色、焦边；花形完整，花朵饱满，外层花瓣整齐，无损伤	花色鲜艳，无变色、焦边；花形完整，花朵饱满，外层花瓣较整齐，无损伤	花色良好，略有变色、焦边；花形完整，外层花瓣略有损伤
花茎	质地强健，挺直、有韧性、粗细均匀，无弯颈。长度：大花品种≥80 cm　中花品种≥55 cm　小花品种≥40 cm	质地较强健，挺直，粗强较均匀，无弯颈。长度：大花品种：65～79 cm　中花品种：45～49 cm　小花品种：35～39 cm	质地较强健，略有弯曲，粗细不均，无弯颈。长度：大花品种：50～64 cm　中花品种：35～44 cm　小花品种：25～34 cm
叶	叶片大小均匀，分布均匀；叶色鲜绿有光泽，无褪绿；叶面清洁、平展	叶片大小均匀，分布均匀；叶色鲜绿，无褪绿；叶面清洁、平展	叶片分布较均匀；叶片略有褪色；叶面略有污物
采收时期	花蕾有1～2片萼片向外反卷至水平时		
装箱容量	每20枝捆为一扎，每扎中切花最长与最短的差别不超过1 cm	每20枝捆为一扎，每扎中切花最长与最短的差别不超过3 cm	每20枝捆为一扎，每扎中切花最长与最短的差别不超过5 cm

形态特征：灌木，枝具皮刺。叶互生，奇数羽状复叶（小叶5～7枚）；花单生新梢顶部；花瓣多数，花色繁多，主要有白、黄、粉、红、橘红等色；花瓣多数，花型、花色丰富多彩

（2）唐菖蒲的分级　　见表3-8。

表 3-8 唐菖蒲切花质量等级划分标准
（*Gladiolus hybridus* 鸢尾科 唐菖蒲属）

级别\项目	一级品	二级品	三级品
花	花色纯正、鲜艳具光泽；花形完整；花序丰满。小花数量：大花品种≥20朵 小花品种≥14朵	花色鲜艳，无褪色；花形完整；花序丰满。小花数量：大花品种：16~19朵 小花品种：10~13朵	花色一般，略有褪色；花形完整；花序较丰满。小花数量：大花品种：12~15朵 小花品种：6~9朵
花茎	挺直、粗壮，有韧性，粗细均匀。长度：大花品种≥120 cm 小花品种≥100 cm	挺直、粗壮，有韧性，粗细较均匀。长度：大花品种：100~119 cm 小花品种：80~99 cm	略有弯曲，较细弱，粗细不均。长度：大花品种：80~99 cm 小花品种：60~79 cm
叶	叶片厚实，叶色鲜绿有光泽，无褪绿，无干尖；叶面清洁，平展	叶色鲜绿，无褪绿，略有干尖；叶面清洁，平展	叶片略有褪色、干尖；叶面略有污染
采收时期	花序基部向上1~5个花蕾显色		
装箱容量	依品种不同每10枝或20枝捆为一扎，每扎中切花最长与最短的差别不超过1 cm	依品种不同每10枝或20枝捆为一扎，每扎中切花最长与最短的差别不超过3 cm	依品种不同每10枝或20枝捆为一扎，每扎中切花最长最短的差别不超过5 cm

形态特征：多年生球根花卉，球茎扁圆形。叶二列状迭生，剑形，绿色。花茎自叶丛中抽出，穗状花序，着花8~24朵，两列着生，小花偏漏斗状，花色丰富，有白、粉、黄、橙、红、紫、蓝等色，深浅不一或具复色及斑点、条纹等。依花朵大小常分为大花品种和小花品种两类

（3）香石竹的分级 见表3-9。

表 3-9 香石竹切花质量等级划分标准
（*Dianthus caryophyllus* 石竹科 石竹属）

级别\项目	一级品	二级品	三级品
花	花色纯正、鲜艳具光泽；花形完整，花朵饱满，外层花瓣整齐。最小花径：大花品种：5.0 cm紧实；6.2 cm较紧实 多花品种：2.0 cm紧实。花蕾数目：大花品种：1朵 多花品种：≥7朵	花色鲜艳具光泽，花形完整，花朵饱满，外层花瓣整齐。最小花径：大花品种：4.4 cm紧实；5.6 cm较紧实。多花品种：1.5 cm紧实。花蕾数目：大花品种：1朵 多花品种：4~6朵	花色一般，花形完整，花朵较饱满。最小花径：大花品种：4.0 cm紧实；5.2 cm较紧实。多花品种：1.0 cm紧实。花蕾数目：大花品种：1朵 多花品种：3朵
花茎	挺直、强健，有韧性，粗细均匀。长度：大花品种≥80 cm 多头品种≥60 cm	挺直、较强健，粗细较均匀。长度：大花品种：65~79 cm 多头品种：50~59 cm	略有弯曲，较细弱，粗细不均。长度：大花品种：55~64 cm 多头品种：40~49 cm
叶	叶片排列整齐，分布均匀；叶色鲜绿有光泽，无褪绿，无干尖；叶面清洁	叶片排列整齐，分布均匀；叶色鲜绿，无褪绿，无干尖；叶面清洁	叶片排列整齐，叶片略有褪色、干尖；叶面略有污物

级别 项目	一级品	二级品	三级品
采收时期	花朵中间露出花瓣		
装箱容量	每20枝捆为一扎，每扎中切花最长与最短的差别不超过1 cm	每20枝捆为一扎，每扎中切花最长与最短的差别不超过3 cm	每20枝捆为一扎，每扎中切花最长最短的差别不超过5 cm

形态特征：多年生草本，茎直立。节间膨大，叶线状披针形，对生，基部抱茎，全株被白粉呈灰绿色。花单生，具香味；花冠石竹形，花萼长筒形，花瓣多数，扇面形，基部呈长爪状。花有粉色、红色、黄色、紫色等。盛开时花径在6 cm以上

（4）菊花的分级　　见表3-10。

表3-10　菊花（大菊花）切花质量等级划分标准

（*Dendranthema grandiflorum* 菊科　菊属）

级别 项目	一级品	二级品	三级品
花	纯正、鲜艳具光泽；花形完整，端正饱满，花瓣均匀对称；花径≥14 cm	纯正、鲜艳；花形完整，端正饱满，花瓣均匀对称；花径：12～14 cm	花色一般，略有褪色、焦边；花形完整，较饱满，花瓣略有损伤；花径：10～11 cm
花茎	挺直、强健，有韧性，粗细均匀，与花序协调；花颈梗长＜5 cm 花径长度≥85 cm	挺直、强健，有韧性，粗细较均匀；花颈梗长：5～6 cm 花径长度：75～84 cm	略有弯曲，质地较细弱，粗细不均；花颈梗长：5～6 cm 花径长度：75～84 cm
叶	亮绿、有光泽、完好整齐	亮绿、有光泽、较完好整齐	稍有褪色
采收时期	花开七八成		
装箱容量	每10枝捆为一扎，每扎中切花最长与最短的差别不超过1 cm	依品种不同每10枝或20枝捆为一扎，每扎中切花最长与最短的差别不超过3 cm	依品种不同每10枝或20枝捆为一扎，每扎中切花最长最短的差别不超过5 cm

形态特征：多年生草本，株高60～180 cm，茎直立，多分枝。单叶，互生，长圆形，边缘有深缺刻。头状花序，顶生，边缘为舌状花，1～2轮或多轮，中部为管状花，花径10～20 cm，花色有白、黄、红、紫等。菊花花梗不宜过长或过短，通常要求在5 cm左右为宜

（5）非洲菊的分级　　见表3-11。

表3-11　非洲菊切花质量等级划分标准

（*Gerbera jamesonii* 菊科　大丁草属）

级别 项目	一级品	二级品	三级品
花	花色纯正、鲜艳具光泽，无褪色；花形完整，外层舌状花整齐，平展	花色纯正、鲜艳；花形完整，外层花瓣整齐，较平展	花色一般，略有褪色；花形完整，5%的舌状分布不整齐
花葶	挺直、强健，有韧性，粗细均匀。长度≥60 cm	挺直、粗壮较均匀。长度：50～59 cm	弯曲，较细软，粗细不均。长度：40～49 cm
采收时期	外围花朵散落出花粉		

续表

级别 项目	一级品	二级品	三级品
装箱容量	每10枝捆为一扎，每扎中切花最长与最短的差别不超过1 cm	每10枝捆为一扎，每扎中切花最长与最短的差别不超过3 cm	每10枝捆为一扎，每扎中切花最长最短的差别不超过5 cm

形态特征：多年生草本，株高40 cm以上。叶基生，具长柄，叶片羽状浅裂，背部具有白绒毛。头状花序，花径10 cm左右；花葶长，中空，高出叶丛。舌状花1～2轮或多轮，花色有白、黄、粉、红、橘红等，筒状花小，常与舌状花同色

3 鲜切花的包装

鲜切花的包装具有坚固及适于运输的功能，也适宜进行商品交易。与包装有关的因素包括：包装尺寸、产品摆放方式、包装数量、包装颜色及标签等。包装时先将一定数量的鲜切花捆扎在一起后，套上塑料套袋或耐湿的纸。由于鲜切花含水量高，花束不可捆扎太紧，以防滋生霉菌和使鲜切花受伤。多数鲜切花为分层交替放置于包装箱内，各层切花反向叠放箱中，花朵朝外，离箱边5 cm；各层之间放纸衬垫；中间需以皮筋捆绑固定；小箱为10扎或20扎，大箱为40扎；封箱需用胶带；纸箱两侧需打孔，孔口距箱口8 cm；纸箱宽度为30 cm或40 cm；并注明切花种类、品种名、花色、级别、装箱容量、生产单位、产地、采切时间。

【任务实施条件】

鲜切花、塑料套袋、纸、皮筋、胶带、纸箱，每15～20名学生配1名指导教师。

【任务实施过程】

任务以组为单位进行。4～6人组成一个实习小组，选定组长1名，教师向学生讲解常见鲜切花分级和包装的标准要求。学生以组为单位，共同完成鲜切花的分级和包装。具体工作步骤如下。

1）准备。对鲜切花进行仔细观察，了解其花、茎、叶的情况。

2）分级。依据鲜切花质量等级划分标准分级。

3）包装。按要求将切花装入纸箱。

4）清理。包装完毕，清理现场。

【成果资料及要求】

以组为单位，提交分级包装的鲜切花1箱和实训报告1份。其中实训报告包括：报告题目、实训目的、实训材料及用具、实训地点、实训方法及步骤、结果分析与讨论。以个人为单位，提交实习总结1份，要求1000字以上。

要求操作得当、规范，分级符合标准，包装符合要求。实习报告中记录完整、交代清楚、结论明确。

【任务考核方式及成绩评价标准】

本任务采用学生评价与教师评价相结合，阶段性评价与最终工作成果评价相结合的方式进行评价。

（1）小组评价（50%）　按时提交相关的工作成果，且操作规范。

（2）教师评价（50%）　对阶段性成果及汇报情况进行评价。要求工作内容完整，

操作规范，思路清晰，并准确回答相关问题。以组为单位，检查鲜切花分级包装的效果。对最终提交的实训报告及实训总结进行评价。

【参考文献】

刘燕. 2003. 园林花卉学［M］. 北京：中国林业出版社.

赵彦杰. 2007. 园林实训指导［M］. 北京：中国农业大学出版社.

中华人民共和国国家标准主要花卉产品等级 GB/T 18247.1—2000.

任务 9　植物的整形与修剪

【任务介绍】修剪整形是园林植物栽培中的重要养护管理措施。修剪是指对植株的某些器官，如芽、干、枝、叶、花、果、根等进行剪裁、疏除或其他处理的操作。整形是指为提高园林植物观赏价值，按其习性或人为意愿而修整成为各种优美的形状与树姿的措施。本任务与苗木的整形修剪有所不同，主要包括行道树和庭荫树的整形修剪、花灌木的整形修剪、绿篱的整形修剪。

【任务目标】①掌握行道树和庭荫树的整形方式、修剪技法及伤口处理方法；②掌握花灌木的整形修剪要点，掌握短截、疏枝、摘心、扭梢、曲枝、折裂、环剥、刻伤等修剪技术；③掌握绿篱的整形方式和修剪技术；④熟练使用修剪工具。

【教学设计】

教师指定要修剪整形的园林植物，将其修剪整形作为本实训工作任务。

本任务主要采用任务驱动教学法。①进行任务设计，以园林植物修剪整形为本实训任务，具体包括行道树和庭荫树的整形修剪、花灌木的整形修剪、绿篱的整形修剪。②任务组织实施，学生了解针对不同用途的园林植物修剪整形的方法与步骤，并在教师的指导下，以组为单位，完成任务。③任务评价。

【任务知识】

1　行道树和庭荫树的整形修剪

可分为有中央领导枝树木的修剪、无中央领导枝树木的修剪和常绿乔木的修剪。

（1）有中央领导枝树木的修剪（如杨树、银杏、水杉等）

1）确定分枝点。在栽植前进行，一般确定在 3 m 左右，苗木小时可适当降低高度，随树木生长而逐渐提高分枝点高度，同一街道行道树的分枝点必须整齐一致。

2）保持主尖。要保留好主尖顶芽，如顶芽破坏，在主尖上选一壮芽，剪去壮芽上方枝条，除去壮芽附近的芽，以免形成竞争主尖。

3）选留主枝。一般选留主枝最好下强上弱，主枝与中央领导枝成 40°～60°的角，且主枝要相互错开，全株形成圆锥形树冠。

（2）无中央领导枝树木的修剪（如旱柳、榆树等）

1）定分枝点。分枝点高度为 2～3 m。

2）留主枝。定干后，应选 3～5 个健壮且分枝均匀的侧枝作为主枝，并短截 10～20 cm，除去其余的侧枝，所有行道树最好上端整齐，这样栽植后整齐。

3）剥芽。树木在发芽时，常常许多芽同时萌发，这样根部吸收的水分和养分不能集中供应所留下的芽，需要剥除部分幼芽，以促使枝条发育，形成理想的树形。在夏季，应根据主枝长短和苗木大小进行剥芽。第一次每主枝一般留3～5个芽，第二次定芽2～4个。

（3）常绿乔木的修剪

1）培养主尖。对于多主尖的树木，如桧柏、侧柏等应选留理想主尖，对其余的进行两三次回缩，就可形成一个主尖。如果主尖受伤，对相邻比较健壮的侧枝进行培养。像雪松等轮生枝条，选一健壮枝，将一轮中其他枝回缩，再将其下一轮枝轻短剪，可以培养出一新主尖。

2）整形。对树冠偏斜或树形不整齐的可截除强的主枝，留弱的主枝进行纠正。

3）提高分枝点。行道树长大后要每年删除下部影响交通的侧枝，删除时要上下错开，以免削弱树势。

2 花灌木的整形修剪

（1）在当年新梢上开花花灌木的修剪 在当年新梢上开花的花灌木，如木槿、紫薇、珍珠梅、玫瑰等，适宜在冬季或早春修剪，修剪方法主要以短截、疏枝为主。

1）短截一般采取"强枝轻剪、弱枝重剪"的方法。对于强壮枝，去掉顶梢，剪去枝条总长的1/5～1/4。对于弱树、老树、老弱枝，一般剪去枝条总长的2/3～3/4。

2）疏枝就是把枝条从基部去掉。疏枝主要是疏去过密枝、衰老枝、病虫枝等，因此应在休眠期进行修剪。北方地区由于冬季寒冷、春季干旱，因此修剪宜推迟到早春气温回升即将萌芽时进行。

（2）早春先开花后长叶或花叶同放的花灌木的修剪 这类花灌木如榆叶梅、连翘、碧桃、迎春、丁香、樱花等，其花芽是在前一年的枝条上形成的，次年春天开放，故一般修剪是在花凋谢后即5～6月进行。修剪方法是适当疏除过密短枝，长花枝可留7组左右的花芽（剪口芽为叶芽）短截。

（3）花芽着生在多年生枝上的花灌木的修剪 这类花灌木如紫荆、贴梗海棠等，修剪量应尽量小，于早春将枝条先端枯干部分剪除，生长季节为防止当年生枝条过旺影响花芽分化，可进行摘心，使营养更加集中。

（4）一年多次抽梢、多次开花的花灌木的修剪 这类花灌木如月季等，可在其休眠期对当年生枝条进行短剪或回缩强枝，同时剪除交叉枝、病虫枝、并生枝、弱枝及内膛过密枝。寒冷地区可行强剪，必要时进行埋土防寒。在生长季每当花谢以后，应立即进行修剪，在残花下饱满芽处短截。

3 绿篱的整形修剪

绿篱根据其高度的不同，分为绿墙、高篱、中篱和矮篱，其高度分别为160 cm以上、120～160 cm、50～120 cm和50 cm以下。绿篱高度不同，整形方式也不同。

（1）自然式绿篱修剪 适用于如枸骨、火棘等绿篱和玫瑰、蔷薇等花篱。适当控制高度，疏剪病虫枝、干枯枝，使其枝叶相接紧密成片。开花后略加修剪；对于蔷薇等萌发力强的树种，盛花后可进行重剪。

（2）整形式绿篱 适用于中篱和矮篱。定植后第一年任其自然生长。第二年开始根据预订高度和宽度进行短截。绿篱横断面一般为上小下大的梯形，修剪时先剪其两侧，使侧面成斜平面，再修剪顶部，使整个断面呈梯形。

【任务实施条件】

需要修剪整形的园林植物、枝剪、高枝剪、手锯、油锯、绿篱剪、绿篱修剪机、梯子、保护剂等，每 10～20 名学生配 1 名指导教师。

【任务实施过程】

1.1.1　任务设计　　教师选取适当的园林植物，对修剪整形的具体工作内容及要求进行设计。

1.1.2　任务执行　　本任务以组为单位进行。5 人组成一个实习小组，选定组长 1 名，教师向学生介绍园林植物修剪整形的技术，并针对重点、难点问题进行仔细讲解。学生以组为单位，共同完成行道树和庭荫树的整形修剪、花灌木的整形修剪、绿篱的整形修剪工作。具体工作步骤如下。

1）确定修剪方案。对植物进行仔细观察，了解其枝芽生长特性、植株的生长情况及冠形特点，结合实际确定修剪整形的方案。

2）选择正确的修剪方法。按顺序依次进行修剪。

3）检查是否漏剪、错剪，进行补剪或纠正，维持原有冠形。

4）修剪完毕，清理现场。

【成果资料及要求】

以组为单位，提交修剪整形的园林植物和实训报告 1 份。其中实训报告包括：报告题目、实训目的、实训材料及用具、实训地点、实训方法及步骤、结果分析与讨论。以个人为单位，提交实习总结 1 份，要求 1000 字以上。

【任务考核方式及成绩评价标准】

本任务采用学生评价与教师评价相结合，阶段性评价与最终工作成果评价相结合的方式进行评价。

（1）小组自评（50%）　　按时提交相关的工作成果，且操作规范等。

（2）教师评价（50%）　　根据阶段性成果及汇报情况进行评价，要求工作内容完整，操作规范，工作思路清晰，并准确回答相关问题。以组为单位，检查整形修剪的效果。对最终提交的实训报告及实训总结进行评价。

【参考文献】

陈有民. 2009. 园林树木学［M］. 修订版. 北京：中国林业出版社.

丁世民. 2008. 园林绿地养护技术［M］. 北京：中国农业出版社.

劳动和社会保障部教材办公室组织. 2004. 园林植物生产技术［M］. 北京：中国劳动社会保障出版社.

潘文明. 2009. 园林技术专业实训指导［M］. 苏州：苏州大学出版社.

庞丽萍，苏小慧. 2014. 园林植物栽培与养护［M］. 北京：中国林业出版社.

魏岩. 2003. 园林植物栽培与养护［M］. 北京：中国科学技术出版社.

赵彦杰. 2007. 园林实训指导［M］. 北京：中国农业大学出版社.

祝遵凌，王瑞辉. 2005. 园林植物栽培养护［M］. 北京：中国林业出版社.

任务10 草坪的铺植

【任务介绍】草坪的铺植是草坪建植的一种方法，是以普通草皮为材料形成草坪。草坪的铺植能在短时间内形成草坪，对加快城市绿化速度起着积极作用。

【任务目标】①掌握草坪铺植的基本过程及技术；②培养学生分析实际问题、解决实际问题的能力。

【教学设计】

教师与学校基地或企业协调，根据绿化需要设计铺植草坪的工作任务。

本任务主要采用任务驱动教学法。①进行任务设计，以铺植草坪为本实训任务。②任务组织实施，学生了解铺植草坪的工作流程及方法，并在教师的指导下，以组为单位，完成任务。③任务评价。

【任务知识】

（1）材料准备　铺植草坪用的草块及草卷应规格一致，边缘平直，杂草不超过5%。草块土层厚度宜为3～5 cm，草卷土层厚度宜为1～3 cm。

草块和草卷运至现场后应尽早铺植，需要放置3～4 d时，要避免在太阳下暴晒。在高温条件下，应洒水保湿，以免草皮块失水干枯。

（2）场地准备　铺植前，应先将坪床表面层翻松，其主要目的是为了增强草坪的生根，并剔除石块、杂物。场地整平后，外观流线顺畅，无低洼积水处。

（3）铺植时间　一般南方从11月到翌年3月均可进行草皮铺植。北方秋季铺植易受寒潮、霜冻的危害，以3～5月铺植为好。

（4）铺植方式

1）密铺法（满铺法）。密铺法是将草皮卷、草毯或草皮以1～2 cm的间距铺植在整好的场地上。这种方法能在一年的任何时间内，有效地形成"瞬时草坪"，但建坪的成本较高。

2）间铺法。间铺法是用长方形草皮块以间距3～6 cm或更大间距铺植在场地内，铺装面积为总面积的1/3。或用草皮块相间排列，铺装面积为总面积的1/2。此法应将铺装处坪床面挖下草皮的厚度，草皮镶入后与坪床面相平。生产上常常直接间铺在地面上。这种方法草皮用量较密铺法少1/2～2/3，成本相应较低，但成坪时间相对较长，一般要40～60 d。

3）点铺法（塞植法）。点铺法是将草皮塞（直径5 cm、高5 cm的草皮柱）或草皮块（长宽各6～12 cm）以20～40 cm的间距栽入坪床。此法较节约草皮，分布也较均匀，但成坪时间将更长一些，一般要60～80 d。

（5）成活管理　铺设法建坪关键是成活，成活的技术要点是创造一个水、气、热协调的环境，尤其是土壤环境。铺设完毕，浇透水1次，以后土白即灌，少量多次。铺植后及时镇压或透水干后镇压，使根系和土壤密接也是关键措施之一。

【任务实施条件】

草块或草卷、待建的草坪场地一块、铁锹、耙、铁磙、喷灌设备，每15～20名学生配1名指导教师。

【任务实施过程】

1.1.1 任务设计 教师选取待建的草坪场地，对铺植草坪的具体工作内容及要求进行设计。

1.1.2 任务实施 本任务以组为单位进行。4～6 人组成一个实习小组，选定组长 1 名，教师向学生讲解草坪铺植的技术，引导学生对任务进行分析。学生以组为单位，共同完成指定面积的草坪铺植工作。具体工作步骤如下。

1）精整场地。用耙从场地四周往中心耙一遍，达到中间高四周低，无低洼处。

2）铺植草皮。将草卷采用密铺法按 2 cm 的间距平整铺植于场地。

3）镇压。用铁磙镇压一遍，或在第一次浇水的土表干后镇压。

4）清理场地。将石块，剩余的草块与草卷清除现场。

5）浇水。第一次要浇透水，以后每天浇水 1～2 次，保持土壤呈湿润状 6～7 d。

【成果资料及要求】

以组为单位，提交铺植的草坪一块和实训报告 1 份。其中实训报告包括：报告题目、实训目的、实训材料及用具、实训地点、实训方法及步骤、结果分析与讨论。以个人为单位，提交实习总结 1 份，要求 1000 字以上。

要求操作得当、规范，草皮铺设均匀一致，无明显接缝，无明显高低差。实习报告中记录完整，交代清楚。

【任务考核方式及成绩评价标准】

本任务采用学生评价与教师评价相结合，阶段性评价与最终工作成果评价相结合的方式进行评价。

（1）小组自评（50%） 按时提交相关的工作成果，且操作规范、记录完整、交代清楚、结论明确。

（2）教师评价（50%） 根据阶段性成果及汇报情况进行评价。要求操作规范、记录完整、语言表述清楚，并准确回答相关问题。以组为单位，检查草坪铺植的效果。对最终提交的实训报告及实训总结进行评价。

【参考文献】

劳动和社会保障部教材办公室组织. 2004. 园林植物生产技术［M］. 北京：中国劳动社会保障出版社.

潘文明. 2009. 园林技术专业实训指导［M］. 苏州：苏州大学出版社.

庞丽萍，苏小慧. 2014. 园林植物栽培与养护［M］. 北京：中国林业出版社.

孙吉雄. 2012. 草坪学［M］. 3 版. 北京：中国农业出版社.

唐巧香. 2014. 园林草坪学［M］. 武汉：华中科技大学出版社.

赵彦杰. 2007. 园林实训指导［M］. 北京：中国农业大学出版社.

任务 11 草坪的修剪

【任务介绍】草坪的修剪也叫刈剪、剪草、扎草，是去掉草坪草枝条的顶端部分的操作。它是维持优质草坪的一项最基本、最重要的作业。草坪草长得过高会降低观赏价值和失去使用功能。适当定期进行的修剪可保持草坪平整、促进草的分枝、利于葡萄枝的伸长、提高草坪的密度、改善通气性、减少病虫害的发生、抑制生长点较高的杂草的竞争能力。

【任务目标】①掌握草坪的修剪知识与工作方法；②熟练使用剪草机，了解常用剪草机的类型和特点；③培养学生对园林机具的操作能力。

【教学设计】

教师提供建植成坪的草坪，将修剪草坪作为本实训任务。

本任务主要采用任务驱动教学法。①进行任务设计，以草坪的修剪为本实训任务。②任务组织实施，学生了解草坪修剪的原则、方法与步骤，并在教师的指导下，以组为单位，完成任务。③任务评价。

【任务知识】

（1）修剪原则　　草坪修剪应遵循 1/3 原则，即每次修剪时，剪掉的部分不能超过草坪自然高度（未剪前的高度）的 1/3。另外，修剪时不能伤害根茎，否则会因地上茎叶生长与地下根系生长不平衡而影响草坪草的正常生长。

（2）修剪时间与频率　　修剪频率尽可能根据草坪修剪的 1/3 原则来进行，春秋两季最适合冷季型草坪生长，每周可剪 2 次，夏季每 2 周剪 1 次。施肥量大、灌溉多的草坪生长迅速，剪草次数比粗放管理的草坪多。假俭草和细羊茅等生长缓慢的草种修剪次数相对较少。草坪修剪的频率和次数参照表 3-12。

表 3-12　草坪修剪的频率及次数

草坪类型	草坪草种类	修剪频率（次／周）			修剪次数（次／年）
		4～6 月	7～8 月	9～11 月	
庭院	细叶结缕草	1	2～3	1	5～6
	剪股草	2～3	3～4	2～3	15～20
公园	细叶结缕草	1	2～3	1	10～15
	剪股草	2～3	3～4	2～3	20～30
竞技场、校园	细叶结缕草 狗牙根	2～3	3～4	2～3	20～30
高尔夫球场	细叶结缕草	10～12	16～20	12	70～90
	剪股草	16～20	12	16～20	100～150

（3）修剪高度　　有效的修剪高度是修剪后立即测得的地上枝条的高度，通称修剪"留茬"。一般草坪草适宜的留茬高为 3～4 cm，部分遮阴留茬应高一些。通常，当草坪草长到 6 cm 时就应该修剪。选择适当的修剪高度要考虑多种因素的影响，每一种类草坪草都具有一定的修剪高度范围。表 3-13 为几种常见草坪草最适宜的留茬高度。

表 3-13　几种草坪草的标准留茬高度

草种	修剪留茬高度 /cm	草种	修剪留茬高度 /cm
巴哈雀稗	5.0～10.2	细弱剪股颖	1.3～2.5
狗牙根	1.3～3.8	细叶羊茅	3.8～6.4
杂种狗牙根	0.6～2.5	草地早熟禾	3.8～6.4
地毯草	2.5～5.0	多年生黑麦草	3.8～6.4
假俭草	2.5～5.0	苇状羊茅	3.8～7.6
钝叶草	3.8～7.6	沙生冰草	3.8～6.4
结缕草	1.3～5.0	野牛草	1.8～5.0
匍茎剪股颖	0.5～1.3	格兰马草	5.0～6.4

（4）修剪机械的选择　　目前市场上有几十种不同类型的草坪修剪机械。剪草机主要有滚刀式和旋刀式两大类：滚刀式剪草机比旋刀式剪草机的修剪性能好，修剪干净、整齐，是高质量草坪通用的机型，但价格较高；旋刀式剪草机以高速水平旋转的刀片把草割下，剪草性能常不能满足高养护水平的草坪要求。选择剪草机要根据草坪面积、草坪要求、修剪质量、草坪草种及剪草机修剪的幅宽等具体确定。小面积草坪可选用幅宽46~53 cm 的剪草机，大型运动场等草坪可选用旋刀式或滚刀式剪草机组，幅宽可在 6 m以上，以提高工效。

（5）修剪的方向　　适当的改变修剪的方向可避免在同一高度连续齐根剪割，也可防止剪草机轮子在同一地方反复走过，压实土壤成沟。修剪时应尽可能地改变修剪方向，最好每次修剪时都采用与上次不同的样式，以防止草坪土壤的板结，从而减少草坪践踏。

（6）草屑的处理　　草坪每次修剪后要清理干净，否则剪下的草沫覆盖在草坪上影响草坪的正常生长，尤其对于长势衰弱的草坪尤为重要。

【任务实施条件】

建植成坪的草坪、剪草机、绿篱剪、耙、土筐等，每 15~20 名学生配 1 名指导教师。

【任务实施过程】

1.1.1　任务设计　　教师选取建植成坪的草坪，对草坪修剪具体工作内容及要求进行设计。

1.1.2　任务实施　　本任务以组为单位进行。4~6 人组成一个实习小组，选定组长 1 名，教师向学生讲解草坪修剪的技术要领，引导学生对任务进行分析，学生以组为单位，共同完成草坪修剪。具体工作步骤如下。

1）清理工作区域。除去所有石头等坚硬物体。

2）确定修剪方案。对草坪进行仔细观察，了解其草种和品种的特性、立地条件、自身状态等，确定修剪高度。

3）调试剪草机。检查机油，加油，调整修剪高度。

4）修剪草坪。修剪时采用每次修剪方向与上次不同。

5）清理草屑。

【成果资料及要求】

以组为单位，提交修剪的草坪 1 块和实训报告 1 份。其中实训报告包括：报告题目、实训目的、实训材料及用具、实训地点、实训方法及步骤、结果分析与讨论。

以个人为单位，提交实习总结 1 份，要求 1000 字以上。

草坪修剪要求操作得当、规范，草坪颜色明暗相间、均一，高度一致。实习报告中记录完整、交代清楚、结论明确。

【任务考核方式及成绩评价标准】

本任务采用学生评价与教师评价相结合，阶段性评价与最终工作成果评价相结合的方式进行评价。

（1）小组评价（50%）　　按时提交相关的工作成果，且操作规范、记录完整、交代清楚、结论明确。

（2）教师评价（50%）　　根据阶段性成果及汇报情况进行评价。要求操作规范、记录完整、交代清楚、结论明确，并准确回答相关问题。以组为单位，检查草坪修剪的效果。对最终提交的实训报告及实训总结进行评价。

【参考文献】

劳动和社会保障部教材办公室组织. 2004. 园林植物生产技术 [M]. 北京：中国劳动社会保障出版社.

潘文明. 2009. 园林技术专业实训指导 [M]. 苏州：苏州大学出版社.

庞丽萍, 苏小慧. 2014. 园林植物栽培与养护 [M]. 北京：中国林业出版社.

孙吉雄. 2012. 草坪学 [M]. 3版. 北京：中国农业出版社.

唐巧香. 2014. 园林草坪学 [M]. 武汉：华中科技大学出版社.

赵彦杰. 2007. 园林实训指导 [M]. 北京：中国农业大学出版社.

祝遵凌, 王瑞辉. 2005. 园林植物栽培养护 [M]. 北京：中国林业出版社.

任务 12 绿篱的栽植

【任务介绍】 绿篱的栽植是按着园林设计的要求，将苗木移栽定植在园林绿地中成篱的技术。栽植技术的好坏直接影响园林植物应用的成本、效益及美化效果。

【任务目标】 ①掌握绿篱栽植的基本技术；②能在施工现场指导和完成绿篱栽植。

【教学设计】

教师提供栽植苗木及施工场地，以绿篱的栽植作为本实训的具体工作任务。

本任务主要采用任务驱动教学法。①进行任务设计，以绿篱的栽植为本实训任务。②任务组织实施，学生了解绿篱栽植的技术方法与步骤，并在教师的指导下，以组为单位，完成任务。③任务评价。

【任务知识】

1.1.1 栽植前的准备

（1）栽植季节 4月中旬到5月上旬栽植，因此时树液尚未全动，而土壤的解冻层已达到了栽植的深度。

（2）苗木的准备 栽植绿篱时，除了应选择两年以上生，无病虫害、容易成活、耐修剪的植物种类作为栽植苗木外，还应根据设计要求，选择不同高度、不同品种的植物进行栽植。

（3）整地 全面深翻疏松，将较大的土块切断破碎，而后施上基肥，再进行一次旋耕，进一步打碎土壤、平整土块，并将基肥与土壤充分混合；然后用耙仔细整平耙细，并拣出石块碎砖等杂物。

（4）定点划线 栽植前应按照绿化施工图进行实地测量，确定具体栽植地点、品种，标定出绿篱的长度和宽度，用白灰线划分出栽植的位置。

1.1.2 苗木栽植

（1）挖种植沟 绿篱栽植一般用沟植法。即按行距的宽度开沟，沟深应比苗根深30~40 cm，以便换土施肥。挖沟时锹尖要对准放线时白灰线的位置下挖，开槽的四周必须是垂直下挖。

（2）栽植 绿篱栽植一般分单排栽植、双排栽植和三排栽植，要求栽植的苗木必须要在一条直线上，若是带弧度的绿篱，要求弧度顺直，不得出现明显的折角。直线栽植绿篱时要求挂线栽植，避免栽偏。具体栽植时要严格按照预先设计好的方案进行栽植。

先栽植外围的苗木，后栽植中间的苗木，株距、行距要求基本一致。当栽植宽度在三排以上时，植株应呈品字形交叉，相邻的 3 棵苗木之间应呈等边三角形，这样能最大限度地提高空间利用率，有利于通风透光，均衡生长。

栽植要从绿篱的一端向另一端推进栽植。栽植时将苗木放到沟槽内，一人扶直苗木另一人对苗木覆土，两排或三排绿篱栽植时，可将苗木同时放到沟槽内再进行埋土，待覆土将苗木的根系埋住后开始边提苗边扶苗边踩实，扶苗时必须将苗木扶直。踩实后再将露出的根系埋住，一直埋到原种植线以上 5 cm 处再踩实，踩实后再略覆土，最后覆土的高度在原种植线以上 5 cm 处。

（3）修筑围堰　　绿篱外缘修筑围堰时要将围堰埂修筑成梯形，用锹拍实，围堰顶部拍平。围堰深度为 20～30 cm。栽植地坡度较大时，围堰要分段进行，根据坡度的大小来控制分段之间的长短，保证浇灌水时能浇透。没有坡度时可直接在绿篱的外边缘修筑围堰。

（4）浇定根水　　栽植后浇透水一次。浇水时应缓慢浇灌、浇足浇透。浇水后 3～5 d 视土壤干湿情况再浇灌一次，以提高新栽苗木的成活率。

1.1.3　修剪　　绿篱栽植完后要立即对其整形修剪，修剪时要按设计的修剪高度挂线进行修剪。然后再修剪绿篱两侧突出的枝条，保证绿篱两侧及顶部均在一条直线上。对较大规格的灌木，在修剪后要在 1 cm 以上枝条的伤口处用保护剂涂抹，封住伤口。

【任务实施条件】

栽植苗木、枝剪、绿篱剪、绿篱修剪机、铁锹、耙、保护剂、白灰、水桶等，每 15～20 名学生配 1 名指导教师。

【任务实施过程】

1.1.1　任务设计　　教师选取栽植苗木及施工场地，对绿篱栽植的具体工作内容及要求进行设计。

1.1.2　任务实施　　本任务以组为单位进行。4～6 人组成一个实习小组，选定组长 1 名，教师向学生讲解绿篱栽植的技术，引导学生对任务进行分析。学生以组为单位，分工协作，共同完成绿篱栽植工作。具体工作步骤如下。

1）整地。进行深翻土、清理杂质、石块、垃圾，种植前可以施放适量地基肥，基肥必须与土壤搅拌均匀。

2）定点划线。用白灰线划分出栽植的位置。

3）挖种植沟。用沟植法，即按行距的宽度开沟，沟深视土球直径或苗木根系大小而定，应比苗根深 30～40 cm。

4）栽植苗木。绿篱栽植时株距以树冠相接为原则，栽后应及时覆土、踏实、浇水、扶直，使苗木与土壤紧密结合。

5）修筑围堰。将围堰埂修筑成梯形，用锹拍实，围堰顶部拍平。围堰深度在 20～30 cm。

6）浇水。栽植后即灌透水，待水分完全渗入土壤，再覆一层薄土，以防干裂。

7）修剪。按设计的修剪高度挂线进行修剪。

8）清理场地。

【成果资料及要求】

以组为单位，提交栽植的绿篱和实训报告 1 份。其中实训报告包括：报告题目、实训目的、实训材料及用具、实训地点、实训方法及步骤、结果分析与讨论。以个人为单位，提交实习总结 1 份，要求 1000 字以上。

要求操作规范、方法得当、绿篱高度一致、株行距合理、与图纸相符、景观效果佳。实习报告中记录完整、交代清楚、结论明确。

【任务考核方式及成绩评价标准】

本任务采用学生评价与教师评价相结合，阶段性评价与最终工作成果评价相结合的方式进行评价。

（1）小组评价（50%）　　按时提交相关的工作成果，且操作规范、记录完整、交代清楚、结论明确等。

（2）教师评价（50%）　　根据阶段性成果及汇报情况进行评价。要求操作规范、记录完整、交代清楚、结论明确，并准确回答相关问题。以组为单位，检查绿篱栽植修剪后的效果及成活率。对最终提交的实训报告及实训总结进行评价。

【参考文献】

蔡绍平. 2011. 园林植物栽培与养护［M］. 武汉：华中科技大学大学出版社.

陈有民. 2009. 园林树木学［M］. 修订版. 北京：中国林业出版社.

丁世民. 2008. 园林绿地养护技术［M］. 北京：中国农业出版社.

庞丽萍，苏小慧. 2014. 园林植物栽培与养护［M］. 北京：中国林业出版社.

赵彦杰. 2007. 园林实训指导［M］. 北京：中国农业大学出版社.

园林植物应用

任务 1 组合盆栽设计

【任务介绍】 近年来，随着人们对室内景观要求的提高，富于变化的组合盆栽应运而生。组合盆栽是将一种或多种花卉根据其色彩、株型等特点，经过一定的构图设计，将数株集中栽植于容器中的花卉装饰技艺，也称"迷你花园"。组合盆栽不仅提高了花木的观赏价值，同时提高了花木的经济价值和艺术价值。组合盆栽由于其具有变化丰富、色彩多样、体量大小可控等优点越来越受到欢迎，市场前景看好。组合盆栽是技术含量较高的艺术创作过程，它不仅要求组合产品具有科学性，同时必须具备艺术性。因此，组合盆栽要求制作者必须具备良好的专业修养、艺术修养、鉴赏能力和独特的设计思想。在组合盆栽的制作中，需要运用植物学、花卉学、植物生态学、美学和园林设计等学科的知识，是训练学生综合能力和综合素质的有效手段。

本实训任务是让学生根据提供的多种花卉材料，综合运用花卉的观赏特性，独立设计并创作组合盆栽。

【任务目标】 ①掌握花卉组合盆栽的设计要点；②掌握常见花卉的观赏特性，能够利用不同花卉的观赏特性进行组合盆栽设计；③了解项目教学法在园林实训课程中的应用；④培养学生语言表达能力、理论联系实际的能力及团结协作、创新意识。

【教学设计】

本任务采用项目教学法，主要由获取信息→操作示范→提出计划→小组决策→计划执行→成果评价→项目迁移 7 个步骤组成。教师在实训前制订教学计划、布置任务、提出任务要求，师生做好准备；并由教师对盆花组合设计进行示范演示，进而由学生制订详细工作计划和评价方案，在教学基地实施计划，进行花卉组合盆栽的练习；学生和教师对实训成果进行评价。教师引导学生对其他类型的花卉装饰进行归纳总结。

【任务知识】

1.1.1 相关知识 组合盆栽设计一般讲究色彩、平衡、渐层、对比、韵律、比例、和谐、质感、空间、统一等 10 个设计元素。在组合设计之初，应考虑到植物间配置后持续生长的特性及成长互动的影响，并和摆设环境的光照、水分等管理条件相配合。要设计出生动丰富的组合盆栽，需要熟练地运用各种设计元素，方能达到效果。

（1）色彩 植物的色彩相当丰富，从花色到叶片颜色，都呈现出不同的风貌。在组合盆栽设计时，植物颜色的配置，必须考虑其与空间色彩的协调及渐次的变化，要配合季节和场地背景，选择适宜的植物材料，以达到预期的效益。整体空间气氛的营造可通过颜色变化，引导使用人或欣赏者的视线及环境互动而产生情绪的转换，使人有赏心悦目之感。既要注重花卉间的色彩变化，又要与环境色彩有对比。

（2）平衡 平衡的形式是以轴为中心，维持一种力感或重量感相互制衡的状态。植物配置时，作品前后及上、中、下等各个局部均需适宜才不致失去平衡。妥善安排植物本身具有的色彩，并通过植物数量和体量大小的变化，达到平衡视觉的效果。

（3）渐层　　渐层是渐次变化反复形成的效果，含有等差、渐变的意思，在由强到弱、由明至暗或由大至小的变化中形成质或量的渐变效果。而渐层的效果在植物体上常可见到，如色彩变化、叶片大小、种植密度的变化等。在盆栽组合设计时，利用植物的色彩、体量大小等形成渐层，表现出一定的节奏和动感。

（4）对比　　将两种事物并列使其产生极大差异的视觉效果就是对比，如明暗、强弱、软硬、大小、轻重、粗糙与光滑等，运用的要点在于利用差异来衬托出各自的优点。组合盆栽时要充分利用植物的形态大小、曲直、刚柔以及色彩不同形成不同的对比。

（5）韵律　　又称为节奏或律动。在盆栽设计中，无论是形态、色彩或质感等形式要素，只要在设计上合乎某种规律，对视觉感官所产生的节奏感即是韵律。

（6）比例　　指在一特定范围中存在于各种形体之间的相互比较，如大小、长短、高低、宽窄、疏密的比例关系。各种或各组植物在组合盆栽中要有一定高度上的变化，不然作品便会看起来呆板无味。同时与栽培容器比例要协调。

（7）和谐　　又称为调和，是指在整体造型中，所有的构成元素不会有冲突、相互排斥及不协调的感觉。在组合时要注意色彩的统一、质材的近似，有组织、有系统的排列。以和谐为前提的设计，在适当取舍后，作品能呈现出较洗炼的风貌。

（8）质感　　质感是指物体本身的质地所给人的感觉（包括眼睛的视觉和手指的触觉）。不同的植物所具有的质感不同，如文心兰的柔美、富贵竹的刚直。颜色也会影响到植物质感的表现，如深色给人厚重与安全感；浅色则有轻快、清凉的感觉。在设计时利用植物间质感的差异，进行合理组合。

（9）空间　　在种植组合盆栽时，必须要保留适当的空间，以保证日后植物长大时有充分的生长环境。组合时，整体作品不宜有拥塞之感，必须留有适当的空间，让欣赏者有发挥自由想象的余地。

（10）统一　　是指作品的整体效果表现出统一和谐的美感。在各种盆栽设计作品中，最应注重的是表现出其整体统一的美感。统一的目的，在于其设计完满，可以让每一个元素的加入都有效果，而不破坏作品的风格。而作品中所使用的植物材料，彼此间每一个单位的存在，不破坏整体风格或主题表现。

1.1.2　相关规范　　目前我国没有关于组合盆栽花卉的规范和要求，对于盆栽观叶植物和盆花在2001年颁布实施的国家标准中有相应的质量等级标准（中华人民共和国国家标准——主要花卉产品等级第2部分：盆花，第3部分：盆栽观叶植物GB/T 18247）。

组合盆栽花卉可以参照本标准的部分质量要求。主要涉及整体效果、花部状况、茎叶状况、病虫害和破损状况、栽培基质等方面的分级要求。

【任务实施条件】

观赏凤梨、肾蕨、吊兰、花烛、大岩桐、各种仙人球、网纹草、椒草、海芋、常春藤等各类中小型花卉，各种形状材质的大中小号花盆若干，泥炭、蛭石、河沙等基质，修枝剪、小型土铲、水壶。进行组合盆栽训练的场地。实训前讲授及任务安排时需用多媒体教室。

【任务实施过程】

1　任务设计

教师根据社会岗位要求和花卉行业发展趋势安排花卉组合盆栽的实训项目。然后根据学校基地花卉种类及教学要求准备花卉、花盆等实训材料。

2　任务实施

2.1　实训分组　　本任务以组为单位进行。4～6 人组成一个实训小组，要求组内成员之间沟通能力、学习能力、知识水平等方面能够互相取长补短，各小组之间各方面能力水平基本均衡。选定组长 1 名，负责本组成员之间分工协作、相互学习及设计成果的交流及组内自评工作。

2.2　任务展示　　教师在课堂上利用生活中所见花卉装饰的应用引出项目，然后对花卉组合盆栽的意义、小组工作任务进行描述，强调项目实施过程中可能出现的问题。

教师布置任务，提出具体要求，要求学生查阅资料，提出具体设计方案，并将所需植物种类、花盆等材料清单在实训前提交给教师。同时师生制订组合盆栽的评价标准。

表 4-1 为评价的标准参考内容，包括设计、绘图、汇报三个方面。

表 4-1　花卉组合盆栽实训项目评价标准

评定项目	评定指标	评定标准	评分
设计	总体效果		
	植物选择		
	色彩搭配		
	布局		
	体量大小		
	创意		
绘图	图纸规范程度		
	色彩表现		
	……		
汇报	语言表达		
	汇报课件制作		
	仪态		
	……		
总评			

教师制订的评定标准可与学生讨论，最后确定评价标准。

2.3　任务分析　　教师对学生提交的计划进行审阅，分析后学生进行方案修改。最后由各小组决策，确定组合盆栽的方案。任务执行前教师进行组合盆栽的示范。

2.4　任务执行

2.4.1　实训准备　　实训开始前，教师于实训基地准备好学生所需的花卉材料、各类花盆、栽培基质、土铲等材料和用具，并安排好操作场地。各组选择设计构思所需的花卉及盆器，领取工具，配制好培养基质。

2.4.2 组合盆栽的实施 花卉组合盆栽创作的步骤主要有以下内容。

（1）构思创意 根据场地、装饰环境进行构思，确立表达的主题。

（2）确定花卉种类、数量

1）确定主题花卉种类或品种。制作组合盆栽作品，要确定主题品种，即作品的焦点。一个作品中可能会用到多种花卉，但突出的只有一两种，其他材料用来衬托这个主题花材。主花的颜色奠定了整个作品的色彩基调。主题花卉材料的选择是由盆栽的目的、用途及所摆放的场合决定的。

2）植物材料的选择方法。花卉材料是组合盆栽的主体，因此选择适宜的花卉种类、植株大小并合理栽植是决定组合盆栽效果的主要内容。选择植物配材时需要考虑的因素有4项。

A. 植物的生长发育特性和相容性。要想使一件组合盆栽作品的观赏寿命能在1个月以上，首先要考虑植物配材的相容性。即所选用植物的习性要相近，如喜光类、耐阴类，或喜湿、耐旱等。

植物的生长特性是制约选材的一个主要因素，这对组合盆栽作品的整体外观、水肥养护及病虫害防治都十分重要。制作之前要考虑所用花材的开花时间、花期长短、光照及水肥需求等因素，并按照组合盆栽中花卉的生命周期，预留好各种植物的生长空间。最好选择生长较慢的花卉种类，使组合盆栽的设计效果保持较长时间。

B. 形态搭配。植物的外形轮廓是人在欣赏时最直接的感受。根据花卉植物的外形轮廓和在盆栽组合中的作用将其分为：①填充型。指茎叶细致、株形蓬松丰满，可发挥填补空间、掩饰缺漏功能，如波士顿肾蕨、黄金葛、白网纹草、皱叶椒草等。②焦点型。具鲜艳的花朵或叶色，株形通常紧簇，叶片大小中等，在组合时发挥引人注目的重心效果，如观赏凤梨、非洲紫罗兰、报春花等。③直立型。具挺拔的主干或修长的叶柄、花茎者，可作为作品的主轴，表现亭亭玉立的形态，如竹蕉、白鹤芋、石斛兰等。④悬垂型。蔓茎枝叶柔软呈下垂状，适合摆在盆器边缘，茎叶向外悬挂，增加作品动感、活力及视觉延伸效果，如常春藤、吊兰、蕨类等。

在进行组合盆栽创作时，要从不同的角度对植物反复观察，把植物形态最完美的一面以及最佳的形态展现出来。同时不同种类组合时，注意外形的变化与体量的合理搭配。一般组合盆栽中利用直立型或焦点型的花卉作为主题花材，构成盆栽的主体高度和色彩主调，也是盆花的视觉焦点，然后用填充型、悬垂型花卉进行陪衬、色彩搭配，使作品整体形态富于变化，色彩与主题花材和周围环境相协调。选择的花卉种类在株型、叶形、叶色、花色、花型等方面具有一定的变化。

C. 色彩质感搭配。在确定主题色调的基础上，根据装饰环境的色彩选择适宜的配色方案，并利用花卉的叶片、花朵花序的不同色彩进行搭配，并考虑每种色彩花卉的体量大小。如观叶植物的组合盆栽要强调植物色彩斑纹的变化，利用植物叶片颜色的深浅，将同色系、质地类似的多种植物或品种混合配植，来强化作品的色彩。而制作观花植物组合盆栽，选定主花材时，一定要有观叶植物配材，颜色交互运用，也可采用对比、协调、明暗等手法去表现，使作品活泼亮丽，呈现视觉空间变大的效果。不同植物色彩及质感的差异，能提高作品的品位。另外还要考虑季节与花卉的色彩的呼应，如夏季用白色或淡黄色特别清爽，春季用粉彩色系特别浪漫柔情。深浅绿色的观叶植物搭配组合香花亦十分高雅。

D．植物的象征意义。运用植物的象征意义，来增强消费者购买组合盆栽的愿望。例如，蝴蝶兰象征高贵、祥和；大花蕙兰象征幸福、快乐；凤梨象征财运高涨。用这些花卉来做组合盆栽的主花材，适宜节日祝福。

3）盆器选择与准备。盆器即是盛放栽培基质的容器，也是盆花组合的一部分。盆器的选择应该根据设计组合盆栽的目的，参照盆器本身的材质、形状、大小、摆放位置与周围环境的协调性和种植植物种类等综合因素来选取盆器，以达到整体统一、和谐共融的美感效果。一般来说，组合盆栽容器的材质和色调的选择要与周围环境相协调。例如，传统的建筑风格适合用红土陶盆、木料或石材；而白色或有色塑料、玻璃纤维、不锈钢盆器则适用于现代化的建筑风格。同时注意盆器要适宜花卉的生长发育。

4）其他材料的准备与装饰物运用。盆栽需要准备基质。所用基质既要考虑花卉的生长特性，又要考虑其观赏所处的环境。基质总的要求是通气、排水、疏松、保水、保肥、质轻、无毒、清洁、无污染。常用的配制材料主要有泥炭、蛭石、珍珠岩、河沙、水苔、树皮、陶粒、彩石、石米等。

部分组合盆栽为了加强主题表达，运用一些装饰物或配件。装饰物及配件的运用，必须以自然色为根本原则。它们的应用具有强化作品寓意和修饰的功能，尤其是情景式、故事性的设计，如搭配大小适宜的偶人、模型，有助于故事画面的具体化。注意它们之间的比例，避免过于突出或失真。装饰物和配件不是必需的，忌画蛇添足。

5）栽植。将粗颗粒的栽培基质放入花盆底部2～3 cm，然后将主题花材按设计方案栽植于相应的位置。注意非对称设计时主题花材一般置于花盆一侧约1/3之处，不栽植于中央位置，而对称式设计则将焦点花置于中轴上。然后栽植其他花材。全部栽植完成后再调整花卉的位置和方向，并进行必要的修剪、整理。如图4-1所示。

图4-1　盆栽示意图

6）栽植后的管理。浇透水后置于遮阴处缓苗。然后根据所应用花卉种类置于合适的光照、温度环境中。

2.5　任务评价

1）组长组织本组成员参照评价标准自评。

2）教师组织全体同学以组为单位，对各组组合盆栽设计进行汇报展示。全班同学对汇报的成果进行提问、讨论；最终教师对各组的设计成果及汇报答辩情况进行总体评价，并提出具体的意见或建议。教师及全班同学对所有盆栽作品评分。

3）实训全部完成后，教师对本次教学活动进行教学效果评价。包括学生对知识掌握情况、是否符合学生特点、与职业结合情况等。可由教师、学生共同评价。

另外教师根据室内组合盆栽的设计内容迁移，讨论其他类型室内花卉设计的方法。

【成果资料及要求】

以组为单位，提交组合盆栽设计图1份和设计说明1份。要求图示内容正确、符合有关制图规范；设计说明文字通顺，植物材料表述规范正确。每组完成组合盆栽作品一件。

【任务考核方式及成绩评价标准】

本任务采用学生评价与教师评价相结合，阶段性评价与最终工作成果评价相结合的方式进行。

（1）组内互评 本组成员的互评，主要根据个人表现进行评价，占总成绩的20%～30%，具体包括如下两方面：①与组长和其他人员的配合，提交相关的工作成果的情况。②工作过程中与同学沟通协调、合作表现。

（2）全班互评 主要根据计划汇报和成果汇报时的小组表现来评价，占总成绩的20%～30%。主要包括：①小组工作计划制订情况，汇报表现。②组合盆栽效果。③小组团结协作情况。

（3）教师评价 由指导教师对各组的实训成绩进行评价，占总成绩的40%～60%，包括两方面的内容：①根据设计内容、格式的正确与规范性，以及小组汇报答辩情况，对阶段性成果及汇报情况进行评价。②组合盆栽效果。

【参考文献】

陈雅君，毕晓颖. 2010. 花卉学［M］. 北京：气象出版社.

董丽. 2010. 园林花卉应用设计［M］. 2版. 北京：中国林业出版社.

孔德政. 2007. 庭院绿化与室内植物装饰［M］. 北京：中国水利水电出版社.

王莲英，秦魁杰. 2011. 花卉学［M］. 2版. 北京：中国林业出版社.

任务2 东西方插花艺术的创作

【任务介绍】插花是一项高雅的文化艺术活动，插花艺术是花卉应用的一种形式，是以具有观赏价值的植物部分器官为主要材料，经过艺术构思，经摆插形成的具有一定造型的立体造型艺术。随着经济的发展，插花艺术已经形成世界潮流，成为一个国家或地区文明、经济发展的标志之一，也是人们社交活动中不可缺少的一种礼仪，更是个人修养的重要内容。我国劳动和社会保障部已经将"插花员""花艺环境设计师"作为一种职业，并颁布实施各级职业资格标准。

本实训任务是让学生根据提供的多种切花材料，综合运用插花造型的基本原则，熟练处理、运用花材，独立设计并创作东西方插花的主要造型。插花艺术创作是花卉应用的重要形式，也是花卉工、插花员、花艺环境设计师等岗位的职业能力要求。

【任务目标】①熟练掌握花材处理、弯曲造型、固定等插花基本技能；②掌握常见花卉的观赏特性，对常用切花有充分的感性认识，了解常用花语；③掌握东西方插花的特点及不同，掌握常见东西方插花造型特点及插作方法、步骤，能够综合运用插花造型的原理；④了解项目教学法在园林实训课程中的应用；⑤培养学生语言表达能力、理论联系实际的能力及创新意识。

【教学设计】

本任务采用项目教学法，主要由获取信息→操作示范→提出计划→小组决策→计划执行→成果评价→项目迁移7个步骤进行。教师在实训前制订教学计划、布置任务、提出任务要求，师生做好准备；并由教师对主要东西方插花造型进行示范演示，进而由学生制订详细工作计划和评价方案，在实验室实施计划，进行东西方插花的创作；学生和教师对插花作品及实训表现进行评价。教师引导学生对其他类型的插花艺术造型进行归纳总结。

【任务知识】

1.1.1 插花基本技能

（1）花材的修剪整理   花材的修剪整理遵循"以构图需要为目的，顺其自然为主导，分明层次，造就美观"的原则。常可进行如下内容的修剪整理。

1）去掉多余枝叶。以枝条正面为基准确定去留。一般凡有碍于构图、创意表达的多余枝条，如重叠枝、交叉枝、平行枝、过密枝适当剪去。此外，剪去病枝、枯枝、破损及生硬的与画面垂直或向后伸出的易产生不良感官刺激的枝条。保留一些向侧前、侧后生长的枝条，以保持一定的层次和景深。不要剪成一个平面。枝上叶片也要适当疏剪，剪去过密、破损、枯黄及虫咬的叶片。

2）去掉棘刺。有些花材长有刺，既不便于插花操作，也不宜制作手捧花等礼品花，予以去除。

3）花部装饰。观花花材凡花部有残缺的，将花朵边缘有焦边、残缺的花瓣拔去或剪掉。百合花的花药在插花之前去除，防止污染衣物。

（2）花材的弯曲造型   根据造型的需要，对枝条、花梗、叶片进行不同程度的弯曲处理，改变原有切花的形态。

（3）花材的固定   根据花器和插花造型的不同，选择剑山固定法、花泥固定法固定花材，瓶类容器则依靠花枝与瓶壁、瓶口的摩擦和支撑作用进行花材的固定。一般东方插花盘类、钵类容器用剑山固定，西方插花用花泥固定。

1.1.2 东西方插花艺术的特点

（1）东方插花艺术特点

1）注重意境和内涵思想的表达。东方插花借鉴东方绘画"意在笔先、画尽意在"的构思特点，使得插花作品不仅仅具有装饰的效果，而且达到了"形神兼备"的艺术境界。采用自然的花材表达作者的精神境界，非常注重花的文化因素。

2）造型以线条造型为主。追求线条美，充分利用植物材料的自然形态，因材取势，抒发情感，表达意境。

3）构图为不对称式。东方插花崇尚自然，讲究画意，布局上要求主次分明，虚实相间，俯仰相应，顾盼相呼。

4）色彩清淡、素雅。东方插花用色种类较少。

5）插制方法多以三个主枝为骨架，高低俯仰构成各种形式，如直立、倾斜、下垂等。

（2）西方插花艺术的特点

1）插花作品讲究装饰效果，不过分强调思想内涵。

2）造型主要为几何图案。追求群体的表现力，与西方建筑艺术有相似之处。

3）构图上多采用对称均衡的手法。西方插花通过几何构图表达稳定、规整，体现人为力量的美，使花材表现强烈的装饰效果。

4）色彩丰富艳丽，着意渲染浓郁热烈的气氛。

5）插制方法以"大堆头"的表现手法最为常用，常使用多种花材进行色块的组合。

1.1.3 插花造型的原则

（1）东方插花的造型特点

1）线条的运用。认为线形花材更富生气、更能抒发情感。

2）高低错落，参差有致。即插花的比例与位置关系。它包括花材之间、花材与容器之间、作品与环境之间的比例关系。一般花材伸展的最大尺寸为花器最大尺寸的 2 倍，第一主枝的长度为花器高度与容器口直径之和的 1.5～2 倍，第二主枝长度为第一主枝的 2/3 或 3/4，第三主枝长度为第二主枝的 2/3 或 3/4。

3）虚实结合，刚柔相济。东方式插花中的虚就是疏、浅、模糊，实就是浓、重、密；刚就是劲、硬、挺；柔就是软、温、绵。插花中没有虚实就没有画面，没有刚柔就没有深度。虚实配合就有层次。

4）呼应关系。呼应主要指情势上和色彩上的呼应，注重花材的方向性，使花材在俯仰、顾盼之间互相联系，浑然一体。

5）对比关系。东方式插花注重画面的对比，通过对比可使花材之间各自突出，构图显得生动活泼。对比往往通过高低、直曲、粗细、疏密、深浅等来实现。

6）注重宾主关系。宾主关系的确立，可使主题集中，层次有秩序。

（2）西方式插花的造型特点　　一般采用传统的几何形插法。部分作品所用花材把花器全部遮掩住，容器不外露，只按摆设的位置或场地决定花型大小。

1）外形规整、轮廓清晰。外形轮廓是由最外围花的顶点连线组成的，这些顶点连线呈现的形状就是插花作品的造型，如扇形、三角形、L 形等。

2）层次丰富、立体感强。各种形式的几何型插花不仅从正面看轮廓呈几何型，从侧面看也应呈规则的形状，如三角形插花，其实质应是一个三角形锥体。花朵之间应分布在整个空间的不同层次。

3）焦点突出、主次分明。在作品的中下部是焦点花设置的位置。焦点花可以是一朵大花也可以是一组异型花，但焦点位置不可空裸。焦点附近也是花材较密集之处。

1.1.4 东西方插花的主要造型

1）东方式插花花型一般由三个主枝构成骨架。三个主枝的顶点连线在空间构成不等边三角形，三个主枝在空间位置的不同决定了构图形式的不同，主要有直立、倾斜、下垂、水平等造型。第一主枝是最长的枝条，决定花型的基本形；第二主枝协调第一主枝；第三主枝起稳定作用。从枝是陪衬和烘托各主枝的枝条，数量根据需要而定。

2）西方式插花基本花型插作，按造型结构可分为对称构图和不对称构图。对称构图是作品的外形轮廓对称，如圆形、半球形、扇形、倒 T 形等。不对称构图是外轮廓不对称，常见的有 L 形、S 形、新月形。基本型的插作首先利用主枝确定造型，插出造型的基本骨架；然后插入焦点花，再在轮廓线的范围内插入其他花朵，并用散状花、叶填充其空间，遮盖花泥，使各部分协调、均衡，形成一幅完整的作品。

1.1.5 相关规范

（1）国家插花员职业技能标准

1）选材及花材的整理加工。能根据插花造型的要求选择适用的花材，并正确地进行剪裁、加工、固定，能够识别常见切花（初级、中级、高级插花员要求识别的切花种类数量不同）。

2）插花制作。初级插花员能插制对称式基本构图造型（三角形、倒 T 形、扇形、球形、半球形、圆锥形）；中级插花员能够根据插花目的和要求确定主题，并选择适宜的造型和色彩搭配，除对称构图外，还能够进行不对称式的基本构图形式（不等边三角形、L形、S 形、新月形）的插制；高级插花员能根据艺术插花的主题和意境进行创设，并能绘制作品设计草图，进行各种会议、宴会及婚礼等场合的环境设计，能利用各种质地的花材（鲜切花、干花、人造花等）插制各种造型、各种风格的插花。

（2）花卉园艺工职业技能标准　　初级花卉园艺工能够进行花篮的制作；中级能插制对称式、不对称的插花造型；高级工除能指导初中级工外，还能进行艺术插花的创作；技师则能独立参加大型插花比赛。

【任务实施条件】

常见鲜切花若干，包括月季、菊花、香石竹、唐菖蒲、百合、非洲菊、石斛兰、满天星、肾蕨、散尾葵、天门冬及从校园绿化和教学基地采集的花材。花泥、剑山、修枝剪、粗度不同的铁丝、绿胶带、透明胶带、各类花器等。具操作台的实验室和多媒体教室。

【任务实施过程】

1　任务设计

教师根据社会岗位要求安排插花艺术创作的实训项目。然后根据教学要求准备花材及其他插花用具。

2　任务实施

2.1　实训组织　　本任务每人独立进行创作，要求每人完成东西方插花的主要造型作品各一件，具体任务实施时，可以根据课程进行情况分两次进行。

2.2　任务展示　　教师在课堂上展示东西方插花特点和主要造型的要求、构图特征，然后对工作任务进行描述，指出项目实施过程中的可能出现的问题。

教师布置任务，提出具体要求。要求学生在任务实施前查阅资料，提出具体每种插花造型的设计方案，并将所需植物材料、花器在实训前提交给教师。同时师生制订东西方插花造型的评价标准。

表 4-2 为评价标准的参考内容，包括插花作品和汇报两个方面，插花作品从构图、色彩、主题和意境、技巧、创意 5 个方面进行评价。

表 4-2 插花艺术创作实训项目评价标准

评定项目	评定指标	评定标准	评分
构图与整体效果	构图造型的均衡稳定		
	整体色彩		
	比例尺寸		
	花材花器的搭配		
	花材组合的合理性		
色彩	色彩搭配的协调性		
	色彩的渲染力		
主题和意境	主题表达明确		
	立意新颖		
技巧	花材处理的能力		
	花泥、剑山、插口的处理		
创意	造型、构图、运用花材的创意		
汇报	语言表达		
	汇报课件制作		
	仪态		
	……		
总评			

教师制订的评定标准可与学生讨论，最后确定评价标准。

2.3 任务分析 教师对学生提交的计划进行审阅，通过分析后进行方案修改，并进行各插花造型的插作示范，最后每人修改并确定方案。

2.4 任务执行

2.4.1 实训准备 实训开始前，教师准备好学生所需的插花材料及用具，并联系实验室。每人创作前按计划领取花材、花器、剑山、花泥等。

2.4.2 插花创作 插花创作的步骤主要有以下内容。

（1）立意构思 插花创作之前要根据场地、用途确定主题，而后再根据具体场景确定插花的风格、造型、构图形式。

（2）选择花器 插花的花器是插花作品的一部分，插花的主题和构图确定了后，需要根据作品的大小、构图形式选择质地、色彩、形状适宜的花器。

（3）选择花材 花材是表达主题的载体，根据立意和构图要求选择对应的花材是创作插花的前提。花材除可以选购之外，还可以根据主题，就地取材。

（4）造型创作

1）东方插花造型。

A. 直立型。表现植株直立生长的形态，总体形状保持高大于宽。

a. 准备。按立意构思选择浅口容器或花瓶，并准备与之相适应的固定花材的器具，一般选用竹、苇、蛇鞭菊、唐菖蒲、银芽柳等线状花材进行构图，并按容器决定其大小、高度。

b．插主枝。第一主枝直立向上，第二、第三主枝分别向两侧前方略倾斜。一般第二主枝向前倾斜45°，第三主枝在第一主枝另一侧向前倾斜60°，三主枝顶点构成不等边三角形。三主枝开张角度在非常小范围的为直上型插花，如图4-2所示。

c．插入其他花材。一般每个主枝可插入1～3枝陪衬花材（辅枝或从枝），长度不超过主枝，比例也遵循黄金分割律，即第一枝辅枝为其主枝的2/3，第二枝辅枝为第一枝辅枝的2/3，第三枝辅枝为第二枝辅枝的2/3。插制时辅枝应围绕其主枝，且也构成不等边三角形。

d．装饰作品。用散状花材或切叶如情人草、满天星、勿忘我、天门冬、蓬莱松、大叶黄杨等进行装饰，使作品丰满且有层次。

若三主枝选用的是无花朵的花材，则应插入中心花材，最高一枝的高度大约为最长主枝高度的一半即可，但不要太多，一般2～3枝即可。如图4-3所示。

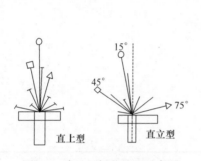

图4-2　直立型插花造型示意图　　图4-3　直立型插花作品示意图
（引自黎佩霞，2002）

B．倾斜型插花。该造型生动活泼、自然舒展，给人以动态的美感。横向尺寸大于纵向尺寸。

a．准备。选择容器及相应的固定用具。倾斜型造型花器选择性较大，高低均可。

b．插主枝。第一主枝向一侧大角度的插在垂直线和水平线之间，一般在盘类容器中第一主枝以约70°角插在花器的左前方。第二主枝直插于花器的右后角，第三主枝插于右前方，以约45°的倾斜角向右探出。要注意第二、第三主枝的插入位置不能离得太远，以免花型显得过于松散。三主枝顶点构成不等边三角形。如图4-4所示。

倾斜型插花选材以自然弯曲、倾斜生长、造型优美的木本枝条为佳，如梅花、连翘、榆叶梅、山茶、杜鹃、松、柏等。

c．插入其他花材。主体构型完成以后，在靠近基部处插上1～2朵花型优美的花材作为视点中心，花材的长度应为第二主枝长度的一半左右。然后围绕中心花材插入少量的配草和配叶，同时根据空间插入辅枝，增加作品层次感。如图4-5所示。

C．下垂型插花。下垂型插花构型要点是第一主枝向下弯曲悬垂到花器之下，第二和第三主枝直立或略微倾斜。给人以虬曲飘逸、蜿蜒流畅的线条美，适于表现悬崖瀑布、近水溅落等主题。根据下垂型装饰位置的不同分为仰视式下垂型插花、平视式下垂型插花。

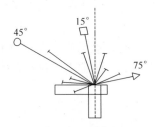

图 4-4　倾斜型插花造型示意图（引自黎佩霞，2002）

图 4-5　倾斜型插花作品示意图

（A）仰视式下垂型插花。为高视平线构图，适于布置较高的书柜、衣柜上。

a. 准备。选用浅盘类容器，采用剑山或花泥固定花材，选用常春藤、紫藤、连翘、柳、迎春等枝条修长、柔韧、易弯曲造型的花材作为主枝。此外，还应选配高脚几架以摆放插花。

b. 插主枝。第一主枝长度不限，可依几架、家具等摆放插花的高度来确定。将第一主枝水平地插于容器的左前方，花材伸出容器口边缘以外的部分向下垂弯，要求角度较大，与垂直方向夹角达 135°以上。第二主枝的长度约为容器口直径的 1.5 倍，直立地插于容器的左后方。第三主枝的长度约为第二主枝的 2/3，插于容器的右前方，呈 45°角向右前探出。如图 4-6 所示。

c. 插入其他花材并装饰作品。插完主体构型后，沿三主枝插入辅枝，然后以不超过第二主枝高度的 1/3 长度，在插花的基部用一些配草和小花进行装饰。如图 4-7 所示。

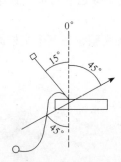

图 4-6　仰视式下垂型插花造型示意图（引自黎佩霞，2002）

图 4-7　仰视下垂型插花作品示意图

（B）平视式下垂型插花。

a. 准备。选色深、高身窄口类瓶状容器，最好再配一个底托。花材应进行适当的加工和剪裁，以便能弯曲造型。

b. 插主枝。第一主枝直立的插入瓶内，瓶外长度为瓶高的 1.5 倍。第二主枝瓶外长度约为第一主枝瓶外长度的 3/4，插入角度应稍倾斜。第三主枝瓶外长度应为第一主枝的一半，并向另一侧倾斜，且第一、第二、第三主枝不在同一平面上，它们的顶点形成一个不等边三角形，整体向侧后方倾斜。然后插第四主枝，这一主枝弯曲向下，瓶外长度长于第三主枝而短于第二主枝。最后插入第五主枝，也要弯曲向下，其长度比第四主枝更长些。主体构型完成。见图4-8。

c. 插入其他花材。在瓶口附近插入视点中心花材，其最高高度相当于第三主枝。中心花材的长度及插入角度、花朵开放程度应有所变化，注意中心花材整体应向第四、五主枝的一侧稍稍探出。见图4-9。

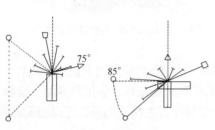

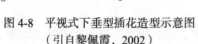

图4-8 平视式下垂型插花造型示意图　　　图4-9 平视式下垂型插花作品示意图
（引自黎佩霞，2002）

在作品总体完成之后，再配上几枝天门冬之类的配草，配草忌过高，应集中插于基部，给人以一种稳定、自然的美感。

D. 水平型插花。这种花型着重表现以横向为主导的造型美，适于表现行云流水、恬静安怡、柔情蜜意等主题，给人以舒展、优美的感受。

a. 准备。容器及花材等均与直立型插花相同。

b. 插主枝。第一主枝向左前方倾斜，与水平面的夹角为20°～30°。第二主枝向右前方倾斜，其长度可以是第一主枝的2/3，也可与第一主枝等长，与水平面的夹角同第一主枝相同。第三主枝直立或稍向前倾。三主枝构成不等边三角形，且均插于容器的中央同一点上。见图4-10。

c. 装饰作品。在主枝周围插入辅枝，使构图完整，在三个主枝周围插入一些花朵和配草。见图4-11。

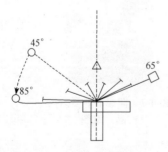

图4-10 水平型插花造型示意图　　　图4-11 水平型插花作品示意图
（引自黎佩霞，2002）

2）西方插花艺术。

A. 三角形插花。该花型结构均衡优美，给人以整齐、庄严之感，适宜会场、大厅、教堂装饰。

a. 准备。选用中等高度或浅盘的容器。花泥放入容器后高出容器口边缘约3 cm，以穗状或挺拔的花或枝条作线条花。

b．插主枝。第一主枝插在花泥中后部的 1/3 处，直立插入或角度稍向后倾斜，但不能超过 15°。然后等长的第二、第三枝花材分别从花泥 1/3 处的两侧插入，插入的角度呈水平向两侧伸出，长度为第一主枝的 1/3～1/2，最长不得超过第一主枝的 2/3。第四主枝长度约为第一主枝的 1/4，位于花泥的正前方，也呈水平方向向前伸出。如图 4-12 所示。

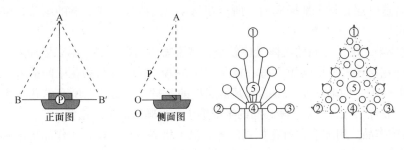

图 4-12　三角形插花造型示意图

c．插入其他花材。为使三角形图案更加明朗，在第一主枝与第二、第三主枝之间再插入其他一些花材，插入角度应稍向前倾斜，花材的长度与插入角度使所有花材顶点构成一个明朗平滑的三角形。

d．插入中心花材。视点中心的花材可选用一些花朵大、花型美、颜色艳的花材，高度应保证其插入后处于整个作品的高度的中部稍靠下处。以与水平线夹角呈 45°～60°向前伸出。

e．插入其他花材及装饰花材。围绕视点中心插入其他花材，注意花材之间的颜色、长短变化。然后插入一些配草、配叶，但要不破坏三角形构图。见图 4-13。

B．水平型和半球形插花。这是一个四面都能观赏的花型，适于作会议桌或餐桌摆设，是一个完全对称的花型。这种造型花团锦簇，豪华富丽，多用于接待大型晚会的桌饰，是餐桌和会议桌最适宜的花型。其构图造型见图 4-14。

图 4-13　三角形插花作品示意图

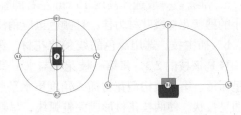

图 4-14　半球形插花造型示意图

a．准备。容器以浅身阔口的盘状容器为好。花泥应高出容器口 2～3 cm。半球形插花的下层四主枝等长，半椭球形插花则两枝长，另两枝稍短，相当于最长两枝的 2/3。

b．确定插花形状。由 5 根主枝构成半球形或半椭球形的轮廓。第一主枝呈垂直方向插入花泥的中心，这一主枝确定了作品的高度。第二、第三主枝呈水平方向从左右两侧中间位置分别插入。第四、第五主枝分别从前后两侧的中间插入，第二、第三、第四、第五主枝在一个水平面上，这 5 主枝即把半球形（或半椭球形）的大致形状确定下来。

c．完成半球形图形的第一层。在原来的第二、第三、第四、第五主枝的平面上需再插入 4 枝或 8 枝花材完成第一层。这几枝花材沿对角线对称插入，若为半球形，这些花枝等长，若为半椭球形，对角线方向的两枝花材完全等长，不在对角线方向的花材长度有差异。这一层花材全部插完后，所有花材顶点连线应形成平滑的圆弧，整体构成圆形或椭圆形。

d．完成第二层。如果插花体量比较小，则不需插入第二层。第二层插入的方法与第一层相似，花材比第一层略短，每一枝花均应在第一层的每两朵花中间插入，花朵之间要有一定的空隙。如果需要，再插入其他层次的花材。但要注意所有的花材均不得高于第一主枝。最后，构成一个丰满圆润的半球形（或半椭球形）的花型。

e．装饰作品。用配草和衬花如天门冬、满天星等进行装饰，使作品更丰满而具有层次。见图 4-15。

C．新月形插花。

新月形插花是一面观赏的插花装饰品，形式活泼，构图新颖，适于表现曲线美和流动感，宜用淡雅色彩。适于家庭居室摆设和作为馈赠礼品。其构图造型见图 4-16。

图 4-15　半球形插花作品示意图　　　图 4-16　新月形插花造型示意图

（引自黎佩霞，2002）

a．准备。一般选择高度 15 cm 左右的容器。花泥可不高出容器口。构型花材以花朵较小的穗状花材或叶材为佳，且颜色也应稍浅，选用冷色为好。

b．插主枝。选用冷色的线条状花材，第一枝花材长度为容器直径加高度的 1.5 倍，另一枝是该枝的 2/3。将第一枝花材与水平呈 75° 插入容器，向左前方倾斜，并使花材弯曲呈弧形。第二枝构型花材插入角度更水平些，一般以 20° 角在对侧插入，这枝花材也应弯曲呈弧状。使两枝花材形成完整弧线，呈新月形轮廓。

c．插入中心花材。视点中心选用一些颜色艳丽、花型优美的块状花材，如非洲菊、百合、香石竹等。视点中心花材插在容器的中间，但不能太高，一般高出容器口 15 cm 左右。

d．插入其他花材。为了使作品显得更紧凑美观，具有立体效果，围绕中心花材再插入一些花朵较小、颜色较淡的花材，这些花材的插入方向应沿着弧形的新月面布置，切忌离开构型主枝太远。同时沿新月构型主枝也需要插入一些短于主枝的辅助花材。

随后插入一些配草和装饰花材。配草插在作品的下部和外侧，尤线性配草，可贴着构型主枝外侧插作。见图 4-17。

D．L 形插花。L 形插花强调轴线，适于摆放在窗台或转角的位置。

a．准备。一般选择钵类或浅盘类容器。花泥应高出容器口。构型花材与倒 T 形相似。

b．插主枝。第一枝花材垂直插于花泥左侧后方。第二枝花材从左侧水平插入，长度约为第一主枝 1/4。第三主枝从右侧水平插入，长度为第一主枝的 2/3。第四主枝与第二枝等长，在花泥前方水平插入。四枝主枝插完后限定了竖直与水平两个方向的三角锥外部轮廓。其他花材均在这两个三角锥内。见图 4-18。

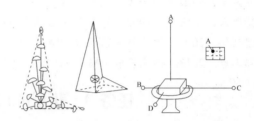

图 4-17　新月形插花作品示意图　　图 4-18　L 形插花造型示意图（引自黎佩霞，2002）

c．插入中心花材：在横轴纵轴交叉点附近选用颜色艳丽、花型优美的块状花材作为焦点插入。

d．插入其他花材：围绕中心花材再插入一些其他花材，沿横轴和竖轴插入线条状花材，强调立体效果，各花枝的顶点不能延伸到第一、第三主枝的顶点的连线上。

随后插入一些配草和装饰花材。见图 4-19。

2.5　任务评价

1）每位同学参照评价标准对自己的插花作品自评。

2）教师组织全体同学，对每位同学的每一件作品进行评价，创作者介绍创作构思。全班同学对插花作品及个人表现进行互评；最终教师进行总体评价并提出具体的意见或建议。教师对所有插花作品评分。

实训全部完成后，教师对本次教学活动进行教学效果评价。包括学生对知识掌握情况、是否符合学生特点、与职业结合情况等。可由教师、学生共同评价。

图 4-19　L 形插花作品示意图

另外教师根据本次内容迁移，讨论其他类型插花的创作手法。

【成果资料及要求】

每人提交插花造型设计图 1 份（包括实训要求的所有造型）、切花材料详单 1 份、每个造型插花作品 1 件。要求图示内容正确、清晰；植物材料表述规范正确。

【任务考核方式及成绩评价标准】

本任务采用学生评价与教师评价相结合，阶段性评价与最终工作成果评价相结合的方式进行。

（1）学生个人自评　　学生个人评价主要根据自己的插花作品进行，占总成绩的10%～20%，具体包括如下两个方面：①提交相关的工作成果的时间。②插花作品水平。

（2）全班互评　　全体同学的互评，主要根据成果展示时的表现和插花作品来评价，占总成绩的20%～30%。主要包括：①是否按时完成了插花造型的创作；②插花作品的创作水平；③展示作品时的语言表达。

（3）教师评价　　由指导教师对每位同学的实训成绩进行评价，占总成绩的50%～70%，包括三方面的内容：①阶段性成果评价，要求设计内容正确，计划完整，造型设计、花材应用合理；②插花作品整体水平；③作品展示时的语言表达。

【参考文献】

姜文宏，郑志勇. 2010. 花艺［M］. 北京：高等教育出版社.

黎佩霞，范燕萍. 2002. 插花艺术基础［M］. 2 版. 北京：中国农业出版社.

谢利娟. 2007. 插花与花艺设计［M］. 北京：中国农业出版社.

郑志勇. 2013. 插花艺术［M］. 北京：化学工业出版社.

任务3　花坛的设计与施工

【任务介绍】花坛是按照设计意图在一定形体范围内栽植观赏植物，以表现群体美的设施，是园林花卉应用设计的一种重要形式。其类型丰富多样，普遍应用于广场、道路、绿地之中。它以突出鲜艳的色彩或精美华丽的纹样来体现花卉装饰效果。

本实训任务是让学生根据拟定的场景进行平面花坛的设计并组织施工，使学生能够综合运用花卉的观赏特性进行花坛设计，能够规范绘图，并能组织实施小型施工。该实训也是花卉园艺工、绿化工等岗位的职业能力要求。

【任务目标】① 掌握布置花坛的花卉特点，熟悉常见花坛花卉的观赏特性；②掌握花坛设计的方法；③掌握花坛设计图的绘制方法及要求；④掌握平面花坛施工的主要环节及技术；⑤了解案例教学法、项目教学法在园林实训课程中的应用；⑥培养学生语言表达能力、团队意识、理论联系实际的能力及创新意识。

【教学设计】

本任务包括两大项，一是花坛的设计，二是花坛的施工。花坛的设计部分可以采用案例教学法，主要步骤为：典型案例选取→案例引入→案例介绍→问题设置→分组讨论→学生解答问题→案例讨论总结→课后作业布置→教学效果评价，共9个步骤，第一步是教师上课前进行，最后一步是在课后完成。本实训部分是在进行案例教学的前7步后，进行的课后作业，也是下一步进行花坛施工的先行工作。

花坛的施工采用项目教学法，主要由获取信息→操作示范→提出计划→小组决策→计划执行→成果评价→项目迁移7个步骤进行。教师选定花坛的设计方案，然后制订教学计划，布置施工任务，提出任务要求，师生做好准备；由学生制订详细工作计划和评价方案，并实施计划，花坛的施工在学校校园或教学基地进行；学生和教师对施工表现、实训进行评价。教师引导学生对其他类型的花坛施工进行归纳总结。

实训的两部分内容也可以全部采用项目教学法。

【任务知识】

1 任务基本知识

1.1 花坛设计的原则和适合布置的位置 花坛的设计首先应在风格、体量、形状等诸方面与周围环境相协调，其次才是花坛本身的特色。花坛体量大小应与花坛设置的广场、出入口及周围建筑的高低大小成比例，一般不应超过广场面积的1/3，不小于1/5。出入口设置的花坛以既美观又不妨碍游人路线为原则，高度上不可遮挡住出入口视线。外部轮廓应与建筑物边线、相邻的路边和广场的形状协调一致。色彩与所在环境有所区别，既醒目具有装饰作用，又与环境协调。花坛大小要适度，在平面上不能过大，一般观赏轴线以8～10 m为度。

花坛主要设置于道路、广场、风景区出入口、绿地等处。

1.2 盛花花坛的设计 盛花花坛以开花时整体色彩为主，表现不同花卉的群体及相互配合形成的色彩、优美的外貌，不在于种类的繁多，要求开花一致。图形简洁、轮廓明显，体型有对比。

1.2.1 植物选择 宜选用色彩鲜明艳丽、花朵茂盛的花卉。常选花期相近的2～3种，互相配植，植株高大的种类植于花坛中央，低矮的种类布置于四周或花坛边缘。

布置盛花花坛的植物以观花草本花卉为主，可以是一二年生花卉，也可以是多年生球根或宿根花卉，有时也选用少量常绿及观花小灌木作辅助材料。一二年生花卉是盛花花坛的主要材料，其种类繁多、色彩丰富、成本较低。球根花卉色彩鲜艳、开花整齐，但成本较高。

适合作花坛的花卉要求株丛紧密、着花繁茂；花期较长，开放一致，至少保持一个季节的观赏期；花色鲜艳明亮，有丰富的色彩幅度变化；植株高度以10～40 cm的矮性品种为宜；繁殖容易，耐移植，缓苗快。常见的花卉有一串红、万寿菊、孔雀草、矮牵牛、非洲凤仙、四季秋海棠、三色堇、金盏菊、雏菊、紫罗兰、金鱼草、大花美女樱、百日草、小菊、荷兰菊、彩叶草等。

1.2.2 色彩设计 盛花花坛表现的是花卉群体的色彩美，因此在设计上要精心选择不同花色的花卉巧妙搭配。常用的配色方法有以下几种。

1）对比色。活泼而明快。深色调对比较强烈，给人兴奋感；浅色调的对比配合较柔和，如堇紫＋浅黄，橙色＋蓝紫色，绿色＋红色。

2）暖色调。类似色或暖色调花卉搭配，配色鲜艳、热烈而庄重，在大型花坛中常用，如红＋黄，红＋白＋黄。

3）同色调。此种配色方案不常用，适宜小型花坛或花坛组，单色应用。

1.2.3 图案设计 盛花花坛的外部图案主要是几何图形或几何图形的组合。内部图案要求简洁、轮廓明显，要求有大色块的效果，忌在有限的面积上设计繁琐的图案。

盛花花坛可以是某一季观赏，至少保持一个季节的观赏期。也可以提出多季观赏的设计方案。

1.3 模纹花坛的设计 以色彩鲜艳的各种低矮紧密、株丛较小的花卉为主，配置出各种细腻的图案、花纹。展现的是纹样的精美。

1.3.1 植物选择 低矮细密的植物才能形成精美的图案。具体要求有以下内容。

1）以生长缓慢的多年生植物为主，如红绿草、白草、尖叶红叶苋等。一二年生花卉生长速度不同图案不易稳定，可作局部点缀。

2）以枝叶细小、株丛紧密、萌蘖性强、耐修剪的观叶植物为主。

3）植株矮小或通过修剪可控制在 5～10 cm 高度，耐移植、易栽培、缓苗快。模纹花坛常用的花卉为五色草。

1.3.2　色彩设计　　以图案纹样为依据，只要能形成色彩对比表达图案即可。

1.3.3　图案设计　　外部轮廓以线条简洁为宜，来突出内部纹样的精美华丽。内部图案内容丰富，可根据环境、主题等进行设计。纹样不可过于窄细，红绿草不可窄于 5 cm，一般花宜能栽植 2 株为限，否则难以表现图案。

1.4　花坛设计图的绘制　　花坛设计图通常包括总平面图、花坛平面图、立面图、说明书、植物材料统计表。如果没有立面设计，则没有立面图。总平面图以（1∶1000）～（1∶500）的图纸画出花坛四周建筑物边界、道路分布、广场平面轮廓及花坛外形轮廓。花坛平面图通常以（1∶100）～（1∶50）的比例，精细模纹花坛以（1∶30）～（1∶20）的比例画出外部轮廓形状及内部纹样；每种植物材料用阿拉伯数字或英文字母由内向外依次标号，并与植物材料表中的序号一一对应，相同的植物材料用同一编号；若同一种植物材料应用两种或多种颜色，在色彩一列中单独标注。立面图主要绘出立体效果，单面观、规则式的花坛只需画出主立面图即可；非对称式图案，需画出不同立面设计。如图 4-20 所示。

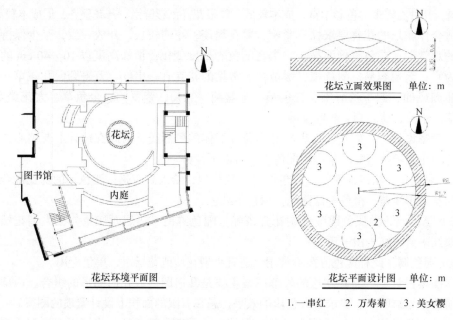

花坛立面效果图　单位：m

花坛环境平面图

花坛平面设计图　单位：m

1.一串红　2.万寿菊　3.美女樱

图 4-20　花坛设计图

说明书对花坛的环境状况、立地条件、设计意图、花卉材料的要求等进行说明。植物材料统计表中需要列出对应花卉名称、花色、规格（株高及冠幅）及用量。在季节性花坛设计中，还需标明花坛在不同季节的轮替花卉。

1.5　花坛施工　　根据方案设计准备花坛种植床，将花卉栽植于植床里。

2　相关规范

（1）花卉园艺工职业技能标准　　中级花卉园艺工要求能够进行一般花坛的设计与布置；高级工要求能够进行室外花卉造景设计与布置。

（2）绿化工职业技能标准　　五级绿化工要求能够栽植园林植物；四级能识读设计平面图，栽植各种绿化植物，掌握种植密度的计算方法；三级绿化工除掌握四级、五级的技术外，还需要掌握施工放样技术；二级绿化工要求能够规范的绘制图纸；一级要求能够进行一定面积的绿化设计，包括花坛的设计。高级别包括低级别的要求。

（3）盆花　　《盆花产品等级标准》（GB/T 18247.2—2000）制定了盆花产品质量等级划分公共标准，从整体效果、花部状况、茎叶状况、病虫害或破损状况、栽培基质等方面分三级进行了界定。另外，本标准对金鱼草、四季秋海棠、蒲包花、矮牵牛、半枝莲、一串红、长春花、瓜叶菊、小菊等花坛常用花卉从花盖度、植株高度、冠幅、花盆尺寸、上市时间等方面分三级进行了质量划分。

（4）房屋建筑制图统一标准　　《房屋建筑制图统一标准》（GB/T 50001—2001）规定了制图的图纸幅面、图线、字体、比例、符号、尺寸标注的画法。

【任务实施条件】

多媒体教室。学生自备园林制图需要的工具。卷尺、白灰、花坛所用花卉植物若干（根据某一设计方案进行施工所需的花卉材料种类和数量），花卉栽植所用的铁锹、土铲，布置花坛的场地。

【任务实施过程】

1　任务设计

教师根据花坛适宜布置的位置设计几个场景作为花坛设计实训项目，可以结合学校的校园绿化进行部分真实场景的设计与施工。

2　任务实施

2.1　实训组织　　本任务以组为单位进行。5~8 人一组，要求组内成员之间沟通能力、学习能力、知识水平等方面能够互相取长补短，各小组之间各方面能力水平基本均衡。选定组长 1 名，负责本组成员之间分工协作、相互学习及设计成果的交流及组内自评工作。花坛设计若安排几个场景设计时，可以根据班级人员和分组情况分别设计。进行花坛施工时，可以 2 组合并进行一个花坛的施工。

2.2　任务展示　　教师在课堂上用案例教学法学习花坛的设计，然后布置作业（本次的部分工作任务），对花坛设计任务进行描述，提出具体要求。学生在任务实施前查阅资料，提出小组设计方案，并将所需植物材料在实训前提交给教师。

布置设计任务的同时，师生制订花坛设计、施工的评价标准，指出项目实施过程中可能出现的问题。

表 4-3 为评价的标准参考内容，包括花坛设计方案、绘图、施工、汇报四个方面。

表 4-3 花坛的设计与施工实训项目评价标准

评定项目	评定指标	评定标准	评分
设计方案	整体效果		
	植物材料		
	图案设计		
	色彩设计		
	创意		
绘图	图纸完整性		
	规范性		
	美观性		
施工	放线的准确性		
	栽植技术		
	施工后的效果		
汇报	语言表达		
	汇报课件制作		
	仪态		
	……		
总评			

教师制订的评定标准可与学生讨论，最后确定评价标准。

2.3 任务分析 教师对学生提交的设计方案和工作计划进行审阅，分析后进行方案修改，并进行花坛设计、花坛植物栽植的示范，最后每组修改并确定方案。

2.4 任务执行

（1）设计方案确定 各组向全班同学汇报设计方案、设计思路，最后由教师和学生共同讨论决定施工所用的方案，根据学生人数可以选定 2～3 个设计方案组织施工。

（2）实训准备 实训开始前，教师准备好学生所需的花卉材料及用具，并联系教学基地。

（3）花坛施工 根据设计方案选择适宜的场地或结合学校校园绿化场地。

1）种植床准备。种植土壤要符合所设计应用花卉的生长要求，厚度达到 20～30 cm，种植前深翻、整地，并达到排水坡度。花坛的外部轮廓可以用砖、石块等材料砌筑。

2）施工放线。用皮尺、绳子、木桩等根据设计图放线，勾画出线条，用石灰、锯木屑或干沙绘制出图形。

3）栽植。花卉栽植前 2～3 d 将土壤灌水，使土壤墒情适宜。栽植时按从内到外、从上到下的顺序栽植，注意图案的轮廓线要栽植整齐。随时调整栽植深度，使花卉高度一致。栽植密度以植株冠幅相接、不露地面为准。栽后浇一次透水。

2.5 任务评价

1）每组同学参照评价标准对本组的花坛自评。

2）教师组织全体同学，对每组的设计、施工后花坛效果进行评价。

3）教师对每组设计及施工效果评价。教师进行总体评价并提出具体的意见或建议。

实训全部完成后，教师对本次教学活动进行教学效果评价。包括学生对知识掌握情况、是否符合学生特点、与职业结合情况等。可由教师、学生共同评价。

另外教师根据本次内容迁移，讨论其他类型花坛的创作手法。

【成果资料及要求】

每组提交花坛设计图 1 份和实训工作计划 1 份，要求图示内容正确、清晰、完整；植物材料用表规范正确；工作计划详实。每人提交 1 份实训工作总结，主要包括实训内容、主要收获体会、实训教学组织的问题、意见建议等。

【任务考核方式及成绩评价标准】

本任务采用学生评价与教师评价相结合，阶段性评价与最终工作成果评价相结合的方式进行。

（1）小组自评　　学生小组评价主要根据小组的设计、施工、组织等表现进行，占总成绩的 20%～30%，具体包括如下四个方面：①提交相关的工作成果的时间。②花坛设计的水平。③花坛施工的组织与效果。④组内成员的配合与表现。

（2）组间互评　　各组之间的互评。主要根据成果展示时的表现和花坛设计水平来评价，占总成绩的 20%～30%。主要包括：①是否按时完成了花坛方案设计及施工工作。②花坛设计的创作水平。③展示作品时的语言表达。④组内人员的协作。

（3）教师评价　　由指导教师对每组同学的实训成绩进行评价，占总成绩的 40%～60%，包括四方面的内容：①阶段性成果评价。主要从设计内容、计划完整性、花材应用合理性、绘图规范性评价。②花坛设计整体水平。③作品展示时的语言表达。④小组成员的配合。

【参考文献】

董丽. 2010. 园林花卉应用设计 [M]. 2 版. 北京：中国林业出版社.

吴涤新. 1999. 花卉应用与设计 [M]. 修订本. 北京：中国农业出版社.

园林绿地方案设计

任务1　街头绿地景观设计

【任务介绍】 街头绿地景观设计是指针对道路红线以外，沿城市道路布置，面积不大的开放性公共绿地，以及转盘、花园、广场及街头小游园等街头绿地性质的场地进行规划设计。为游人及附近居民提供游憩、娱乐的场所。

【任务目标】 ①掌握街头绿地景观设计的一般思路与手法；②掌握街头绿地景观设计中植物配置的方法与手法；③培养学生汇报课件的制作能力；④了解任务驱动教学法在园林专业课程教学中的应用；⑤进一步培养学生语言表达能力、沟通协调能力、团队意识、理论联系实际的工作能力及创新意识。

【教学设计】

本任务主要采用任务驱动教学法。①进行任务设计。教师选定某街头绿地设计基址图，以该街头绿地景观设计为本实训任务，选择合适的区域，完成包括平面图、景观功能、公共设施、植物配置等方面的设计。②任务组织实施。具体包括实习小组划分、调研报告、任务分析、任务执行几个方面，帮助学生了解街头绿地设计的思路与手法，并在教师的指导下，以组为单位进行实例调研，分工协作，完成街头绿地的规划设计；③任务评价。包括学生个人自评、组内评价及教师指导下各组之间的互评。教师的教与学生的学均已任务为引领，在完成任务的过程中，使学生深入了解街头绿地划分的概念与功能，并提高自身的设计能力；同时对学生的沟通协调能力、语言表达能力、团队意识及创新意识的培养，也会起到积极的作用。

【任务知识】

1.1.1　街头绿地的主要类型　　街头绿地指道路红线以外，沿城市道路布置、面积不大的开放性公共绿地。转盘、花园、广场及街头小游园都属于街头绿地的范畴，其主要功能是装饰街景、美化城市、提高城市环境质量，并为游人及附近居民提供游憩、娱乐场所。针对在城市街道环境中，街头绿地包括：袖珍公园（街头小游园）、街头花园式休憩广场、街道广场、线性（或带状）街头休憩绿地（绿道）等。

1.1.2　街头绿地与道路关系

（1）街角的街头绿地　　这种位置的街头绿地开放性强，用地集中，容易形成开敞性空间，是各种社会生活集中的场所，并且与城市车流有一定程度的隔离。还有一种城市街头绿地位于两条斜交道路的"鱼头"的位置，一个角呈锐角。这种形式的绿地以绿化种植为主，主要起到绿化隔离的作用（图5-1）。

（2）沿街的街头绿地　　这种形式的街头绿地一般沿城市道路、城墙等呈条状分布，宽度相对较小。其中又分为两种形式，一般是以绿化种植为主，用丰富的植物景观来创造宜人的城市景观，大多应用于宽度较窄的城市街旁绿地中。另外一种，沿街街头绿地宽度较大，可布置大量的户外设施供市民使用（图5-2）。

（3）跨街区的街头绿地　　指位于两条城市主要道路之间，两端分别与两条道路相接的绿地（图5-3）。这种街头绿地将两条道路连接起来，可以让路人及周围居民十分方

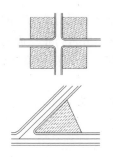

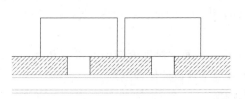

图 5-1 街角街头绿地　　　　　图 5-2 沿街街头绿地

便地穿行，并且还十分有效地扩大了绿地的服务半径。

1.1.3 相关规范 《公园设计规范》（CJJ48—1992）与
《城市用地分类与规划建设用地标准》（GB 50137—2011）
中分别表述为"街头绿地""带状公园"和"街旁游园"，
并作出了相应的规定。

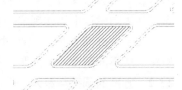

图 5-3 跨街区街头绿地

【任务实施条件】

测量用具、手工绘图工具、计算机辅助设计工具及某
园林绿地方案设计基址图及相关资料，每 15～20 名学生配
1 名指导教师。

【任务实施过程】

1 任务设计

教师提供某街头绿地基址图，以该绿地景观设计为本实训任务，并提出具体的工作
要求。学生通过初步学习街头绿地的理论知识，并根据任务内容进行街头绿地的调研学
习。将调研内容整理总结后开始进行设计阶段，并完成相关任务内容。

2 任务实施

2.1 实习分组 本任务以组为单位进行。4～6 人组成一个实习小组，要求组内成员之
间沟通能力、学习能力、知识水平等方面能够互相取长补短，各实习小组之间各方面能
力水平基本均衡。选定组长 1 名，负责本组成员之间分工协作、相互学习及设计成果的
交流及组内自评工作。

2.2 任务展示 教师向学生发放街头绿地景观设计任务书及相关资料，帮助学生了解
该街头绿地景观设计的具体工作内容及相关要求。

2.3 任务分析 教师引导学生对任务进行分析，明确完成任务要做哪些具体的工作，
要如何做，并对街头绿地景观设计的相关知识点进行深入学习领会，教师针对重点、难
点问题进行讲解，以帮助学生具备初步的工作能力。

2.4 调研汇报 学生以组为单位进行相关任务的实地调研，分工协作，共同完成三个及以
上的街头绿地案例的调研，加深对街头绿地景观设计的理解。并将调研内容进行整理汇报，
通过汇报交流取长补短，全面了解街头绿地景观设计的形式与内容。具体工作步骤如下。

1）调研不同形式的街头绿地，对其因地制宜的平面构图进行分析探讨，并找出其中
的不足。

2）分析街头绿地中景观的营造，如植物造景、雕塑小品和栏杆花饰等的运用。

3）找出街头绿地景观设计中对交通视线有要求的地块，并进行正反面的分析。

4）调查分析街头绿地公共设施的营造，如座椅、桌子、亭廊花架等满足市民功能需要的设施。

2.5　任务执行　　通过对理论知识的讲解和实地调研分析。学生以个人为单位完成教师布置的街头绿地景观设计任务图纸。

2.5.1　方案构思

（1）构思立意　　对街头绿地项目进行分析，根据其功能的不同，对袖珍公园、休憩广场、休闲广场等不同性质的街头绿地进行构思规划。从平面构思出发，因地制宜，巧妙设计。也可多样性统一性相结合，景点的设计应尽量体现主题的设计风格和设计理念。整体的设计中要体现统一的原则，要有一定的文脉来连接。

（2）多方案比较　　通过对方案进行不同形式的设计，多方案的构思可以拓展设计思路，从不同角度考虑问题，从中进行分析、比较、选择，最终得出最佳方案。

2.5.2　方案的调整与深入

（1）方案的调整　　方案调整阶段主要任务是解决多方案分析、比较过程中所发现的矛盾与问题，并弥补设计缺陷。对方案的调整应控制在适度的范围内，力求不影响或改变原有方案的整体布局和基本构思，并能进一步提高方案已有的优势水平。

（2）方案的深入　　在进行方案调整的基础上，进行方案的细致深入。深化阶段要落实具体的设计要素的位置、尺寸及相互关系。并且要注意核对方案设计的技术经济指标，如建筑面积、铺装面积、绿化率等。

2.5.3　方案表现　　方案表现要求规范的作图，以及具有完整明确、美观得体的效果表达，可采用手绘或者电脑制图来表现方案的节点效果图或者鸟瞰图，充分展现方案设计的立意构思、空间形象及气质特点。

3　任务评价

教师组织全体同学以组为单位，对每个组的工作成果进行汇报并答辩。其他同学听取汇报，并对汇报的设计成果进行提问、讨论；最终教师对设计成果及汇报答辩情况进行总体评价并提出具体的意见或建议。继而组织学生进一步修改完善街头绿地景观设计图纸资料，并完成相关的设计说明。

【成果资料及要求】

以组为单位，提交街头绿地景观设计相关图纸资料 1 份和设计说明 1 份。其中，图纸资料包括：总平面图、种植设计图（可酌情取舍）、效果图（或鸟瞰图）、竖向设计图。

要求设计内容完整、合理、符合相关设计规范；图示内容正确、符合有关制图规范；设计说明文通字顺，结合相关图纸资料，能充分表达设计意图。

以个人为单位，提交实习总结 1 份，要求 1000 字以上，能总结实习工作过程，并对自身感受与体会进行总结概括。

【任务考核方式及成绩评价标准】

本任务采用学生评价与教师评价相结合，阶段性评价与最终工作成果评价相结合的方式进行评价。

（1）小组自评 由组长对本组成员的个人表现进行评价，占总成绩的50%，具体包括如下三个方面：①积极主动完成组长分配的设计工作任务，按时提交相关的设计工作成果，且设计内容完整、合理，格式规范。占总成绩的25%。②工作过程中能积极主动解决遇到的问题，能很好地与同学进行沟通协调，团结合作。占总成绩的15%。③实习总结能概括实训工作过程，言之有物。占总成绩的10%。

（2）教师评价 由指导教师对各组的实习成绩进行评价，占总成绩的50%，包括两方面的内容：①阶段性成果及汇报情况进行评价。要求设计内容正确、完整，格式规范；要求汇报者能代表全组同学，清楚明了的展示设计成果，并准确回答相关问题。占总成绩的35%。②对最终提交的设计图纸资料及设计说明进行评价，占总成绩的15%。

【参考文献】

高蕾. 2011. 城市街头绿地景观设计初探［D］. 西安：长安大学硕士学位论文.

谷康. 2003. 园林设计初步［M］. 南京：东南大学出版社.

李晓琼. 2008. 浅谈城市街头绿地景观设计［J］. 山西建筑，29：347-348.

刘滨谊. 2005. 城市滨水区景观规划设计［M］. 南京：东南大学出版社.

乔培杨. 2013. 城市街头绿地景观设计研究［D］. 太原：山西大学硕士学位论文.

闫国艳. 2009. 城市街头绿地景观规划设计中的互动性研究［D］. 济南：山东轻工业学院硕士学位论文.

杨赉丽. 2006. 城市园林绿地规划［M］. 北京：中国林业出版社.

赵元中. 1995. 街头绿地设计的一般思路与手法［J］. 浙江林学院学报，4：444-445.

朱亚楠. 2007. 街头绿地的景观设计［D］. 合肥：合肥工业大学硕士学位论文.

朱竹，吴素琴. 1995. 北京市街头绿地调查［J］. 中国园林，11（1）：37-44.

参考样例：以河北保定市容城县游园绿地景观设计——罗萨游园（河北容大园林设计有限公司设计）为例。该项目位于河北省容城县罗萨大街与金台路交叉口东南角，占地面积2846 m²。该设计采用规则式种植，以松柏类植物为主，乔灌草结合，营造复式群落结构，增加竖向变化的同时加强植物生态效益。设置中心广场，为周围居民提供一个集散、活动的空间，配以凌霄廊架、坐凳等设施，方便游人沟通交流、停留游赏。如图5-4、图5-5、图5-6所示。

任务2 道路景观设计

【任务介绍】道路景观设计是针对城市道路进行道路周边绿地的绿化设计。城市道路景观一方面展示城市风貌，另一方面是人们认识城市的重要视觉、感觉场所，是城市综合实力的直接体现，直观地反映着城市当时的政治、经济、文化总体水平及城市的特色，代表了城市的形象。

【任务目标】①了解道路绿地的概念与组成，可以做到对道路绿地进行全方位认识；②掌握道路景观设计的一般思路与手法、植物配置的方法与手法；③培养学生汇报课件的制作能力。

【教学设计】

本实训主要采用任务驱动教学法。①进行任务设计，教师提供某道路绿化改造或景

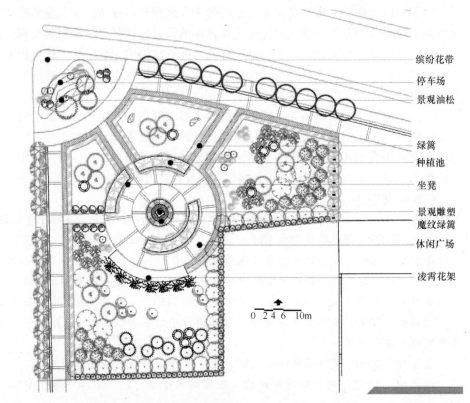

缤纷花带
停车场
景观油松

绿篱
种植池
坐凳

景观雕塑
魔纹绿篱
休闲广场

凌霄花架

0 2 4 6 10m

图 5-4　罗萨游园绿地景观设计（河北容大园林设计有限公司设计）

图 5-5　罗萨游园绿地节点效果图（河北容大园林设计有限公司设计）

图 5-6　罗萨游园绿地景观鸟瞰图（河北容大园林设计有限公司设计）

观方案设计基址图及相关资料，将该道路绿化景观设计（或道路改造景观设计）内容作为实训任务，深入了解各设计区域不同的景观要求。②任务组织实施，具体包括实习小组划分、调研报告、任务分析、任务执行几个方面，帮助学生了解道路景观设计的思路与手法，并在教师的指导下，以组为单位进行实例调研，分工协作，完成相关工作任务。③任务评价，包括学生个人自评、组内评价及教师指导下各组之间的互评。

【任务知识】

1.1.1　道路绿地的组成　道路绿地是指道路及广场用地范围内的可进行绿化的用地。分为道路绿带、交通岛绿地、广场绿地和停车场绿地。

（1）道路绿带　道路绿带是指道路红线范围内的带状绿地，道路绿带根据布设可分为分车绿带、行道树绿带和路侧绿带。

分车绿带是指布设在车行道之间可以绿化的分隔带，位于上下行机动车道之间的为中间分车带，位于机动车道和非机动车道之间或同向机动车道之间的为两侧分车绿带。

行道树绿带是布设在人行道和车行道之间，以行道树为主的绿带。

路侧绿带是指互通式立体交叉干道与匝道围合的绿化用地。

（2）交通岛绿地　交通岛绿地是指可绿化的交通岛用地。交通岛绿地分为中心岛绿地、导向岛绿地和立体交叉绿岛等。

中心岛绿地是指位于交叉路口上可绿化的中心岛绿地。

导向岛绿地指位于交叉路口上可绿化的导向岛绿地。

主体交叉绿岛是指互通式立体交叉干道与匝道围合的绿化用地。

（3）广场、停车场绿地　广场、停车场绿地是指广场停车场用地范围内的绿化用地，是以遮阴、防尘为主的种植带。

1.1.2　道路绿地断面形式　道路绿地的布置形式取决于城市道路的断面形式，通过准确地对道路断面的形式划分，可了解道路的应用功能并进行合理的景观设计。我国现有城市中道路可分为以下几种。

（1）一板二带式　这是一种最常见的绿化形式，中间是车行道，在车行道两侧的人行道上种植行道树。其优点是简单整齐，用地比较经济，管理方便。但在车行道过宽时行道树的遮阴效果较差，同时机动车辆与非机动车辆混合行驶，不利于组织交通。

（2）二板三带式　即分成单向行驶的两条车行道和两条行道树，中间以一条绿带分隔开。此种形式对城市面貌有较好的效果，同时车辆分为上下行，减少了行车事故发生。但由于不同车辆，不能分开行驶，还不能完全解决互相干扰的矛盾。

（3）三板四带式　用两条分隔带把车行道分成3块，中间为机动车道，两侧为非机动车道，连同车道两侧的行道树共为4条绿带。这种形式的优点是绿化量较大，生态效益好，景观层次丰富。虽然用地面积较大，但组织交通方便、安全，解决了机动车和非机动车混合行驶的矛盾。

（4）四板五带式　利用3条分隔带将车道分成4条，使机动车和非机动车均分成上下行，互不干扰，保证了行车速度和行车安全。

1.1.3　行车视线及净空要求　为保证行车的"安全视距"，在道路交叉口视距三角形范围内和弯道内侧的规定范围内种植的树木不应影响驾驶员的视线通透。

在道路弯道外侧沿边缘整齐、连续栽植树木能起到预告道路线形变化，引导驾驶员行车视线的功能。一般规定在视距三角形内布置植物时，其高度不得超过 0.70 m，宜选低矮灌木、丛生花草种植。

1.1.4 相关规范 《城市道路交通规划设计规范》（GB 50220—1995）、《城市道路绿化规划与设计范围》（CJJ 75—1997）及各城市道路绿化规划与设计相关性文件。

【任务实施条件】

测量用具、手工绘图工具、计算机辅助设计工具及某园林道路景观方案设计基址图及相关资料，每15～20名学生配1名指导教师。

【任务实施过程】

1 任务设计

教师或与企业联系，获取真实的道路景观设计项目，也可结合生产实践及教学需要，设计某道路景观设计题目，作为本实训任务。学生通过初步学习道路设计的理论知识，并根据任务内容进行多方案的调研学习。将调研内容整理总结后开始进行设计阶段，并完成相关任务内容。

2 任务实施

2.1 实习分组 本任务以组为单位进行。4～6人组成一个实习小组，要求组内成员之间沟通能力、学习能力、知识水平等方面能够互相取长补短，各实习小组之间各方面能力水平基本均衡。选定组长1名，负责本组成员之间分工协作、相互学习及设计成果的交流及组内自评工作。

2.2 任务展示 教师向学生展示某道路景观方案设计图及设计说明、道路景观设计任务书，帮助学生了解方案设计的主要内容及相关要求，明确道路景观设计的具体步骤、规范、内容及相关要求。

2.3 任务分析 教师引导学生对任务进行分析，明确完成任务要做哪些具体的工作，要如何做，并对道路景观设计的相关知识点进行深入学习领会；教师针对重点、难点问题进行讲解，以帮助学生具备初步的工作能力。

2.4 调研汇报 学生以组为单位进行相关任务的实地调研，分工协作，共同完成三个及以上的道路景观设计案例的调研，加深对道路绿地景观设计的理解。并将调研内容进行整理汇报，通过汇报交流取长补短，全面了解街头道路景观设计的形式与内容。

具体工作步骤如下。

1）调研不同形式的道路景观设计，对其因地制宜的平面构图进行分析探讨，并找出其中的不足。

2）分析道路景观设计中的功能需求与实施基础。

3）分析道路景观设计中对交通安全的要求，其满足对行车视线和行车净空的设计，进行思考与学习。

4）调查分析道路设计中对树种的要求，分析树种的适宜性和特色性。

2.5 任务执行 通过对理论知识的讲解和实地调研分析。学生以个人为单位完成教师布置的街头绿地景观设计任务图纸。

2.5.1 方案构思

（1）方案规划设计 道路景观相对于城市中的公园、广场、公共休闲地等景观而言，在空间特征上是带状空间；相对于静态点面空间，其最大特征是空间景观视觉成像速度的变化。因而道路规划设计应根据道路的不同形式与功能进行规划设计。在快速行车道路景观设计时，应注意节奏韵律的变化，注重尺度的应用。分车带的绿化也应与道路两旁绿化相结合，整体构思设计。

（2）多方案比较　　多方案的构思可以拓展设计思路，从不同角度考虑问题，从中进行分析、比较、选择，最终得出最佳方案。

2.5.2　方案的调整与深入　　道路景观绿化设计中，方案应注重整体层次的规划。在规划设计操作完善中，应先从宏观角度进行分析，再进行局部细致的调整。

2.5.3　方案表现　　要求完成一套完整的道路设计图纸。设计注重景观兴奋点的密度及体量、节奏变化、文化特色、美学特征等，在道路景观设计中要多造亮点。合理配置城市道路绿地中的各种园林植物，因树形、色彩、香味、季相等不同，在景观、功能上合理配置并生动地表现出来。尽量实现三季有花、四季常青，达到植物的多样统一，高低搭配错落有致。也应体现出结合地方的历史文化特点，别出心裁地设计具有地方特色的景观。

3　任务评价

教师组织全体同学以组为单位，对各组的工作成果进行汇报并答辩。其他同学听取汇报，并对汇报的设计成果进行提问、讨论；最终教师对设计成果及汇报答辩情况进行总体评价，并提出具体的意见或建议。继而组织学生进一步修改完善街头绿地景观设计图纸资料，并完成相关的设计说明。

【成果资料及要求】

以组为单位，提交道路景观设计相关图纸资料1份、设计说明1份。其中，图纸资料包括：总平面图、种植设计图（可酌情添加）、效果图（或鸟瞰图）、道路断面图。

要求设计内容完整、合理、符合相关设计规范；图示内容正确、符合有关制图规范；设计说明文通字顺，结合相关图纸资料，能充分表达设计意图。

以个人为单位，提交实习总结1份，要求1000字以上，能反映实训工作过程存在的问题或建议。

【任务考核方式及成绩评价标准】

本任务采用学生评价与教师评价相结合，阶段性评价与最终工作成果评价相结合的方式进行评价。

由组长对本组成员的个人表现进行评价，占总成绩的50%，具体包括如下三个方面：①积极主动完成组长分配的设计工作任务，按时提交相关的设计工作成果，且设计内容完整、合理，格式规范，占总成绩的25%。②工作过程中能积极主动解决遇到的问题，能很好地与同学进行沟通协调，团结合作，占总成绩的15%。③实习总结，占总成绩的10%。

由指导教师对各组的实习成绩进行评价，占总成绩的50%，包括两方面的内容：①阶段性成果及汇报情况进行评价。要求设计内容正确、完整，格式规范；要求汇报者能代表全组同学，清楚明了地展示设计成果，并准确回答相关问题，占总成绩的35%。②对最终提交的设计图纸资料及设计说明进行评价，占总成绩的15%。

【参考文献】

刘滨谊. 2005. 城市滨水区景观规划设计［M］. 南京：东南大学出版社.

吕元. 2001. 城市道路景观设计［D］. 北京：北京工业大学硕士学位论文.

潘春梅. 2012. 城市道路横断面优化设计理论与方法研究［D］. 西安：长安大学硕士学位论文.

杨赉丽. 2006. 城市园林绿地规划［M］. 北京：中国林业出版社.

姚阳，董莉莉. 2007. 城市道路景观设计浅析［J］. 重庆建筑大学学报，4：35-38.

赵岩，谷康. 2001. 城市道路绿地景观的文化底蕴［J］. 南京林业大学学报（人文社会科学版），2：58-61.

参考样例：以河北保定市容城县道路绿化改造设计（河北容大园林设计有限公司设计）的大水大街路段设计为参考样例，任务包含大水大街垂直路段及交叉路口景观设计。如图 5-7～图 5-11 所示。

任务 3　居住区绿地设计

【任务介绍】居住区绿地设计是指包括居住区公共绿地、宅旁绿地、公共服务设施所属绿地和道路绿地等区域的绿地景观设计。通过对居住区绿地的设计，在美化环境的同时，还可以满足居民日常的交流、休息和休闲娱乐的功能需求。为居民营造优美、舒适的生活环境。

【任务目标】①掌握居住区绿地景观设计的工作方法；②培养学生汇报课件的制作能力；③进一步培养学生语言表达能力、沟通协调能力、团队意识、工作能力及创新意识。

【教学设计】

本任务主要采用任务驱动教学法。①进行任务设计。教师提供某居住区绿地方案设计基址图及相关资料，明确各区域主要的使用及景观需要。②任务组织实施。具体包括实习小组划分、任务分析、调研报告、任务执行几个方面，帮助学生了解居住区绿地设计的思路与手法，并在教师的指导下，以组为单位进行居住区的实例调研，分工协作，完成相关工作任务。③对居住区绿地进行优劣评价，包括学生个人自评、组内评价及教师指导下各组之间的互评。

【任务知识】

1.1.1　居住区绿地的组成　　居住区绿地主要类型有：居住区公共绿地、宅旁绿地、公共服务设施所属绿地和道路绿地等。

（1）公共绿地　　居住区公共绿地，包括居住区公园（居住区级）、小区游园（小区级），以及儿童游戏场和其他块状、带状公共绿地等。

1）居住区公园面积较大，不低于 1 hm²，服务半径在 0.5～1.2 km。为全居住区居民就近使用，面积较大，是小型城市公园。

2）居住小区游园面积不小于 0.4 hm²，服务半径在 0.3～0.5 km，主要供居住区内居民就近使用。

3）居住组团绿地是最接近居民的公共绿地，以住宅组团内居民为服务对象，实际上是宅旁绿地的扩大或延伸，规模不小于 0.04 hm²，应结合居住建筑组团的不同组合而形成公共绿地。特别要设置老年人和儿童休息活动场所，往往结合住宅组团布置。

（2）宅旁绿地　　宅旁绿地，也称宅间绿地，是居住区中最基本的绿地类型，多指在行列式建筑前后、两排住宅之间的绿地，其大小和宽度决定于楼间距，一般包括宅前、

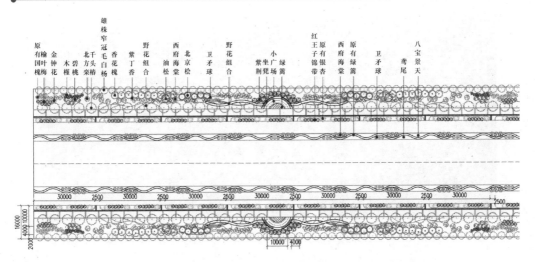

图 5-7　大水大街路段景观设计（河北容大园林设计有限公司设计）

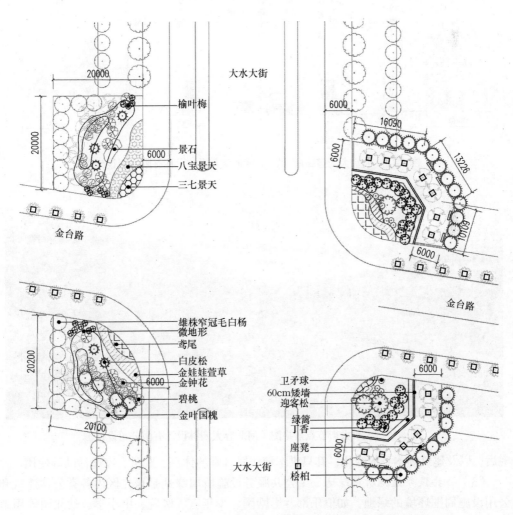

图 5-8　大水大街与金台路交叉口景观设计（河北容大园林设计有限公司设计）

图 5-9 大水大街与金台路交叉口景观设计鸟瞰图（河北容大园林设计有限公司设计）

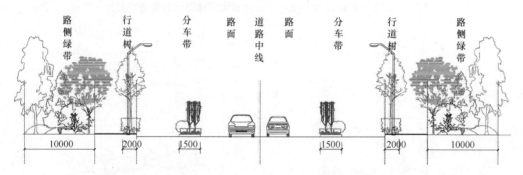

图 5-10 大水大街道路断面图（河北容大园林设计有限公司设计）

图 5-11 大水大街节点效果图（河北容大园林设计有限公司设计）

宅后，以及建筑物本身的绿化，其只供本幢居民日常的休息、观赏、家庭活动等使用。

（3）公共服务设施所属绿地 公共服务设施所属绿地是居住区内各类公共建筑和公用设施周围环境的绿地，如俱乐部、影剧院、少年宫、医院、中小学、幼儿园等用地的绿化用地。

（4）道路与道路绿地　　居住区道路可分为居住区道路、小区路、组团路和宅间小路四级。

1.1.2　居住区绿地规划原则

（1）统一规划、合理组织、分级布置、形成系统　　居住区绿地规划应与居住区同体规划统一考虑。应合理组织各种类型的绿地，结合居住区的空间布局结构形成居住区级、小区级、组团级等不同级别、层次清新的绿地体系。

（2）充分利用现状条件　　居住区绿地规划应充分利用现状条件，如地形、地貌、水体、原有构筑物等，以节约用地和投资。尽量利用劣地、坡地、洼地及水面作为绿化用地，特别要对古树名木加以保护。

（3）充分考虑居民的使用要求，突出"家园"特色　　居住区绿地规划应注重实用性，在充分了解居民生活行为规律及心理的基础上，为人们日常生活及休闲活动提供绿化空间，满足不同年龄层次居民的使用要求，形成亲切自然的景观，突出"家园"的环境特色。

（4）绿化以植物造景为主　　在居住区绿化应以植物造景为主，利用植物组织空间，改善环境小气候；植物配置应突出环境识别性，创造具有不同特色的居住区景观。

1.1.3　居住区绿地的定额指标

我国第一部城市规划技术法规《城市用地分类与规划建筑用地标准》规定：居住区绿地率为30%；人均公共绿地为 $3\ m^2$，其中居住区级公共绿地为人均 $2\ m^2$，小区级公共绿地为人均 $1\ m^2$。小区级公共绿地面积：小区中心游园面积＋居住生活单元组团绿地面积。建设部颁布的行业标准《城市居住区规划设计规范》中规定，新建居住区中绿地率不低于30%，旧区改造中不低于25%；居住小区公共绿地应不少于 $1\ m^2/$ 人，居住区应不少于 $1.5\ m^2/$ 人。

1.1.4　相关规范　　《城市居住区规划设计规范 GB 50180—1993》（2002 年版）。

【任务实施条件】

测量用具、手工绘图工具、计算机辅助设计工具及某园林绿地方案设计图及设计说明，每15～20名学生配1名指导教师。

【任务实施过程】

1　任务设计

教师提供某居住区绿地景观设计基址图及相关资料，作为本实训的工作任务。学生通过初步学习理论知识，并根据任务内容进行多方案的调研学习。将调研内容整理总结后开始进行设计阶段，并完成相关任务内容。

2　任务实施

2.1　实习分组　　本任务以组为单位进行。4～6 人组成一个实习小组，要求组内成员之间沟通能力、学习能力、知识水平等方面能够互相取长补短，各实习小组之间各方面能力水平基本均衡。选定组长 1 名，负责本组成员之间分工协作、相互学习及设计成果的交流及组内自评工作。

2.2　任务展示　　教师向学生展示某居住区绿地设计基址图及相关资料、居住区绿地设计任务书，帮助学生了解该居住区绿地景观方案设计的主要内容及相关要求，明确居住区绿地设计的具体步骤、规范、内容及相关要求。

2.3 任务分析 教师引导学生对任务进行分析，明确完成任务要做哪些具体的工作，要如何做，并对居住区绿地设计的相关知识点进行深入学习领会；教师针对重点、难点问题进行讲解，以帮助学生具备初步的工作能力。

2.4 调研汇报 学生以组为单位进行相关任务的实地调研，分工协作，共同完成三个及以上的居住区绿地案例和任务地块的调研，加深对居住区绿地设计的理解。并将调研内容进行整理汇报，通过汇报交流取长补短，全面了解居住区绿地设计的形式与内容。如条件允许，也可进行任务地块的实地考察。

具体工作步骤如下。

1）调研不同形式的居住区绿地设计，对其因地制宜的平面构图进行分析探讨，并找出其中的不足。

2）分析居住区绿地设计中的功能需求，满足居民日常生活的需要。

3）分析居住区绿地设计中对流线的要求，其满足对行车视线停车位的设计。

4）调查分析居住区绿地设计中对树种的要求，分析树种的适宜性和特色性。

5）调查设计地块的居民情况，包括居民人数、年龄结构、文化素质、共同习惯等。

2.5 任务执行

2.5.1 方案构思 设计中以居住区绿地规划指导思想及原则为准绳，并体现以人为本的设计思想，充分考虑不同年龄、各类职业群体的需求，尽量做到植物自然美与硬地人工美的结合。

2.5.2 方案设计 通过对理论知识的讲解和实地调研分析，学生以个人为单位完成教师布置的居住区绿地设计任务图纸。

（1）居住区绿地规划设计 居住区绿地设计应进行统一规划，并根据绿地性质进行不同功能的细部设计。

（2）公共设施所属绿地 居住区公共服务设施，指居住区内除居住建筑以外、与居民生活配套服务性建筑的其他建筑，应包括教育、医疗卫生、文化体育、商业服务、金融电信、社区服务、市政公用和行政管理及其他8类设施。根据其使用功能、性质、特点的不同，进行不同的绿化。

（3）道路绿地设计

1）居住区级道路。居住区级道路为居住区的主要道路。绿化设计时，在道路交叉口及转弯处必须留出安全视距。行道树要考虑行人的遮阴，并且不影响车辆通行。

2）居住小区级道路。居住小区级道路是联系居住区各组成部分的道路。车行宽度一般不小于7 m。

3）居住组团级道路。一般以通行自行车和人行为主，绿化与建筑的关系较密切，还需满足救护、消防、清运垃圾、搬运等要求，路面宽度一般为4～6 m。

4）宅间小路。宅间小路是通向各住户或各单元入口的道路，主要供人行，一般宽度为2.5～3 m，视住宅层数而定。

2.5.3 多方案比较 多方案的构思可以拓展设计思路，从不同角度考虑问题，从中进行分析、比较、选择，最终得出最佳方案。

2.5.4 方案的调整与深入 居住区方案设计调整过程中更应注重"以人为本"的原则，当方案的规划、流线、功能分区等无误，设施达到人性化标准后，即刻进行深入设计。

2.5.5　方案表现　　方案表现要求具有完整明确、美观得体的特点，居住区的绿化设计中，完成全套的设计。将居民居住的环境以正确的视角充分展现出来，表达方案设计的立意构思、空间形象及气质特点。

3　任务评价

教师组织全体同学以组为单位，派代表对各组的工作成果进行汇报并答辩。其他同学听取汇报，并对汇报的设计成果进行提问、讨论；最终教师对设计成果及汇报答辩情况进行总体评价并提出具体的意见或建议。继而组织学生进一步修改完善街头绿地景观设计图纸资料，并完成相关的设计说明。

【成果资料及要求】

以组为单位，提交居住区景观设计相关图纸资料1份、设计说明1份。其中，图纸资料包括：居住区绿地景观设计总平面图、种植设计图（可酌情取舍）、效果图（或鸟瞰图）。

要求设计内容完整、合理、符合相关设计规范；图示内容正确、符合有关制图规范；设计说明文通字顺，结合相关图纸资料，能充分表达设计意图。

以个人为单位，提交实习总结1份，要求1000字以上，要求内容充实、言之有物。

【任务考核方式及成绩评价标准】

本任务采用学生评价与教师评价相结合，阶段性评价与最终工作成果评价相结合的方式进行评价。

（1）组长评价　　由组长对本组成员的个人表现进行评价，占总成绩的50%，具体包括如下两个方面：①积极主动完成组长分配的设计工作任务，按时提交相关的设计工作成果，且设计内容完整、合理，格式规范，占总成绩的35%。②工作过程中能积极主动解决遇到的问题，能很好地与同学进行沟通协调，团结合作，占总成绩的15%。

（2）教师评价　　由指导教师对各组的实习成绩进行评价，占总成绩的50%，包括三方面的内容：①阶段性成果及汇报情况进行评价。要求设计内容正确、完整，格式规范；要求汇报者能代表全组同学，清楚明了的展示设计成果，并准确回答相关问题，占总成绩的25%。②对最终提交的设计图纸资料及设计说明进行评价，占总成绩的15%。③实习总结，占总成绩的10%。

【参考文献】

常娇. 2013. 郑州市居住区绿地植物群落空间结构的研究［D］. 郑州：河南农业大学硕士学位论文.

李军成. 2012. 基于绿视率的重庆新建城市道路绿化设计模式研究［D］. 重庆：西南大学硕士学位论文.

刘滨谊. 2005. 城市滨水区景观规划设计［M］. 南京：东南大学出版社.

孟欣慧. 2006. 菏泽城区道路绿地现状调查及规划设计研究［D］. 泰安：山东农业大学硕士学位论文.

徐文辉. 2007. 城市园林绿地系统规划［M］. 武汉：华中科技大学出版社.

杨赉丽. 2006. 城市园林绿地规划［M］. 北京：中国林业出版社.

参考样例：以山东临沂市盛世沂城居住区景观设计（河北容大园林设计有限公司设计）为参考样例，如图5-12～图5-17所示。

图 5-12　盛世沂城居住区景观设计效果图（河北容大园林设计有限公司设计）

五组团
1、总平面图

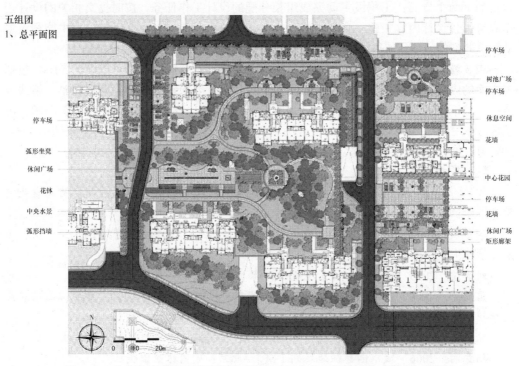

图 5-13　盛世沂城居住区景观设计平面图（河北容大园林设计有限公司设计）

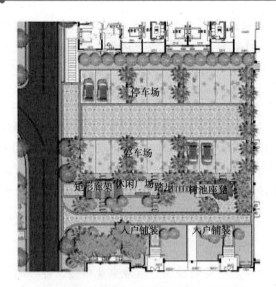

图 5-14　盛世沂城居住区五组团停车场设计
（河北容大园林设计有限公司设计）

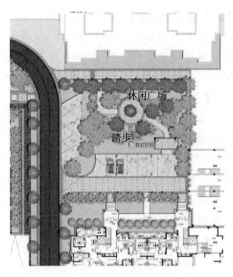

图 5-15　盛世沂城居住区六组团停车场
设计（河北容大园林设计有限公司设计）

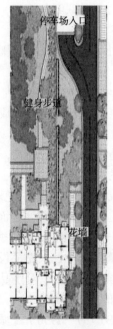

图 5-16　盛世沂城居住区道路
景观设计平面图
（河北容大园林设计有限公司设计）

图 5-17　盛世沂城居住区道路景观设计效果图
（河北容大园林设计有限公司设计）

任务 4　机关单位办公楼前绿地设计

【任务介绍】机关单位办公楼前绿地也是城市园林绿地系统的重要组成部分，良好的景观设计，可为工作人员创造良好的户外活动环境，也是机关单位乃至整个城市管理水平、文明程度、文化品位、面貌和形象的体现。美观大气是办公楼前绿地设计追求的目标。

【任务目标】 ①掌握机关单位办公楼前绿地景观设计的工作方法，进一步掌握植物配置的工作方法；②培养学生汇报课件的制作能力；③了解任务驱动教学法在园林专业课程教学中的应用；④进一步培养学生语言表达能力、沟通协调能力、团队意识、工作能力及创新意识。

【教学设计】

本任务主要采用任务驱动教学法。①进行任务设计。教师提供某机关单位楼前绿地设计基址图及相关资料，作为本实训的工作任务，设计内容为其中办公楼前绿地。②任务组织实施，具体包括实习小组划分、调研报告、任务分析、任务执行几个方面，帮助学生了解机关单位办公楼前绿地设计的思路与手法，并在教师的指导下，以组为单位进行实例调研，分工协作，完成相关工作任务。③任务评价。包括学生个人自评、组内评价及教师指导下各组之间的互评。

【任务知识】

1.1.1 机关单位绿地的概念 机关单位绿地是指党政机关、行政事业单位、各种团体及部队用地范围内的环境绿地，也是城市园林绿地系统的重要组成部分。机关单位办公楼前绿地则是其中的一个重要组成部分，指的是机关单位主要建筑物前的绿地，主要指大门到主体建筑物之间的绿化用地。办公楼前绿地是机关单位对外联系的枢纽，是机关单位绿化设计最为重要的部位。

办公楼前绿地可分为办公楼前装饰性绿地、办公楼入口处绿地及办公楼周围的基础绿地。

1.1.2 机关单位办公楼前绿地设计方法 办公楼前绿地设计主导思想应以简洁、大方、便民、体现建筑设计风格为原则，使绿化和建筑相互融合，相辅相成，使环境成为办公文化的延续。其设计特点有以下几方面。

1）充分发挥绿地效益，为满足厂区员工的不同要求创造一个幽雅的环境，美化环境、陶冶情操，坚持"以人为本"，充分体现现代生态环保型的设计思想。

2）植物配置以乡土树种为主，疏密适当，高低错落，形成一定的层次感；色彩丰富，主要以常绿树种作为"背景"，四季不同花色的花灌木进行搭配。尽量避免裸露地面，广泛进行垂直绿化，以及用各种灌木和草本类花卉加以点缀，使厂区达到四季常绿、三季有花。

3）办公楼道路力求通顺、流畅、方便、实用。并适当安置园林小品，小品设计力求在造型、颜色、做法上有新意，使之与建筑相适应。周围的绿地不仅可以对小品起到延伸和衬托，又独立成景，使全区的绿地形成以集中绿地为中心的绿地体系。

1.1.3 相关规范 《城市用地分类与规划建设用地标准》（GBJ 137—1990）；《城市绿化规划建设指标的规定》（1993）。

【任务实施条件】

测量用具、手工绘图工具、计算机辅助设计工具及某机关单位楼前绿地设计基址图及相关资料，每15~20名学生配1名指导教师。

【任务实施过程】

1 任务设计

教师提供某单位办公楼前绿地设计基址图及相关资料，作为本实训的工作任务。学生通过初步学习机关单位办公楼前绿地理论知识，并根据任务内容进行针对机关单位绿地的调研学习。将调研内容整理总结后开始进行设计阶段，并完成相关任务内容。

2 任务实施

2.1 实习分组 本任务以组为单位进行。4~6人组成一个实习小组，要求组内成员之间沟通能力、学习能力、知识水平等方面能够互相取长补短，各实习小组之间各方面能力水平基本均衡。选定组长1名，负责本组成员之间分工协作、相互学习及设计成果的交流及组内自评工作。

2.2 任务展示 教师向学生展示某单位办公楼前绿地景观方案设计基址图及相关资料、本实训景观设计任务书，帮助学生了解该单位办公楼楼前绿地景观设计的主要用途及相关要求，明确机关单位办公楼前绿地景观设计的具体步骤、规范、内容及相关要求。

2.3 任务分析 教师引导学生对任务进行分析，明确完成任务要做哪些具体的工作，要如何做，并对机关单位办公楼前绿地景观设计的相关知识点进行深入学习领会；教师针对重点、难点问题进行讲解，以帮助学生具备初步的工作能力。

2.4 任务执行

2.4.1 调研汇报 学生以组为单位进行相关任务的实地调研，分工协作，共同完成三个及以上的机关单位办公楼前绿地案例的调研，加深对机关单位办公楼前绿地景观设计的理解。并将调研内容进行整理汇报，通过汇报交流取长补短，全面了解机关单位办公楼前绿地景观设计的形式与内容。

具体工作步骤如下。

1) 调研不同形式的机关单位办公楼前绿地景观设计，对其因地制宜的平面构图进行分析探讨，并找出其中的不足。

2) 分析机关单位办公楼前绿地景观设计中不同区域的功能需求与实施基础。

3) 分析机关单位办公楼前绿地景观设计中对流线的要求。

4) 调查分析机关单位办公楼前绿地景观设计中对树种配置的要求，分析树种的适宜性和特色性。

2.4.2 方案构思 办公楼前绿地设计遵循简洁、大方、便民；体现建筑设计风格的原则，达到绿化和建筑相互融合，相辅相成，使环境成为办公文化的延续。办公楼前绿地通常以封闭型为主，主要对办公楼起装饰性作用。其布局形式要根据办公楼及楼前广场的平面形状及用途加以规划，可规则式、自然式或混合式布置。

（1）功能性设计 办公楼前绿地可根据功能性不同，进行不同的设计。

1) 办公楼前装饰性绿地。一般情况下，在大门入口至办公楼前，根据空间和场地大小，往往规划成广场，供人流交通集散和停车，绿地位于广场两侧。

2) 办公楼入口处绿地。办公楼入口处绿地应以规整性设计为主，简洁且不阻挡交通视线。

3) 办公楼周围基础绿带。办公楼周围基础绿带，位于楼与道路之间，呈条状，既美化衬托建筑，又进行隔离，保证室内安静，还是办公楼与楼前绿地的衔接过渡。绿化设计应简洁明快，绿篱围边，富有装饰性作用。

（2）植物配置设计 办公楼前装饰性绿地的植物选择可根据当地特有树种进行具有

文化特色的配置设计，可选用草坪铺底，绿地围边，点缀常绿树和花灌木，低矮开敞；或做成模纹图案，富有装饰效果；办公楼入口处绿地应结合台阶设花台或花坛；办公楼周围基础绿带植物配置应低矮、开敞、整齐，富有装饰性，高大乔木要离建筑物 5 m 以外种植。

2.4.3 多方案比较 多方案的构思可以拓展设计思路，从不同角度考虑问题，从中进行分析、比较、选择，最终得出最佳方案。

2.4.4 方案的调整与深入 方案调整阶段要针对特有性质的机关单位来调整设计的主题，确保流线通畅，办公区域与活动区域是否分离。避免出现布局过于小气、杂乱的景观，而使单位形象不佳的现象。

确保设计原则、流线、分区等无误后，进一步进行细部的设计。在对方案深入设计之后，使其达到可施工的标准。

2.4.5 方案表现 机关单位办公楼前绿地的表现，应注重其平面设计的表达。平面设计与效果应简洁大方，以优雅大方的景观体现机关单位的美好形象。

3 任务评价

教师组织全体同学以组为单位，对各组的工作成果进行汇报并答辩。其他同学听取汇报，并对汇报的设计成果进行提问、讨论；最终教师对设计成果及汇报答辩情况进行总体评价并提出具体的意见或建议。继而组织学生进一步修改完善该单位办公楼前绿地景观设计图纸资料，并完成相关的设计说明。

【成果资料及要求】

以组为单位，提交机关单位办公楼前绿地景观设计相关图纸资料 1 份、设计说明 1份。其中，图纸资料包括：某机关单位办公楼前绿地景观设计平面图、种植设计图、效果图（或鸟瞰图）。

要求设计内容完整、合理、符合相关设计规范；图示内容正确、符合有关制图规范；设计说明文通字顺，结合相关图纸资料，能充分表达设计意图。

以个人为单位，提交实习总结 1 份，要求 1000 字以上，能概括总结实训工作过程、实训中存在的问题、个人对实训工作的建议等。

【任务考核方式及成绩评价标准】

本任务采用学生评价与教师评价相结合，阶段性评价与最终工作成果评价相结合的方式进行评价。

（1）小组自评 由组长对本组成员的个人表现进行评价，占总成绩的 50%，具体包括如下两个方面：①积极主动完成组长分配的设计工作任务，按时提交相关的设计工作成果，且设计内容完整、合理，格式规范，占总成绩的 35%。②工作过程中能积极主动解决遇到的问题，能很好地与同学进行沟通协调，团结合作，占总成绩的15%。

（2）教师评价 由指导教师对各组及全体学生的实习成绩进行评价，占总成绩的50%，包括三方面的内容：①对各组阶段性成果及汇报情况进行评价。要求设计内容正确、完整，格式规范；要求汇报者能代表全组同学，清楚明了的展示设计成果，并准确回答相关问题，占总成绩的 25%。②对各组最终提交的设计图纸资料及设计说明进行评价，占总成绩的 15%。③对学生的实训总结进行评价，占总成绩的 10%。

【参考文献】

梁永基. 2003. 机关单位园林绿地设计 ［M］. 北京：中国林业出版社.

刘滨谊. 2005. 城市滨水区景观规划设计 ［M］. 南京：东南大学出版社.

徐文辉. 2007. 城市园林绿地系统规划 ［M］. 武汉：华中科技大学出版社.

杨赉丽. 2006. 城市园林绿地规划 ［M］. 北京：中国林业出版社.

参考样例：本任务参考样例为河北安国市祁州酒厂景观设计（河北容大园林设计有限公司设计）。该项目位于河北省安国市城南安光中大街 2 号，设计主要围绕河北祁州酒业有限责任公司厂区入口大门、道路绿化、浮雕墙、游园绿地等景观设计，厂区内办公楼前的绿地，则为其单位附属绿地。该设计以"宁静、绿色、文化"为主题，办公楼前由停车位、旗杆、文化景墙、景观水池四部分组成。入口中央设旗杆，四周为林荫停车场，还配有灰白色景墙。设计简洁大方，以广场为主，方便交通通行与工作人员使用。具体见图 5-18～图 5-20。

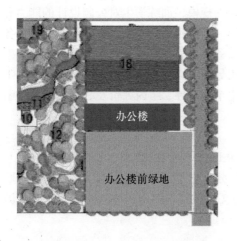

图 5-18　祁州酒厂办公楼前绿地景观设计总平面图（河北容大园林设计有限公司设计）

图 5-19　祁州酒厂办公楼前绿地景观平面设计效果图（河北容大园林设计有限公司设计）

图 5-20　祁州酒厂办公楼前绿地景观设计平面效果图（河北容大园林设计有限公司设计）

任务 5　中小型公园绿地设计

【任务介绍】中小型公园绿地设计是指对城市公园进行规划设计，为城市居民提供的、有一定使用功能的休闲游憩生活境域，营造城市的绿色基础设施。根据公园绿地的性质、规模、发展方向、空间布局等要求进行合理的规划设计，来满足城市与游人功能和审美要求的相关活动。

【任务目标】①掌握根据公园的区位，进行入口与道路布局设计的工作方法；②掌握根据城市公园规划的功能需求，进行合理的功能分区的工作方法；③进一步掌握公园景观设计的一般思路与手法、植物配置的方法与手法。

【教学设计】

本任务主要采用任务驱动教学法。①进行任务设计，教师提供某中小型公园景观设计基址图及相关资料为实训任务，公园大小要有一定的规模，训练学生对公园设计的能力和尺度的把握，将公园总体规划与节点设计相协调统一，达到理论与实践的相结合。②任务组织实施，具体包括实习小组划分、调研报告、任务分析、任务执行几个方面，帮助学生了解中小型公园设计的思路与手法，并在教师的指导下，以组为单位进行实例调研，分工协作，完成相关工作任务。③任务评价，包括学生个人自评、组内评价及教师指导下各组之间的互评。

【任务知识】

1.1.1　中小型公园　　中小型公园面积不大于 20 hm^2，公园的类型也是多样的。其中，综合性中小型公园是城市公园系统的重要组成部分，它不仅为城市提供大面积的绿地，而且具有丰富的户外游憩活动内容，是群众性的文化教育、娱乐、休息的场所，并对城市面貌、环境保护、社会生活起着重要的作用。

1.1.2　公园道路形式

（1）主干道　　全园主道，通往公园各大区、主要建筑设施、风景点。路宽 4～6 m，纵坡 8% 以下，横坡 1%～4%。

主要园路应具有引导游览的作用，易于识别方向。游人大量集中地区的园路要做到明显、通畅、便于集散。通行养护管理机械的园路宽度应与机具、车辆相适应。通向建筑集中地区的园路应有环形路或回车场地。生产管理专用路不宜与主要游览路交叉。

（2）次干道　　公园各区内的主道，引导游人到各景点、专类园，自成体系，自组织景观，对主路起辅助作用。宽 2～4 m，纵坡 18% 以下，横坡 1%～4%。

（3）游览步道　　为游人散步使用，宽 1～2 m，纵坡 18% 以下，横坡 1%～4%。

（4）专用道　　多为园务管理使用，在园内与游览路分开，并应减少交叉，以免干扰游览。

1.1.3　相关规范　　《城市用地分类与规划建设用地标准》（GBJ 137—1990）；《城市绿化规划建设指标的规定》（1993），以及各城市公园绿化规划与设计相关性文件。

【任务实施条件】

测量用具、手工绘图工具、计算机辅助设计工具及某园林绿地方案设计图及设计说明，每 15～20 名学生配 1 名指导教师。

【任务实施过程】

1　任务设计

　　教师提供某中小型公园设计基址图及相关资料，作为本实训的工作任务。学生通过初步学习中小型公园的理论知识，并根据任务内容进行针对中小型公园的调研学习。将调研内容整理总结后开始进行设计阶段，并完成相关任务内容。

2　任务实施

2.1　实习分组　　本任务以组为单位进行。4～6人组成一个实习小组，要求组内成员之间沟通能力、学习能力、知识水平等方面能够互相取长补短，各实习小组之间各方面能力水平基本均衡。选定组长1名，负责本组成员之间分工协作、相互学习及设计成果的交流及组内自评工作。

2.2　任务展示　　教师向学生展示任务设计基址图及相关资料，提供公园景观设计实训任务书，帮助学生了解方案设计的主要内容及相关要求，明确中小型公园景观设计的具体步骤、规范、内容及相关要求。

2.3　任务分析　　教师引导学生对任务进行分析，明确完成任务要做哪些具体的工作，要如何做，并对中小型公园景观设计的相关知识点进行深入学习领会；教师针对重点、难点问题进行讲解，以帮助学生具备初步的工作能力。

2.4　任务执行

2.4.1　调研汇报　　学生以组为单位进行相关任务的实地调研，分工协作，共同完成三个及以上的中小型公园案例的调研，加深对中小型公园景观设计的理解。并将调研内容进行整理汇报，通过汇报交流取长补短，全面了解中小型公园景观设计的形式与内容。

　　具体工作步骤如下。

　　1）调研不同形式的中小型公园景观设计，对其因地制宜的平面构图进行分析探讨，并找出其中的不足。

　　2）分析公园景观设计中的功能需求与实施基础。

　　3）分析公园景观设计中对交通安全的要求，其满足对行车视线和行车净空的设计，进行思考与学习。

　　4）调查分析公园设计中对树种的要求，分析树种的适宜性和特色性。

2.4.2　方案构思

　　（1）方案立意　　立意相当于文章主题思想，占有举足轻重的地位，方案构思的优劣能决定整个设计的成败。构思的方法有很多，可以直接从大自然中汲取养分，获得设计素材和灵感，提高方案构思能力。也可以发掘与设计有关的素材，并用隐喻、联想等手段加以艺术表现。

　　（2）方案构思与布局　　公园方案构思的切入点是多样的，应该充分利用基地条件，从功能、形式、空间形式、环境入手，运用多种手法形成一个方案的雏形。在具体方案设计中，可以同时从功能、环境、经济、结构等多个方面进行构思，或者是在不同的设计构思阶段选择不同的侧重点，这样能保证方案构思的完善和深入。

　　公园的布局是在园林艺术理论指导下对所处空间进行巧妙、合理、协调、系统的安排，目的在于构成既完整又开放的美好境界。可根据需要进行规则式、自然式和混合式的布局。

（3）功能分区　　根据公园的活动内容，应进行分区布置。一般可分为文化娱乐区、观赏游览区、安静休息区、儿童活动区、体育活动区、园务管理区等。

公园内功能分区的划分，要因地制宜，防止生硬划分。对面积较大的公园，主要是使各类活动方便，互不干扰；对面积小的公园，分区困难的，应从活动内容方面做整体的合理安排。

（4）景观分区　　景观分区要使公园的风景与功能使用要求配合，增强功能要求的效果；但景区不一定与功能分区的范围一致，有时需要交错布置，常常是一个功能区中包括一个或更多个景区，形成一个功能区中不同的景色。

（5）园路规划　　公园道路是公园的组成部分，联系着不同功能分区、建筑物、活动设施、景点，起着组织空间、引导游览等作用。同时它也是公园景观、骨架、脉络、景点纽带、构景的要素。公园道路大致分为主干道、次干道和游步道。

（6）植物规划　　根据功能区域的不同，植物应采用合理的布置，以达到个不同分区的功能需求。

（7）竖向规划　　地形设计最主要的是解决公园为造景的需要所要进行的地形处理。一般而言，规则式的地形设计主要是应用直线和折线，创造不同高程的平面层，水体、广场等的性状多为长方形、正方形、圆形或椭圆形，其标高基本相同。自然式的地形设计，要根据公园用地的地形特点，创造地形多变、起伏不平的山林地或缓坡地。

2.4.3 多方案比较　　多方案的构思可以拓展设计思路，从不同角度考虑问题，从中进行分析、比较、选择，最终得出最佳方案。

2.4.4 方案的调整与深入设计

（1）方案的调整　　方案调整阶段主要任务是解决多方案分析、比较过程中所发现的矛盾与问题，并弥补设计缺陷。对方案的调整应控制在适度的范围内，力求不影响或改变原有方案的整体布局和基本构思，并能进一步提高方案已有的优势水平。

在整体布局中，对于主要公园的交通噪声以实体性的墙、地形为主要隔挡手段，次要公园及其他有碍观瞻的周围环境用植物材料隔离。对于空间进行划分，空间之间有较紧凑的联系，各空间在视线上应有较强的联系或引导。

（2）方案的深入设计　　在进行方案调整的基础上，进行方案的深入设计。深化阶段要落实具体的设计要素的位置、尺寸及相互关系，准确无误地反映到平、立、剖及总图中来。并且要注意核对方案设计的技术经济指标，如建筑面积、铺装面积、绿化率等。

2.4.5 方案表现　　公园方案表现要求具有完整明确、美观得体的特点，充分展现方案设计的立意构思、空间形象及气质特点。

3　任务评价

教师组织全体同学以组为单位，派代表对各组的工作成果进行汇报并答辩。其他同学听取汇报，并对汇报的设计成果进行提问、讨论；最终教师对设计成果及汇报答辩情况进行总体评价并提出具体的意见或建议。继而组织学生进一步修改完善公园绿地景观设计图纸资料，并完成相关的设计说明。

【成果资料及要求】

以个人为单位，提交公园景观设计相关图纸资料 1 份、设计说明 1 份。其中，图纸资料包括：总平面图、种植设计图、竖向设计断面图（可酌情取舍）、建筑小品施工图、效果图（或鸟瞰图）、竖向设计图。

要求设计内容完整、合理、符合相关设计规范；图示内容正确、符合有关制图规范；设计说明文通字顺，结合相关图纸资料，能充分表达设计意图。

以个人为单位，提交实习总结 1 份，要求 1000 字以上，能概括实训工作过程，内容充实，言之有物。

【任务考核方式及成绩评价标准】

本任务采用学生评价与教师评价相结合，阶段性评价与最终工作成果评价相结合的方式进行评价。

（1）小组评价　　由组长对本组成员的个人表现进行评价，占总成绩的 50%，具体包括如下两个方面：①积极主动完成组长分配的设计工作任务，按时提交相关的设计工作成果，且设计内容完整、合理，格式规范，占总成绩的 35%。②工作过程中能积极主动解决遇到的问题，能很好地与同学进行沟通协调，团结合作，占总成绩的 15%。

（2）教师评价　　由指导教师对各组的实习成绩进行评价，占总成绩的 50%，包括三方面的内容：①对各组阶段性成果及汇报情况进行评价。要求设计内容正确、完整，格式规范；要求汇报者能代表全组同学，清楚明了的展示设计成果，并准确回答相关问题，占总成绩的 25%。②对各组最终提交的设计图纸资料及设计说明进行评价，占总成绩的 15%。③对学生个人提交的实习总结，占总成绩的 10%。

【参考文献】

刘滨谊. 2005. 城市滨水区景观规划设计 [M]. 南京：东南大学出版社.

刘扬. 2010. 城市公园规划设计 [M]. 北京：化学工业出版社.

徐文辉. 2007. 城市园林绿地系统规划 [M]. 武汉：华中科技大学出版社.

杨赉丽. 2006. 城市园林绿地规划 [M]. 北京：中国林业出版社.

参考样例：本参考样例为河北保定市容城县三贤文化主题公园景观设计，见图 5-21～图 5-27。

图 5-21　三贤文化主题公园总平面图（由河北容大园林设计有限公司设计）

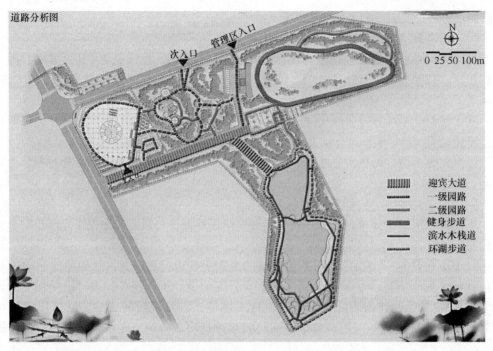

图 5-22　三贤文化主题公园道路分析图（由河北容大园林设计有限公司设计）

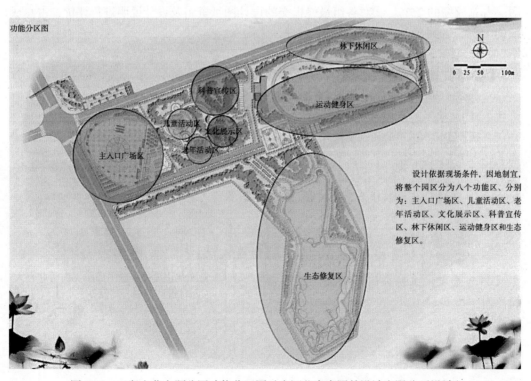

图 5-23　三贤文化主题公园功能分区图（由河北容大园林设计有限公司设计）

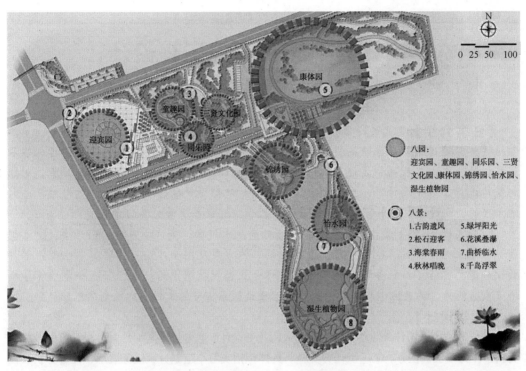

图 5-24 三贤文化主题公园景观分区图（由河北容大园林设计有限公司设计）

图 5-25 三贤文化主题公园主入口广场设计平面
图（由河北容大园林设计有限公司设计）

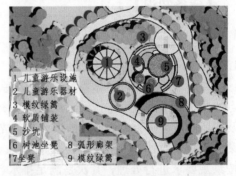

图 5-26 三贤文化主题公园儿童活动区设计
平面图（由河北容大园林设计有限公司设计）

图 5-27 三贤文化主题公园景观设计效果图（由河北容大园林设计有限公司设计）

园林绿地工程设计

任务 1 园林绿地竖向设计

【任务介绍】 竖向设计是指在一块场地上进行垂直于水平方向的布置和处理。主要包括园林绿地道路广场系统高程设计、植物种植区高程设计、水景工程高程设计、建筑高程设计、假山工程高程设计及其他园林小品高程设计，并在竖向设计的基础上，对绿地整体进行土方平衡计算、土方调配设计，以对地形设计的合理性进行评估与校正。科学合理的竖向设计，对丰富园林绿地景观，控制工程成本有着重要的意义。

【任务目标】 ①掌握园林绿地竖向设计的基本规律、设计要点及图示方法；②掌握园林绿地土方平衡计算、调整及土方调配的工作方法及图示方法；③培养学生汇报课件的制作能力；④了解任务驱动教学法在园林专业课程教学中的应用；⑤进一步培养学生语言表达能力、沟通协调能力、团队意识、理论联系实际的工作能力及创新意识。

【教学设计】

本任务主要采用任务驱动教学法。①进行任务设计。教师提供某绿地景观设计方案及相关资料，作为本实训任务。②组织任务实施。具体包括实习小组划分、任务展示、任务分析、任务执行几个方面。③任务评价。包括学生个人自评、组内评价及教师指导下各组之间的互评。

【任务知识】

1 竖向设计

1.1.1 道路广场系统竖向设计

（1）工作内容与总体要求 道路系统竖向设计是对道路的起始点、转折点、变坡点的高程及道路坡度进行设计；广场系统竖向设计是对广场中心位置、周边位置的高程及广场的坡度进行设计。具体设计时首先要了解园林绿地景观设计方案的设计意图，对某些从景观设计、植物种植需要等角度，需要抬高、降低或坡度方面有特殊要求的区域按景观要求进行处理；其次是满足排水、安全及功能方面的需要，机动车道、人行道、广场、停车场、运动场、儿童游戏场等设计坡度合乎有关规定；最后就是尽可能接近原地形，即因地制宜，以尽可能减少土方工程量。

（2）道路坡度要求 从满足排水要求出发，铺装路面坡度应不小于0.5%，无铺装路面最小坡度不小于1%；从使用方便与安全方面考虑，人行道纵坡坡度以小于5%为宜，当坡度大于8%时，游人行走费力，宜采用踏级。道路交叉口的纵坡坡度应小于2%，以保证主要交通的平顺。

（3）广场及运动场地坡度要求 广场坡度以0.3%～3%为宜，其中坡度在0.5%～1.5%时最佳；儿童游戏场的坡度应在0.3%～2.5%；停车场和运动场的坡度为0.2%～0.5%。

（4）图示方法 对于道路，一般需要标注道路起始点、转折点、变坡点的高程，对于广场，需要标注广场中心点、周边转折点或转向点的高程、排水方向、排水坡度，对于较小面积的广场，也可以只标注中心点高程及周边转折点或转向点的高程。对于较为宽阔的广场，也可以用等高线表示其各部位的高程。

1.1.2 水体工程竖向设计 水体工程竖向设计包括水体的最高水位、常水位和最低水位（如靠人工补给水源，可只设计水体的常水位）。水体的常水位与岸顶高度差应控制 0.3 m 左右，不宜超过 0.5 m；溢水口下沿标高应与水体设计的最高水位一致。水体深度应随不同要求而定，栽植水生植物及营造人工湿地时，水深宜为 0.1～1.2 m。城市开放绿地内，水体岸边 2 m 范围内的水深不得大于 0.7 m；当达不到此要求时，必须设置安全防护设施。

1.1.3 植物种植区竖向设计 植物种植区竖向设计要将各种景观在高程上的变化要求与排水要求、植物生长需要相结合。用于种植的平地，坡度在 1%～3%；疏林草地，坡度在 3%～6%；种植草皮的陡坡地，坡度可在 25%～30%；坡度在 25%～50% 的陡坡，可种植树木；同时，要合理划分汇水区域，正确确定径流方向，满足排水方面的需要。

图示方法。植物种植区竖向设计一般用等高线进行表示，对于某些面积较小，或地面较平坦的区域，也可以用标注特殊点高程位置的方法进行表示。

1.1.4 建筑及其他园林小品竖向设计 建筑及其他小品的高程，要因地制宜，合理设计，要明确其与地坪及周围环境的高程关系，保障排水通畅。在大比例尺地形图上应标注各角点标高及室外地坪标高，在水边的建筑或小品，应标注其与水体的关系。

2 土方工程量计算

土方工程量的计算方法主要有方格网法、估算法、断面法。本任务只对方格网法进行介绍。工作步骤包括：方格网绘制、方格网点原地形高程与设计高程确定、施工标高计算、零点线确定、土方工程量计算几个方面。

1）方格网边长取决于计算精度和地形变化的复杂程度，一般为 20～40 m，复杂区域可取 10～20 m。

2）原地形标高可根据地形图上的等高线或根据等高线按插入法求得。

3）设计地形标高可按设计坡度、距离，或根据设计地形等高线高程或根据设计地形等高线按插入法求得。

4）施工标高。施工标高值为原地形标高与设计标高之差。得数为正值表示挖方，得数为负值时，表示填方。施工标高标注在角点左上角。

5）零点线是不填不挖的零点连接而成的连线，是挖方和填方区域的界线，是土方计算的重要依据之一，零点位置的计算公式为

$$X = \frac{h_1}{h_1 + h_3} \times a$$

式中，X 为零点距 h_1 一端的水平距离（m）；h_1、h_3 为方格相邻两角点施工标高绝对值（m）；a 为方格边长（m）。

根据以上计算结果，可以绘制园林绿地挖填方区划图。

6）土方工程量计算是根据各网格的具体形式，选用适当的计算公式，计算出每个方格网的填方、挖方的工程量，综合得到整个施工区域的土方工程量。

3 土方平衡

一般情况下，施工区域内挖方、填方工程量应相对基本平衡。如果在竖向设计初步

完成后，设计区域内填方、挖方量之间的差值超过一定限度，应对竖向设计进行调整，使设计区域内挖方、填方土方量基本平衡。

4 土方调配

土方调配的工作步骤包括：划分土方调配区、计算出各调配区的土方量、绘制土方调配图。

1）土方调配区划分时应考虑如下几个方面的因素：挖方与填方基本达到平衡，减少重复倒运；挖（填）方量与运距的乘积之和尽可能最小，即总土方运输量或运输费用最小；开工及分期施工顺序、调配区大小应满足土方施工使用的主导机械的技术要求；调配区范围应和土方工程量计算用的方格网相协调，一般可由若干个方格组成一个调配区。

2）各调配区土方量的计算以其所包括的方格网土方工程量的大小为依据，根据方格网的数量及各方格网的土方量，综合计算出各调配区土方量。

3）土方调配图包括土方数量、调配方向等内容。

5 相关规范

《风景园林工程设计文件编制深度规定》施工图设计部分，对竖向设计相关内容进行了规定；在《城市绿地设计规范 GB 50420—2007》中，对水体深度、园路坡度等也进行了明确规定。

【任务实施条件】

测量用具、手工绘图工具、计算机辅助设计工具及某园林绿地方案设计图及设计说明，每15～20名学生配1名指导教师。

【任务实施】

1 任务设计

教师选取适当的园林绿地景观设计方案，对竖向设计的具体工作内容及要求进行设计。

2 任务实施

2.1.1 实习分组 本任务以组为单位进行。4～6人组成一个实习小组，并选定组长1名，负责本组成员之间分工协作、相互学习、设计成果的交流、组内自评及设计成果的修改完善等工作。

2.1.2 任务展示 教师向学生展示某园林绿地方案设计图及设计说明、竖向设计任务书，帮助学生了解方案设计的主要内容及相关要求，明确本实训任务的具体工作内容及相关要求。

2.1.3 任务分析 教师引导学生对任务进行分析，明确任务实施的工作内容及方法步骤，并对竖向设计的相关知识点进行深入学习领会；教师针对重点、难点问题进行讲解，以帮助学生具备初步的工作能力。

2.1.4 任务执行

（1）道路广场系统竖向设计 道路广场系统竖向设计首先要选定高程设计依据点或起算点，然后根据原地形状况、相应的设计坡度及相邻点间的距离依次推算出各待定点的高程。

（2）植物种植区竖向设计 植物种植区竖向设计，先确定其与周边道路广场高程方面的相对位置关系，然后以附近道路广场的高程为依据，确定种植区边缘的高程，充分考虑植物生长对地貌的要求，根据设计坡度及排水方向、汇水区域的划分，设计种植区各部分的高程。

（3）水体工程竖向设计　　对水体的池底工程、岸顶高程、最低水位、常水位、最高水位进行设计，如水体是需要人工补水的规则式水体，故只设计其池底高程、常水位高程。

（4）园林建筑及其他造园要素竖向设计　　以园林建筑及其他造园要素周边的道路广场、种植区地表等造园要素高程为依据，根据彼此间的相对位置关系，在满足排水要求的条件下，设计园林建筑及其他造园要素的高程。

（5）土方工程量计算与校核　　本任务采用方格网法计算挖方、填方的工程量，具体包括以下几个工作步骤：①划分方格网。②求各方格网点的原地形标高、设计地形标高，并填入方格网的适当位置。③求各方格网点的施工标高，并填入方格网的适当位置。④求零点线位置。⑤土方工程量计算。

（6）土方平衡与调整　　将整个施工区域的填方工程总量与挖方工程总量进行比较，当两者之间的差值小于5%～10%时，进行后续工作；若超过限差要求，需对竖向设计的局部进行调整，抬高或降低部分区域的设计高程，以满足施工区域整体土方基本平衡的需要。

（7）土方调配　　①划分调配区域。②计算各调配区域土方量，并标注在土方调配图上。③绘制土方调配图。

3　任务评价

1）组内自评。组长组织本组成员对各自的设计成果进行自评、互评，共同讨论，修改完善，形成园林绿地竖向设计的阶段性成果。

2）全班互评。教师组织全体同学以组为单位，对各组工作成果进行汇报并答辩。最终教师对各组的设计成果及汇报答辩情况进行总体评价，并提出具体的意见或建议。

3）修改完善。组长组织本组同学，进一步修改完善园林绿地竖向设计图纸资料。

【成果资料及要求】

以组为单位，提交竖向设计相关图纸资料1份、设计说明1份。其中，图纸资料包括：园林绿地竖向设计图、园林绿地竖向设计断面图（可酌情取舍）、土方量计算及挖填方区划图、土方调配图。

要求设计内容完整、合理、符合相关设计规范；图示内容正确、符合有关制图规范；设计说明文通字顺，结合相关图纸资料，能充分表达设计意图。

以个人为单位，提交实习总结1份，要求1000字以上，能总结实训工作过程，分析实训过程中遇到的问题，并提出合理化意见或建议。

【任务考核方式及成绩评价标准】

本任务采用学生评价与教师评价相结合，阶段性评价与最终工作成果评价相结合的方式进行评价。首先，由组长对本组成员的个人表现进行评价，包括工作成果质量、工作进度、实习总结的质量、工程过程中的综合表现等几个方面，占总成绩的50%；其次，由指导教师对各组实习成绩进行评价，包括阶段性成果质量、汇报情况、最终成果质量几方面的内容，占总成绩的50%。

【参考文献】

陈科东. 2006. 园林工程［M］北京：高等教育出版社.

刘卫斌. 2006. 园林工程［M］北京：中国科学技术出版社.

刘玉华，曹仁勇. 2009. 园林工程［M］北京：中国农业出版社.

孟兆祯，毛培琳，黄庆喜，等. 2004. 园林工程［M］2 版. 北京：中国林业出版社.

张建林. 2009. 园林工程［M］2 版. 北京：中国农业出版社.

参考样例：某酒店园林绿地竖向设计，见图 6-1～图 6-3。

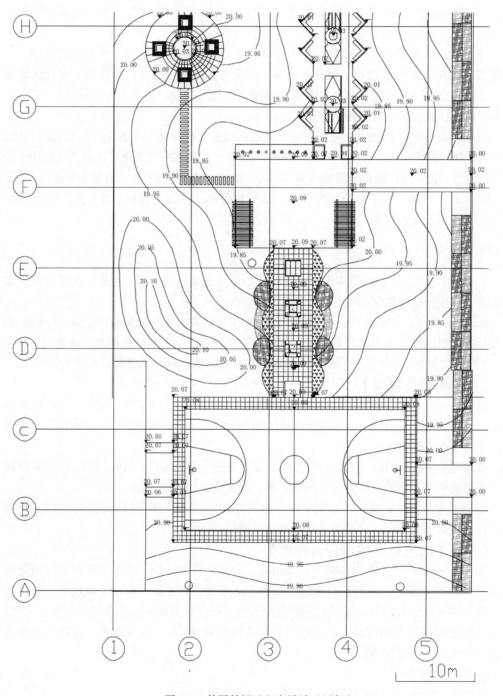

图 6-1　某园林绿地竖向设计（局部）

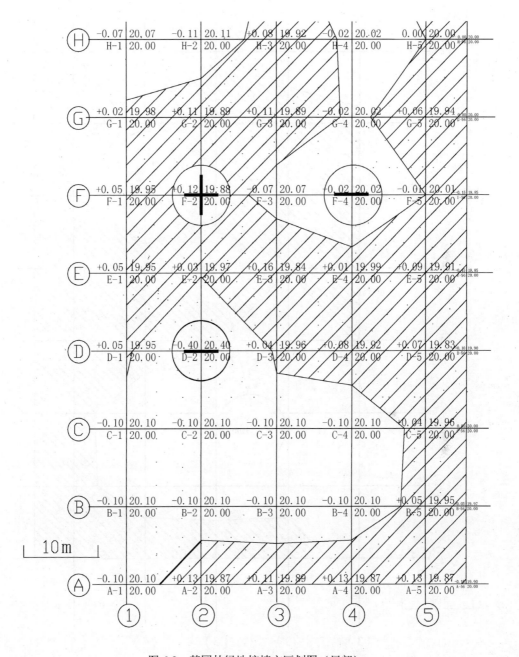

图 6-2　某园林绿地挖填方区划图（局部）

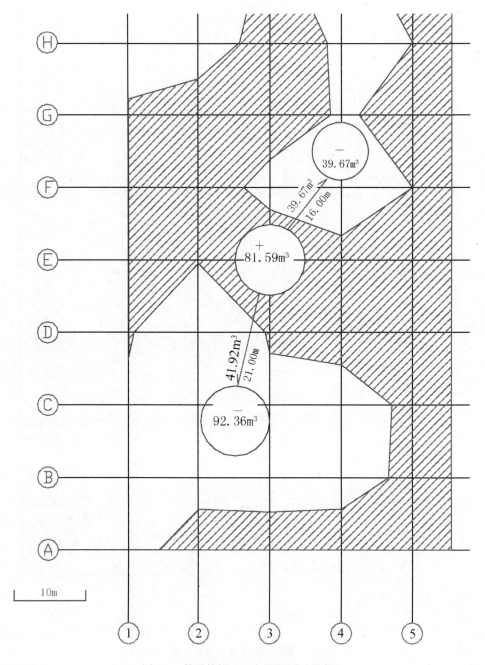

图 6-3 某园林绿地土方调配图（局部）

任务 2 园林绿地雨水排放系统工程设计

【任务介绍】 园林绿地雨水排放指将园林绿地雨水排入园林水体或城市排水系统。随着水资源日益紧缺、人们生态环保意识不断加强，以及园林绿地面积不断扩大造成的城市排水系统压力的增强，人们越来越倾向于园林绿地雨水的就地净化、收集与利用，而不只是将多余的雨水排入市政雨水管网。园林绿地雨水排放主要有以下几种形式：地面排水、管道排水、地面排水与管道排水相结合。通过合理的雨水排放系统工程设计，不但可以及时有效地疏导降雨径流、为植物生长提供良好的环境、保障园林景观与使用功能的顺利实现，还可以充分发挥园林绿地对雨水的集蓄、净化及利用功能，有效降低园林绿地用水量，改善生态环境。

【任务目标】 ①掌握园林绿地地面排水系统工程设计的基本要领及工作方法，能够完成地面排水系统的设计工作。②掌握园林绿地管道排水系统工程设计的基本要领及工作方法，能够对园林绿地进行排水区域划分、雨水管网布置、设计流量计算、管径与管材选定等排水系统工程设计工作。③提高学生理论联系实际的工作能力，培养学生严肃认真、耐心细致的工作作风。

【教学设计】

本任务主要采用任务驱动教学法。以某小游园绿地雨水排放系统工程设计为任务，通过任务实施、任务评价几个阶段来巩固、丰富学生的园林绿地排水工程设计知识，提高实践技能，同时培养学生的绘图读图能力、应用地形图及测量相关知识进行工程设计的能力。

【任务知识】

1.1.1 雨水口 雨水口是雨水管道上收集雨水的构筑物，地表水通过雨水口和连接管道流入检查井或排水管渠。雨水口常设在道路边沟、汇水点和截水点上，间距一般为25～50 m。对汇水量较大，或排水要求较高的区域，可增加雨水口的数量或选用透水面积较大的雨水口。

当道路纵坡大于 0.02 时，雨水口的间距可大于 50 m，其型式、数量和布置应根据具体情况和计算确定。坡段较短时可在最低点处集中收水，其雨水口的数量和雨水口透水面积应适当增加。

雨水口深度不宜大于 1 m，并根据需要设置沉泥槽。遇特殊情况需要浅埋时，应采取加固措施。有冻胀影响地区的雨水口深度，可根据当地经验确定。

1.1.2 检查井 检查井是用来连接管段同时也对管道检查和清理的构筑物，常设在管道交汇处、转弯处、管径或坡度改变处、跌水处，以及直线管段上每隔一定距离处。在排水管道每隔适当距离的检查井内和泵站前一检查井内，宜设置沉泥槽，深度宜为0.3～0.5 m。直线道路上两个雨水检查井之间的最大间距如表 6-1 所示。

表 6-1 直线管道上雨水检查井最大间距

管线或暗渠净高 /mm	200～400	500～700	800～1000	1100～1500	>1500
雨水口最大间距 /m	40	60	80	100	120

1.1.3 连接管道 雨水口和检查井之间连接管道长度一般不超过 25 m，坡度不小于 1.5%。连接管串联雨水口数量不宜超过 3 个。

1.1.4 出水口 出水口设置在雨水管渠系统的末端，用以将收集的雨水排入水体。出水口管底要高于水体常水位，以免水体倒灌，同时出水口与水体岸边连接处，要做适当处理，以保护水体驳岸及固定出水管道。

1.1.5 雨水管渠的一般规定

（1）覆土深度 为满足管道连接、防冻、抗压方面的需要，雨水管道的最小覆土深度一般为 0.5～0.7 m。

（2）最小管径和最小设计坡度 雨水管渠排水多为重力排水，为满足重力排水的需要，管道布置要有一定的坡度，并且管径越小坡度要求越大。雨水口连接管最小管径为 200 mm，最小设计坡度为 1%。雨水管道最小坡度及管径如表 6-2 所示。

表 6-2 雨水管道管径及最小设计坡度

雨水管道管径 /mm	200	300	350	400
最小设计坡度 /%	0.4	0.33	0.3	0.2

（3）流速 各种管道在自流条件下最小容许流速不得低于 0.75%，各种明渠不得小于 0.4%，各种金属管道的最大设计流速为 10 m/s，非金属管道为 5 m/s。

（4）排水管材 排水管材有混凝土管、钢筋混凝土管、塑料管等，塑料管由于其内壁光滑、水阻力小、抗腐蚀性能好、节长接头少等优点，在园林绿地排水系统中得到了广泛应用。

（5）管渠布置 当地形坡度较大时，雨水干管布置在地形低的地方；当地形平坦时，雨水干管布置在排水区域的中间部分；尽量利用地形汇集雨水，利用地面疏导雨水，以减少雨水管道的长度；在满足冰冻深度和荷载要求的前提下，管道坡度应尽量接近地面坡度。

（6）设计重现期 雨水灌渠设计重现期，应根据汇水地区性质、地形特点和气候特征等因素确定。同一排水系统可采用同一重现期或不同重现期。重现期一般采用 0.5～3 年，重要干道、重要地区或短期积水即能引起较严重后果的地区，一般采用 3～5 年，并应与道路设计协调。特别重要地区和次要地区可酌情增减。

（7）汇水边界确定及汇水面积计算 根据排水区域地形及地物划分汇水区域。一般以地形山脊线为汇水区域边界线；当绿地为下凹式绿地时，其周边道路广场及建筑物外轮廓线也构成汇水区域边界线。对各汇水区域进行编号。

（8）汇水面积计算 用绘图软件或求积仪计算各汇水区域汇水面积。

（9）确定排水区域平均径流系数值 径流系数是单位面积径流量与单位面积降雨量的比值，用 ψ 表示。地面性质不同，径流系数不同，各类地面径流系数值如表 6-3 所示。

表 6-3 不同性质绿地径流系数值

地面类型	各种屋面、混凝土和沥青路面	大块石铺砌路面和沥青表面处理的碎石路面	级配碎石路面	干砌砖石和碎石路面	非铺装地面	绿地
径流系数（ψ）	0.9	0.6	0.45	0.4	0.3	0.15

排水水区域内平均径流系数 $\overline{\psi}$ 计算公式如下所示：

$$\overline{\psi} = \frac{\sum \psi_i \cdot F_i}{\sum F_i}$$

式中，ψ_i 为某类绿地径流系数；F_i 为某类绿地汇水面积。

（10）设计降雨强度 q 计算   设计降雨强度指单位时间内的降雨量，我国常用降雨强度公式如下所示：

$$q = \frac{167A_i(1+c\lg p)}{(t+b)^n}$$

$$t = t_1 + mt_2$$

$$t_1 = \sum \frac{L}{60v}$$

式中，q 为设计降雨强度；p 为设计重现期，一般公园绿地取 1～3 年；t 为雨水灌渠降雨历时；t_1 为地面集水时视离长短、地形坡度和地面铺盖情况而定，一般取 5～15 min；t_2 为灌渠内雨水流行时间（min）；L 为管道长度；v 为设计流速；m 为折减系数，暗管折减系数 $m=2$，明渠折减系数 $m=1.2$，在陡坡地区，暗管折减系数 $m=1.2～2$；A_i、c、b、n 为地方参数，根据统计资料计算确定。

如设计区域位于北京地区附近，则设计降雨强度计算公式采用北京地区降雨强度计算公式，为

$$q = \frac{2111(1+0.85\lg p)}{(t+8)^{0.70}}$$

（11）单位面积径流量   单位面积径流量 q_0 计算公式为

$$q_0 = q \cdot \overline{\psi}$$

（12）求各管段的设计流量   根据各汇水区域的汇水面积（F）、排水区域的单位面积径流量（q_0），计算各汇水区域的设计流量（Q），计算公式为

$$Q = q_0 \cdot F$$

1.1.6 相关规范   中华人民共和国国家标准《室外排水设计规范》）（GB 50014—2006）中对雨水设计流量的计算公式、径流系数、设计暴雨强度的计算公式、雨水灌渠降雨历时、设计重现期等进行了规定。

【任务实施条件】

测量用具、手工绘图工具、计算机辅助设计工具及某园林绿地方案设计图、竖向设计图及设计说明，每 15～20 名学生配 1 名指导教师。

【任务实施过程】

1 任务设计

教师提供某园林绿地方案设计、竖向设计图纸资料及相关设计说明，以该绿地雨水排放工程设计作为本实训工作任务。

2 任务实施

2.1.1 实习分组 每 3~5 人为一实训小组,选定组长 1 人。

2.1.2 任务展示 教师将实训任务书、设计素材及相关资料发放给学生,引导学生读懂方案设计及竖向设计相关资料,了解方案设计者的设计意图,了解各造园要素的高程,明确本实训任务具体的工作内容及要求。

2.1.3 任务分析 教师以某绿地雨水排放工程设计为案例,引导学生了解雨水排放系统工程设计的工作流程,阅读相关参考资料,进一步熟悉与掌握完成任务各个步骤所涉及的知识点,并将各任务分解,由实习组内各成员具体负责,分工协作,保证设计任务的顺利完成。

2.1.4 任务执行

1)资料搜集与整理。收集、整理与分析所在地区和设计区域的各种原始资料,包括设计区域总平面布置图、竖向设计图,以及当地的水文、地质、暴雨资料。

2)汇水区域划分及各汇水区域面积计算。根据排水区域地形、地物等情况对排水区域进行划分,并计算各汇水区域汇水面积。

3)雨水口布置。根据排水区域地形地物及排水要求,合理布置雨水口位置。

4)雨水管网平面布置。根据雨水口位置、附近城市雨水管网布置、设计区域地形地物情况,综合确定雨水干管、支管、检查井管网的平面位置,对各节点进行编号,确定管段长度,对检查井进行编号,确定其地面标高。

5)确定排水区域平均径流系数值。根据排水区域各类绿地的类型及面积,计算排水区域平均径流系数值。

6)计算各管段的设计流量。根据雨水口及检查井的位置、单位面积径流量及各管段汇水面积,列表计算各管段设计流量。

7)各管段管径、坡度及干管各节点管底标高与埋深设计。根据各管段的设计流量及雨水管道设计的相关要求及地形情况,查表确定各管段管径、坡度、流速等,然后根据初步确定的管道起始点的埋深,依次计算出各管段起点与终点的管底标高与管底埋深值。

8)绘制雨水管网平面布置图、雨水干管水力计算及布置详图、雨水干管纵剖面图。

3 任务评价

本任务采用学生评价与教师评价相结合的方式进行评价。先由组长组织本组同学,对本组设计成果进行讨论与自我评价,根据发现的问题进行修改完善;然后教师组织全班同学,以组为单位,制作汇报课件与材料,派代表展示、汇报工作成果,回答其他同学的问题;最后教师对各组实训工作完成情况进行总体评价,肯定成绩,指出存在的问题,组织全体学生进一步修改完善工作成果。

【成果资料及要求】

以组为单位,提交园林绿地雨水排放工程设计相关图纸资料 1 份、设计说明 1 份。其中,图纸资料包括以下内容。

1）园林绿地雨水管网布置平面图。绘于竖向设计图上，包括雨水口布置、排水方向、支管、干管平面布置情况。要求设计合理、图面内容完整、图示方式规范。

2）园林绿地雨水干管水力计算及平面布置详图。包括汇水区域划分、各管段设计流速、直径、坡度、长度、雨水井位置及井口标高、上下游管道方向及底部标高。要求设计合理、图面内容完整、图示格式规范。

3）园林绿地雨水干管纵剖面图。包括雨水干管各节点处设计地面标高、设计管底标高、埋深、管段设计直径、长度、坡度及雨水井编号等内容。图面内容完整，图示格式规范；横向比例尺是竖向比例尺的10～20倍。

设计说明要求能准确、完整、清楚的说明园林绿地雨水排放工程设计各个环节的设计依据及设计内容，且文通字顺，符合科研论文撰写规范。

以个人为单位，提交实习总结1份，要求1000字以上，要求内容充实，言之有物。

【任务考核方式及成绩评定标准】

1）教师对各组的阶段性成果、最终成果、汇报情况进行评价。其中工作成果包括：园林绿地雨水排放工程设计说明、园林绿地雨水管网平面布置图、园林绿地雨水干管水力计算及平面布置详图、园林绿地雨水干管纵剖面图几部分内容；汇报情况包括：课件制作的质量、语言表达及回答问题情况，占总成绩的50%。

2）教师与实习组长对组内成员的实习表现进行评价，包括：工作成果质量、工作进度、工作态度、创新表现、团队意识等方面，占总成绩的40%。

3）教师对学生的实习总结进行评价，占总成绩的10%。

【参考文献】

陈科东. 2006. 园林工程［M］. 北京：高等教育出版社.

刘卫斌. 2006. 园林工程［M］. 北京：中国科学技术出版社.

孟兆祯，毛培琳，黄庆喜，等. 2004. 园林工程［M］. 2版. 北京：中国林业出版社.

许大为. 2014. 风景园林工程［M］. 北京：中国建筑工业出版社.

参考样例：某园林绿地雨水排放工程设计、雨水干管水力计算及平面布置详图、雨水干管纵剖面图，如图6-4～图6-6所示。

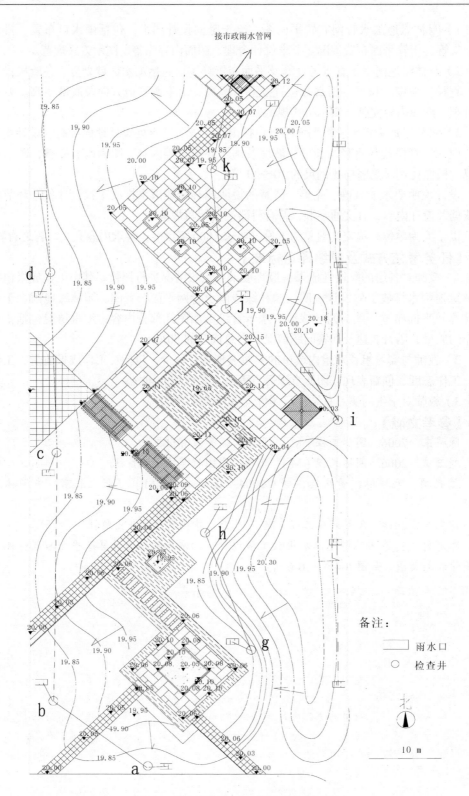

图 6-4 某园林绿地雨水管网布置平面图

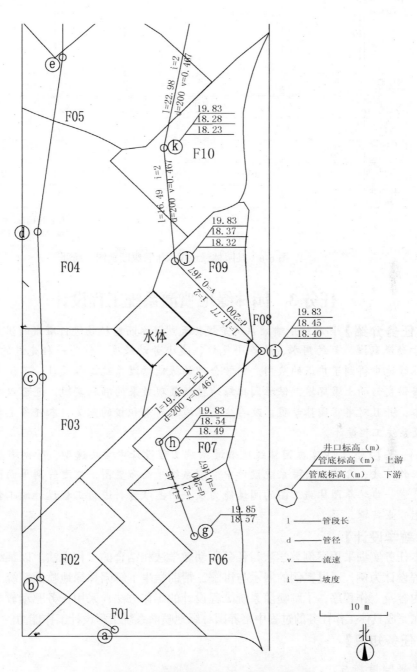

图 6-5　某园林绿地雨水干管平面布置图

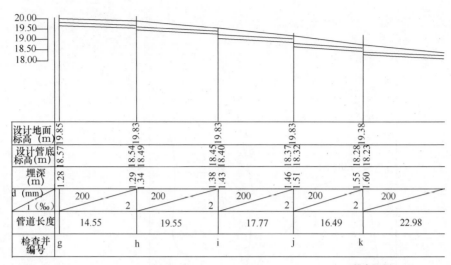

设计地面 标高（m）	19.85	19.83	19.83	19.83	19.38
设计管底 标高(m)	18.57	18.54 / 18.49	18.45 / 18.40	18.37 / 18.32	18.28 / 18.23
埋深 (m)	1.28	1.29 / 1.34	1.38 / 1.43	1.46 / 1.51	1.55 / 1.60
d (mm) i (‰)	200 2	200 2	200 2	200 2	200
管道长度	14.55	19.55	17.77	16.49	22.98
检查井 编号	g	h	i	j	k

横向比例1：900
纵向比例1：1500

图 6-6　某园林绿地雨水干管纵断面图（局部）

任务3　园林绿地喷灌系统工程设计

【任务介绍】园林绿地喷灌系统是模拟天然降水而对植物进行灌溉的供水模式。其有利于勤浇勤灌、节约用水、改善小气候、减小劳动强度，作为一种先进的灌水方式，在园林绿地中得到了广泛的应用。科学合理的绿地喷灌系统工程设计，不仅可以为植物生长提供良好的土壤环境，保障园林绿地植物景观效果的顺利实现，还可以有效控制工程成本，并且对丰富园林景观，改善生态环境都有着积极的意义。本任务主要学习固定式喷灌系统工程设计。

【任务目标】①掌握园林绿地喷灌系统工程设计中喷头选型、管网布置、水力计算的工作方法；②掌握喷灌系统设计中喷灌系统平面布置图、喷灌管网平面图的绘制方法；③进一步培养园林施工图的阅读能力及应用图纸资料进行工程设计的工作能力，培养学生专业兴趣。

【教学设计】

本任务实训采用案例教学法与任务驱动教学法相结合的工作方法。以某绿地喷灌系统工程设计为例，通过案例的展示与讲解，帮助学生了解园林绿地喷灌系统工程设计的工作内容及工作程序，了解喷灌系统工程设计的工作方法；采用任务驱动教学法，引导学生在完成具体工作任务的过程中培养园林绿地喷灌系统工程设计工作能力。

【任务知识】

1　灌溉制度确定

（1）设计灌水定额　可按灌水定额的参考值初步确定。草坪和灌木，温暖地区为25 mm/周，炎热地区为44 mm/周。

（2）设计灌水周期　目前园林领域还没有具体的灌水周期，可根据土壤水分和物理性能、植物的生长状况确定灌水周期，或参照农业上的标准，大田作物一般为5～10 d，蔬菜为1～3 d。

（3）设计灌水时间　根据所选喷头的设计参数、管网布置形式确定。

2　轮灌区划分

轮灌区划分是根据水源供水能力将灌区分为几个相对独立的工作区域以便轮流灌溉，既有助于分别满足不同植物的灌水需要，也有利于降低喷灌系统工程成本及运行费用。轮灌区划分要遵循：最大轮灌区需水量小于或等于水源设计出水量、轮灌区数量适中、各轮灌区需水量接近、将需水量相同或相近的植物划分在同一轮灌区内几个基本原则。

3　喷头选型及布置

3.1.1　喷头选型　喷头按非工作状态分为外露式和地埋式两种；按工作状态分为固定式和旋转式；按射程分类又分为近射程喷头、中射程喷头和远射程喷头。在选择喷头时，要考虑土壤状况、植物类型、喷灌区域地物地貌状况、工作压力、工程的建设成本及运行成本等要素，根据喷头的相关性能参数进行选择。

一般面积狭小的区域，选用近射程喷头；面积较大区域，选用中、长射程喷头。如果喷灌区域是狭长地带，考虑使用矩形喷洒范围的喷头。安装在绿地边缘部位的喷头，最好选用角度可调或特殊角度的喷头；中间部位用全圆喷头。面积大、坡度明显、地形起伏或长度大的长条形绿地微灌系统宜选用具有压力补偿功能的灌水器。草坪喷灌系统宜选用地埋式喷头。有明显高差的绿地喷灌系统，在高程较低的区域应选用具有止溢功能的喷头。优先选用低压喷头。灌溉季节风大的地区或实施树下喷灌的喷灌系统，宜采用低仰角喷头。同一轮灌区内的喷头宜选用同一型号或工作压力接近的喷头。喷头打击强度应控制在植物耐受范围以内；喷灌强度不大于土壤容许喷灌强度。

喷头选定后，需要通过水力计算确定供水管网的水头损失，核算供水压力是否满足设计要求。

3.1.2　喷头布置形式　喷头的布置形式有正方形、正三角形、矩形和等腰三角形几种形式。在喷头射程相同的情况下，喷头布置形式不同，喷头间距、支管间距也不同。确定喷头间的距离时，要考虑风速的影响。大多数情况下，采用三角形布置有利于提高组合喷灌均匀度和节约灌溉用水量。

4　管网布置及管材选用

（1）管网布置　喷灌管网布置形式有两种：丰字形和梳子形，设计时根据水源位置、喷灌区域特点进行选择。

（2）管材选用　塑料管在园林绿地喷灌系统中得到了广泛应用，其主要有三种管材：聚氯乙烯（PVC）管、聚乙烯（PE）管和聚丙烯（PP）管。

1）聚氯乙烯（PVC）管，有硬质聚氯乙烯管和软质聚氯乙烯管两种，公称直径为20～400 mm。在绿地喷灌系统中常用到的为承压能力为0.63 MPa、1.00 MPa和1.25 MPa的三种硬质聚氯乙烯管。并且，微灌系统中塑料管道直径大于50 mm时常选用硬质聚氯乙烯管。

2）聚乙烯（PE）管，分高密度聚乙烯（HDPE）、低密度聚乙烯（LDPE）两种管材。其中，低密度聚乙烯管力学性能较低但抗冲击性好，适合在复杂的地形铺设，是园林绿地喷灌系统中的常用管材。微灌系统中管径小于 50 mm 时应选用微灌用聚乙烯管。

3）聚丙烯（PP）管，耐热性能好，适用于移动或半移动喷灌系统。在园林绿地喷灌系统中，一般多用钢管、聚氯乙烯（UPVC）、聚乙烯（PE）和聚丙烯（PP）等塑料管材。

5 管径选择

根据所选喷嘴流量（Q_P）和接管管径，确定立管管径。

按照管网布置形式、支管上喷嘴的数量，得出支管出水量，以各轮灌区支管最大出水量作为支管设计流量。支管流量（Q_z）计算公式如下所示：

$$Q_z = \sum Q_p$$

干管设计流量（Q_g）根据同时工作的支管的设计流量确定。计算公式如下所示：

$$Q_g = \sum Q_z$$

设计流量确定后，查水力计算表，即可得到干管、支管的流速（v）和管径（d）。

对于流速，在实际工作中通常按经济流速的经验值取用：

$d > 100mm$ 时，$v = 0.2 \sim 0.6$（m/s）；

$100\,mm > d > 40\,mm$ 时，$v = 0.6 \sim 1.0$（m/s）；

$d < 40\,mm$ 时，$v = 1.0 \sim 1.4$（m/s）；

当设计流量和流速确定后，可按如下公式初步确定管径：

$$d = \sqrt{\frac{4Q}{\pi v}}$$

校核设计计算时，管道最小流速不应低于 0.3 m/s，最大流速不宜超过 2.5 m/s。

6 水力计算及水泵选型

在喷灌系统中，喷头工作需要一定的工作压力；水在管道内流动有水头损失，因而需要通过水力计算来确定引水点的水压或加压泵的扬程，以便选择合适的水泵型号。

喷灌系统的设计水头应按下式计算：

$$H = Z_d - Z_s + h_s + h_p + \sum h_f + \sum h_j$$

式中，H 为喷灌系统设计水头（m）；Z_d 为典型喷点的地面高程（m）；Z_s 为水源水面高程（m）；h_s 为典型喷点的竖管高度；h_p 为典型喷点喷头的工作压力水头；$\sum h_f$ 为由水泵进水管至典型喷点喷头进口处之间管道的沿程水头损失（m）；$\sum h_j$ 为由水泵进水管至典型喷点喷头进口处之间管道的局部水头损失（m）。

管道沿程水头损失可通过查水力计算表求得，也可按下式计算，各种管材的 f、m、b 值可按相关表格确定。

$$h_f = f \frac{LQ^m}{d^b}$$

式中，h_f 为沿程水头损失；f 为摩阻系数；L 为管长（m）；Q 为流量（m³/h）；m 为流量指数；b 为管径指数。

对于硬塑料管（UPVC），$f=0.948\times10^5$；$m=1.77$；$b=4.77$。

微灌管道局部水头损失，可按沿程水头损失的一定比例估算，支管为 0.05～0.1，毛管为 0.1～0.2。

等距等流量多喷头（孔）支管的沿程水头损失可按下式计算：

$$h_{fg}'=Fh_f$$

$$F=\frac{N\left(\dfrac{1}{m+1}+\dfrac{1}{2N}+\dfrac{\sqrt{m+1}}{6N^2}\right)-1+X}{N-1+X}$$

式中，h_{fg}' 为多喷头（孔）支管沿程水头损失；N 为喷头或孔口数；X 为多空支管首孔位置系数，即支管入口至第一个喷头（或孔口）的距离与喷头（或孔口）间距之比；F 为多口系数。

设计喷灌系统同一条支管上任意两个喷头工作压力差不应大于设计喷头工作压力的 20%。

根据喷灌系统的设计流量及设计工作压力等因素，选用适当的水泵型号，水泵应在高效区运行。

7 图纸要求

灌溉系统平面布置图、控制设备和电缆平面布置图应绘于绿地地形图上，比例尺不应小于 1/1000，并附有重要节点连接组装大样图，镇墩、支墩结构图，重要控制闸阀，调节设备和安全装置安装图。

绿地田间管道和灌水器布置图应绘制在绿地植物种植图上，比例尺身不应小于 1/1000。

干管工程纵断面图的纵横比例尺分别不应小于 1/50 和 1/200。

8 标准规范

中国工程建设协会标准《园林绿地灌溉工程技术规程》（CECS 243—2008）及中华人民共和国国家标准《喷灌工程技术规范》（GB/T 50085—2007）对园林绿地灌溉工程设计的水源、喷灌管网、喷头布置与选用、应提交的设计文件进行了规定。

【任务实施条件】

测量用具、手工绘图工具、计算机辅助设计工具、某园林绿地方案设计图及设计说明、竖向设计图及设计说明、种植设计图及设计说明；每 15～20 名学生配 1 名指导教师。

【任务实施过程】

1.1.1 任务设计 教师提供设计任务书及相关设计素材，设计素材包括：某园林绿地方案设计图、竖向设计图、种植设计图（如小规模绿地方案设计图中含种植设计内容，可不再提供单独的种植设计图），对其中的全部或部分绿地进行喷灌系统工程设计。

1.1.2 实习分组 本任务以 3～5 人为一实习小组，选定组长 1 人，分工协作完成实训任务。

1.1.3 任务展示与分析 引导学生读懂园林绿地方案设计图、竖向设计图及种植设计图，了解设计区域的主要造园要素的内容、位置及轮廓，了解设计区域的地形高低、起伏情况，了解设计区域原有给水口的位置及相关情况，了解喷灌系统设计区域的植物种植设计情况，同时，阅读实训任务书，明确实训工作任务的具体内容及相关要求、成果形式及考核标准。

1.1.4 案例学习 教师以已经完成的某绿地喷灌系统设计为例，介绍该绿地喷灌系统工程设计的工作过程，帮助学生进一步了解喷头选型、喷头布置形式及位置确定、管网布置、管材选用、水力计算及水泵选型或工作压力确定的基本要求、工作流程及方法步骤。

1.1.5 任务执行

（1）资料搜集 搜集设计区域方案设计图、竖向设计图、种植设计图；搜集设计区域土壤、气候相关资料；了解设计区域水源或给水口位置及水压情况。

（2）喷头选型与布置 根据设计区域植物类型及分布、土壤特点、地块形状选定喷头型号；设计喷头布置形式；根据喷头布置形式，从绿地边缘开始，由外向内按一定支管间距与喷头间距布置喷头，如有必要，可适当进行调整，尽量使同一区域灌水均匀。

（3）轮灌区划分 根据喷灌区域的大小、总体需水情况及水源状况，进行轮灌区划分，最大轮灌区设计用水量应不大于水源出水能力，并且各轮灌区设计用水量应比较接近。

（4）管网布置 根据喷头位置，布置支管，将各喷头与支管相连。要求各支管上喷头数量接近，每根支管不能过长。在山地或坡度较大的区域，干管沿主坡方向或脊线布置，支管沿等高线布置，在缓坡或较平坦区域，干管尽量沿道路边缘布置，支管与干管垂直。

（5）管径、设计流量及喷灌系统给水口工作压力确定 根据喷灌区喷头布置情况，选定最不利点，即与喷灌系统首部压差最大点。以该点喷头所在支管为典型支管，计算支管设计流量，在经济流速范围内，初步选定流速，确定支管设计管径。具体工作步骤包括：①计算典型支管沿程水头损失。②计算干管各相邻节点间的设计流量，在经济流速区间内初步选定流速，确定干管管径。③计算干管沿程水头损失。④计算喷灌系统管道沿程损失。⑤计算喷灌系统管道局部水头损失。以管道沿程水头损失的20%计算局部水头损失。⑥计算喷灌系统设计工作压力。⑦压力校核。同一轮灌区内各喷头工作压力的差值是否在喷头设计工作压力的20%以内。如超过该限值，应对干管、支管的管径进行调整，以使同一轮灌区内各喷头的工作压力满足限差要求。

（6）水泵选型或喷灌管网入口设计工作压力确定 根据喷灌系统的设计流量、设计工作压力选定水泵型号，或确定喷灌管网入口设计工作压力。

（7）图表绘制 绘制喷灌管网及水力计算图、水力计算表、园林绿地喷灌系统平面布置图、给水干管平面布置及水力计算图。

1.1.6 任务评价 教师组织全体同学，以组为单位进行工作汇报。每组选派代表，对本组园林绿地喷灌系统工程设计中的喷头选型、喷头布置、管网形式及管材选定、水力计算及水泵选型进行工作汇报，对实训过程中遇到的问题及解决途径进行总结概括，对本组总体工作表现进行自我评价，接受其他同学及教师的提问并回答相关问题。

教师对各组实训任务完成情况、工作成果质量进行评价，肯定成绩，指出存在的问题，并对重点、难点问题进行讲解说明，以帮助各组进一步完善实训工作任务。

【成果资料及要求】

成果资料分两部分，以组为单位提供资料如下。

1）园林绿地喷灌系统设计说明。要求能准确说明喷灌系统工程设计的主要内容及设计依据、计算正确、符合科研论文撰写规范。

2）园林绿地喷灌系统平面布置图。绘制于种植设计图上，比例尺不小于1/1000，包括：喷头位置、管网平面布置等内容。要求喷头选用、布置合理，能妥善解决漏喷或喷洒超界现象、同一轮灌区内所选喷头工作压力比较接近。

3）喷灌管网水力计算及平面布置详图。要求比例尺不小于1/1000，包括干管、支管各节点水压线标高、地面标高、自由水头、各管段设计流量、管道直径、管段长度、水头损失，闸阀布置等内容。要求管网布置合理、计算正确、图示内容完整与规范、能保证所有喷头都在正常工作压力范围内工作。

4）喷灌系统给水干管纵断面图。包括：喷灌系统给水干管各管段的坡度、埋深等内容。要求坡度设计满足冬季排水要求、干管埋深符合安全要求、图示内容完整、表达方式规范。

5）节点详图。能表示各节点的管线、闸阀等布置情况。

以个人为单位提供实训总结1份，要求1000字以上，要求反映实训工作过程，对实训过程中存在的问题能提出自己的意见或建议。

【任务考核方式及成绩评价标准】

（1）组长评价　由各实习组长对本组学生的实训效果进行评价，包括：个人承担的工作任务完成情况、工作进度与实训表现三方面内容，占总成绩的35%。

（2）小组评价　由教师与实习组长或组长代表组成成绩评定小组，对各组的工作成果进行评价，包括：设计说明、喷灌系统平面布置图、水力计算、喷灌管网及平面布置详图、给水干管布置纵剖面图几方面内容，占总成绩的50%。

（3）教师评价　由指导教师对学生的实训总结进行评价，占总成绩的15%。

【参考文献】

陈科东. 2006. 园林工程［M］北京：高等教育出版社.

刘卫斌. 2006. 园林工程［M］北京：中国科学技术出版社.

刘卫斌. 2010. 园林工程技术专业综合实训指导书——园林工程施工［M］北京：中国林业出版社.

孟兆祯，毛培琳，黄庆喜，等. 2004. 园林工程［M］2版. 北京：中国林业出版社.

参考样例：某园林绿地喷灌系统平面布置图、给水干管平面布置图，如图6-7、图6-8所示。

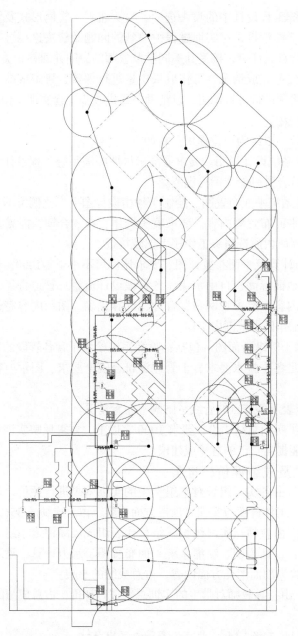

喷头类型	工作压力MPa	射程m	流量m/s	备注
○	0.20	3.25	0.14	雨鸟12系列MPR喷嘴12F喷射仰角30°
○	0.20	4.60	0.23	雨鸟15系列MPR喷嘴15F喷射仰角30°
○	0.20	8.00	0.22	雨鸟5004低仰角系列

图 6-7　某园林绿地喷灌系统平面布置图（局部）

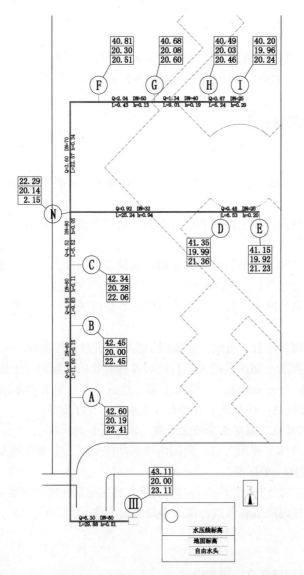

图 6-8　某园林绿地给水干管平面图（局部）

任务 4　园路系统工程设计

【任务介绍】园林道路广场系统包括道路、广场、游憩场地等一切硬质铺装，是园林绿地的骨架，具有划分、组织空间、组织交通、引导游览、提供活动场地和休息场所、参与造景、组织排水等多方面的功能和作用，是园林工程的重要组成部分之一。园林道路广场系统工程设计，包括道路平面线型设计、纵断面线型设计、铺装设计、结构设计几方面的内容。

【任务目标】①掌握园林道路平面线型设计、纵断面线型设计、铺装设计及结构设计的基本知识及工作方法，能完成某园林绿地道路广场系统工程设计。②提高学生对园林工程设计相关信息搜集、整理、分析与应用能力。③培养学生的专业兴趣与感情。

【教学设计】

本实训主要采用任务驱动教学法。教师提供某园林绿地方案设计图，将其中道路广场系统工程设计为本实训任务；然后，在完成任务的过程中，培养学生园林绿地园路系统工程设计工作能力。

【任务知识及相关规范】

1 园路的主要类型

（1）根据园路的面层结构，分为整体路面、块料路面、碎料路面和临时路面、透水路面几种类型

1）整体路面包括现浇混凝土路面和沥青路面，适用于通行车辆或人流量较大的园区出入口和主路。

2）块料路面包括各种天然块石和各种预制块料铺装的路面，适用于通行轻型车辆和广场、游步道等路段。

3）碎料路面指用各种碎石、瓦片、卵石等碎石料拼成的路面，主要用于庭院和游步小道。

4）临时路面由煤屑、三合土组成，主要用于临时性或过渡性路面。

5）透水路面。一类透水路面是把天然石块和各种形状的预制混凝土块铺成相应的形状，铺筑时块料间留有 3~5 cm 缝隙，填入土壤，然后种草；另类透水铺装是用不同规格、形状的彩色透水砖铺路；在草地上有步石；在水面上有汀步等。

（2）根据路的使用功能，园路又分为主干道、次干道和游步道

1）主干道指联系公园主要出入口、公园内部各功能分区、主要建筑及主要广场的道路，多为环形，是游览的主要线路。

2）次干道是主干道的分支，指联系各功能分区、各主要活动场所和重要景点的道路。

3）游步道是各景区内联系各景点、深入各角落的小路。

2 园路平面设计

园路平面设计包括园路宽度、线型设计。

（1）园路宽度设计　根据公园游人容量、流量、功能进行设计。一般主干道宽度在 3.5~6 m；次干道宽度 2~4 m，游步道宽度为 1.2~2.5 m，某些游览小径，宽度为 0.6~1 m。

（2）园路线型设计　有直线、曲线、自由曲线。其中，直线线型平直，便于交通，多用于规则式园林绿地中；圆弧曲线，多用于道路转弯或交汇处，从考虑机动车交通安全的需要，圆曲线半径设计要遵循相关规范，并适当考虑弯道内侧曲线路面加宽，一般加宽值是 2.5 m，加宽延长值为 5 m；自由曲线是曲率不等且随意变化的曲线，多用于以自然布局为主的园林游步道中。

园路平面线型设计要注意主次分明；在满足交通要求的前提下，道路宽度应趋于下限；园路迂回要有目的性，既要满足地形及功能方面的要求，也要避免无艺术性、无目的性和无功能性的盲目弯曲、过多弯曲。

3 园路竖向设计

园路竖向设计指道路广场系统在高程上的设计，可参照园林绿地竖向设计关于道路广场系统设计的方法进行。为保证行车安全，在有起伏的路段，要用圆弧连接，设计竖曲线；在有车辆通行的转弯路段，道路外侧要适当抬高，称为超高，超高与道路转弯半径及行车速度有关，一般为 2%～6%。

4 园路铺装设计

园路铺装设计包括纹样和图案设计、材料选用两个方面。一般要求首先满足园路使用功能的需要，要有一定的粗糙度，减少地面反射；要有装饰性，与周围环境相协调，采用不同的色彩、质感、纹样丰富景观效果；符合生态环保的要求，减少对周围自然环境的影响。图案设计、色块组合、材质变化均可使园路具有丰富的景观效果；材料选用要与园路图案和纹样变化相适应，包括色彩的搭配、尺度大小及组合变化，还要考虑材料的强度及其表面处理方式、耐久性、粗糙度及环境保护方面的需要等。

5 园路结构设计

园路结构设计要尽量就地取材，并做到薄面、稳基、强基础，以控制工程成本。设计内容包括路面、路基、附属工程几个方面。

（1）路面　　路面由面层、结合层和基层构成。面层要求坚固、平稳、耐磨损、有一定粗糙度，便于打扫；结合层是在面层和基层之间，为了结合找平而设置的一层，一般用 3～5 cm 厚的粗砂、水泥砂浆或白灰砂浆即可；基层在土基之上，起承重作用，一般选用碎（砾）石、石灰或各种矿物废渣等筑成。

（2）路基　　路基是路面的基础，对保证路面的使用寿命具有重大意义。因而，应根据土壤、气候条件，采用适当的措施，确保路基的强度和稳定性。

（3）附属工程　　附属工程包括道牙、明沟和雨水井、台阶、礓磜、磴道和种植池。

道牙有立道牙和平道牙两种形式。其安置在道路两侧，在道路和路肩之间起高程上的衔接作用，同时，保护路面，便于排水。砖、混凝土、瓦、大卵石均可用作道牙；明沟和雨水井常用砖砌筑。台阶设于坡度大于 12°且不通行车辆的路段，长度与路面宽度相同，高度为 12～17 cm，宽度为 30～38 cm；在地形许可的条件下，每 10～18 级后应设平坦路段，作为休息平台；每级台阶应设有 1%～2% 的向下坡度，以便于排水。礓磜设于坡度较大，超过 15% 且又有车辆通行的路段。磴道用于地形陡峭的地段，可结合地形或利用露岩进行设置，当纵坡大于 60% 时，应做防滑处理，并设扶手、栏杆等以保护游人安全。种植池用于路边或广场上植物的种植，大小应满足植物栽植的需要，在栽植高大乔木的种植池上，应设保护栏。

【任务条件】

某园林绿地方案设计图、测量及绘图工具、绘图教室或电脑及 CAD 绘图软件，每 15～20 名学生配备 1 名指导教师。

【任务实施】

1.1.1　任务设计与展示　　教师选定某园林绿地方案设计平面图，将其道路广场系统工程设计作为本实训任务。引导学生读懂方案设计平面图，了解方案设计的宗旨及设计内容，了解要设计的主要道路及广场的位置、轮廓、主要功能及周边环境。

1.1.2 任务分析 引导学生了解园路设计的工作内容、工作过程及方法步骤，进一步熟悉、丰富园路设计各工作环节的相关知识点。

1.1.3 实习分组 学生每3~5人为一实训小组，选定组长1人，分工协作，完成实训任务。

1.1.4 任务执行

（1）园路平面线型设计 在方案设计平面图的基础上，对主干道、次干道、游步道的道路位置、宽度、线型、道路转折处平曲线半径及曲线加宽等进行设计。

（2）园路竖曲线设计 结合基址原地形，使平曲线、竖曲线尽量错开；考虑与周边道路、广场、建筑物及城市道路等在高程上的合理衔接，以及使用功能及车辆和游人安全方面的需要，对园路的纵向坡度、横向坡度及车辆通行处弯道超高进行设计。

（3）园路铺装设计 根据园路的周边环境，努力通过园路纹样和图案设计、材料选用，做到功能与艺术的统一。

（4）园路结构设计 根据园路的环境与功能，对园路的面层、结合层、基础及附属工程进行设计。

（5）施工图绘制 根据相关规范，绘制园路平面设计图、园路系统局部设计详图、园路纵断面图。

1.1.5 任务评价

（1）小组自评 各组对自己的工作成果进行自我评价，并对存在的问题进行修改完善。

（2）各组互评 教师组织全班同学，以组为单位，派代表对各组实训工作成果进行汇报，对实训过程中遇到的问题及解决过程进行总结概括，并回答其他同学提出的问题。

（3）教师评价 教师对各组实习过程、实习工作成果进行评价，指出不足或存在的问题，引导大家进一步修改完善工作成果。

【成果形式及相关要求】

（1）以组为单位提供材料

1）园路系统工程设计说明。要求能准确明了地说明园路广场系统平面设计、铺装设计、结构设计、竖向设计的设计依据及设计内容，文通字顺，符合科研论文撰写规范。

2）园路平面设计图。主要包括：园林绿地道路广场系统平面布置、道路广场系统节点编号及高程、道路广场系统局部详图索引。要求道路布置合理，线型设计美观，宽度合理，满足功能需要，内容完整，图示规范。

3）园路系统局部设计详图。主要包括：园路广场系统局部铺装设计详图、园路广场系统局部结构设计详图（园路纵断面图）。要求选材合理、图案设计能与周边环境相协调，有良好的景观效果，且能满足功能要求，结构设计能与路面形式相对应。

4）园路纵断面图。主要包括各路段坡度、坡长、设计高程、地面高程、变坡点及各路段长度。要求安全、方便，合乎功能及造景需要。

（2）学生个人提交材料 以个人为单位提供实习总结1份，要求1000字以上，言之有物，能体现实习过程，总结实习过程中出现的问题，并有自己独立思考。

【任务考核方式及成绩评价标准】

采用小组评价与个人评价相结合的方式对实习效果进行综合评价。

1）教师对各组的设计成果进行评价，包括：设计说明、园路平面设计图、园路系统设计局部详图、园路竖向设计几方面内容，占总成绩的50%。

2）组长评价。主要对学生个人所承担工作成果的质量评价、个人表现评价（工作能力、组织纪律、团接协作、创新表现等），占总成绩的35%。

3）教师对学生的实习总结评价，占总成绩的15%。

【参考文献】

北京市园林局. 1992. 公园设计规范. 北京：中国建筑工业出版.

陈科东. 2006. 园林工程［M］. 北京：高等教育出版社.

刘玉华，曹仁勇. 2009. 园林工程［M］. 北京：中国农业出版社.

孟兆祯，毛培琳，黄庆喜，等. 2004. 园林工程［M］. 2版. 北京：中国林业出版社.

张建林. 2009. 园林工程［M］. 2版. 北京：中国农业出版社.

参考样例：园林绿地园路工程设计平面图、园路系统设计局部详图、典型路段纵断面图见图6-9。

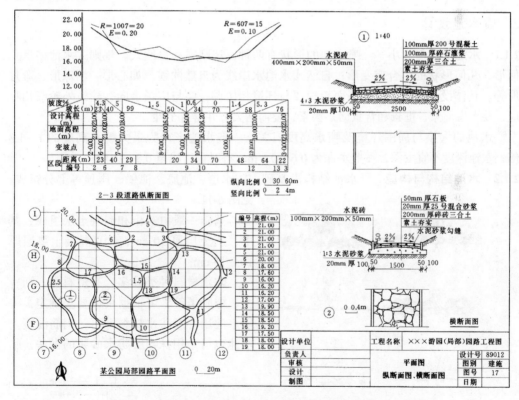

图6-9 某园林绿地园路工程设计图（引自许大为等，2006）

任务5 喷泉工程设计

【任务介绍】

喷泉是常见的水景形式之一，其以多变的造型、华丽的水声及活跃的氛围而深受人们的喜爱，并且，喷泉还可以增加空间的空气湿度、减少尘埃、增加空气中负氧离子的浓度，有利于改善环境，为人们提供一个健康的休闲场所。喷泉工程设计包括：喷泉造型设计、喷头选型、喷水池设计、管道布置、管网水力计算、水泵选型几个方面的内容。

【任务目标】①掌握喷泉设计的工作内容与工作方法；②培养学生对园林绿地工程设计的兴趣。

【教学设计】

本实训采用任务驱动教学法。教师提供某园林绿地方案设计图，以其中喷泉的工程设计作为该实训任务。采用任务驱动教学法，培养学生喷泉系统工程设计的工作能力。

【任务知识】

1 喷头类型及喷泉造型

喷头是喷泉的主要组成部分，对喷泉的造型起着重要的作用。目前，经常使用的喷头有如下几种类型：单射流喷头、喷雾喷头、环形喷头、旋转喷头、扇形喷头、多空喷头、变形喷头、蒲公英型喷头、吸力喷头。各种喷头既可以单独使用，也可以按一定方式布置、排列、组合，形成丰富的喷泉景观。见图6-10。

2 喷水池设计

2.1.1 水池形状与大小 喷水池的形状有两种，规则式和自然式。规则式水池多呈几何形、几何形状的组合或变形；自然式水池水岸线为自然曲线，如心形、泪珠形、弯月形等。具体设计时，水池的平面轮廓要与环境相协调，要与广场走向、建筑外轮廓相呼应，要考虑前景、框景和背景诸多因素，要简洁大方并富有个性。

水池的大小与周围环境及喷水高度有关，一般水池半径为最大喷水高度的1～1.3倍；水池深度不宜太深，一般水深为0.6～0.8 m，有时也可浅至0.3～0.4 m。

2.1.2 水池结构与构造 水池结构由基础、防水层、池底、池壁、压顶等部分组成，见图6-11。

基础一般由灰土和混凝土层组成，其中，灰土层厚30 cm，C10混凝土垫层厚10～15 cm。

防水材料种类较多，有塑料类、沥青类、橡胶类等，可根据具体要求确定，一般水池用普通防水材料即可，钢筋混凝土水池也可采用抹5层防水砂浆的做法，临

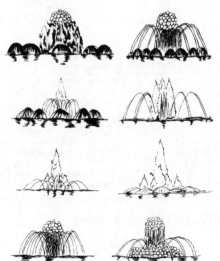

图6-10 喷泉造型示意图（引自康亮和何向玲，2015）

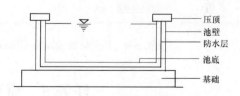

图6-11 水池结构示意图（引自刘卫斌，2006）

时性水池还可将吹塑纸、塑料布、聚苯板组合起来使用。池底多用钢筋混凝土池底，一般厚度大于 20 cm，见图 6-12；容积较大的水池，要设变形缝。

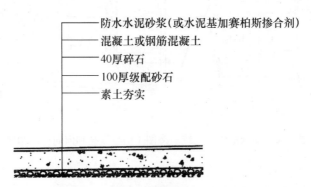

图 6-12　混凝土池底结构示意图（引自张建林，2009）

池壁有砖砌池壁、块石池壁和钢筋混凝土池壁 3 种，可根据具体情况合理选用。

压顶材料常用混凝土和块石。下沉式水池、压顶上表面至少要高出地面 5～10 cm，当池壁高出地面时，压顶形式要合理设计，常用形式有平顶、拱顶、挑伸、倾斜几种。如图 6-13 所示。

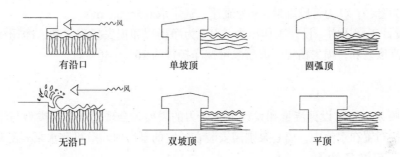

图 6-13　水池压顶形式示意图（引自张建林，2009）

完整的水池还应有供水管、补给水管、泄水管、溢水管及沉沙池。

3　管网布置

喷泉管道系统主要有给水管、补水管、循环水管和排水管。如图 6-14 所示。补水管、给水管一般与市政给水管网相连接；循环水管包括供水管、回水管、配水管和分水箱；排水管包括溢水管和泄水管。

在小型喷泉中，管道可直接埋于土中；大型喷泉的管道当数量多并且复杂时，应将主要管道设在可以通行人的渠道中，其他管道则可直接铺设在构筑物或水池内。管道一般有不小于 2% 的坡度，以便于冬季排水；补水管上的控制阀最好是浮球阀或液位继电器；连接喷头的水管直径不能有急剧变化，如有变化，需由大逐渐变小，且在喷头前有不小于喷嘴直径 20～50 倍长度的直管，管网布置要考虑统一工作组喷头水压的一致，一般采用环状配管或对称配管。

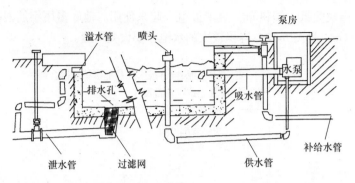

图 6-14　喷水池管道系统示意图（引自康亮和何向玲，2015）

4　水力计算

1）设计流量。设计流量（Q）为某一时间同时工作的各个喷头喷出流量的最大值。

2）计算管径。管径（D）计算公式如下所示：

$$D=\sqrt{\frac{4Q}{\pi v}}$$

式中，D 为管径；Q 为管段流量；v 为流速，通常取 0.5～0.6 m/s。

3）设计工作压力。设计工作压力（H）为净扬程和损失扬程之和，净扬程为吸水高度和扬水高度之和，损失扬程一般喷泉可按净扬程的 10%～30% 计。

5　水泵选型

根据喷泉运行对设计流量和设计工作压力的需要，合理选择水泵类型与型号。一般潜水泵直接布置在水池中，离心泵则需安装在特定的泵房内。电机和水泵要配套。

【任务实施条件】

某园林绿地方案设计图及设计说明、测量及绘图工具、绘图教室或电脑及 CAD 绘图软件，每 15～20 名学生配备 1 名指导教师。

【任务实施过程】

1.1.1　任务设计与展示　　教师提供某园林绿地方案设计图及设计说明，以其中喷泉工程设计作为本实训任务。以适当方式，引导学生了解方案设计的主要内容及设计意图，了解喷泉周围的景观特点及环境条件，准确理解实训任务的工作内容。

1.1.2　任务分析　　引导学生，了解喷泉工程设计的工作内容及工作方法，进一步熟悉、了解与掌握喷泉工程设计的相关知识点，并明确本次实训的具体工作内容、时间安排及与工作要求。

1.1.3　实习分组　　以 3～5 人为一实训小组，分工协作，共同完成实训工作任务。

1.1.4　任务执行

1）喷泉给水与排水形式设计。确定喷泉是用自来水供水或使用地下水；水是循环使用或是用后排放，如何排放。

2）喷水形式设计。根据喷泉所处的位置及周边环境，对喷泉喷水形式进行设计，包括各立面喷水造型轮廓、变化方案及其设计程序，以及喷头选型、喷头平面布置。

3）喷水池设计。根据喷泉的喷水高度及喷泉的周边环境，对喷水池的轮廓、大小、结构进行设计。

4）管道布置。根据水力计算确定各管道、管段的管径，并根据管道的使用性质和要求进行布置。

5）喷泉照明设计。结合喷水设计，对喷泉照明的色调、照射时间方案、灯具布置位置及控制方式进行设计。

6）喷泉系统水力计算。确定喷泉给水口的设计流量、工作压力。

7）喷泉动力系统确定。如选用水泵作为动力系统，选定水泵型号。

1.1.5　任务评价　　任务评价包括组内自评与全班互评两个阶段。

首先，由各组长组织本组同学对各项设计成果进行自我评价，并根据评价结果组织修改完善；然后，由各组派代表汇报工作成果，教师组织全体同学听取汇报，并对各组工作成果及实习过程中的表现进行评价，鼓励先进，鞭策后进，对存在的问题提出修改意见。

【成果资料及要求】

以组为单位提供成果资料包括：喷泉工程平面图、立面图；喷泉工程平面布置图；喷泉工程设计说明。

要求喷泉给水与排水形式设计合理；喷泉喷水形式设计能与周边环境相适应，喷头选型、喷头平面布置能保证喷泉景观效果的顺利实现；喷水池形状美观并与周边环境相协调，大小与喷泉高度相适应；喷水池结构设计能满足景观效果及使用功能的需要；管道布置及管径选定能满足所有喷头供水流量及工作压力的需要；照明设计能突出、丰富喷泉夜间景观效果；水力计算正确；水泵选型合理。相关图样内容完整，图示规范。设计说明能准确说明各项设计的工作依据与工作成果，且文通字顺，符合科研论文撰写规范。

以个人为单位提交实训总结 1 份。要求能全面反映实训工作过程、工作内容，内容充实，有独到的见解。

【任务考核方式及成绩评价标准】

本实训采用小组成绩与个人成绩相结合的方式进行评价，小组成绩与个人成绩各占 50%。小组成绩主要是对各组工作成果的质量进行评价，包括：设计的合理性、图面质量及设计说明等；个人成绩主要对学生的实习表现及实习总结进行评价。

【参考文献】

陈科东. 2006. 园林工程［M］. 北京：高等教育出版社.

康亮，何向玲. 2015. 园林工程［M］. 2 版. 北京：中国建筑工业出版社.

刘卫斌. 2006. 园林工程［M］. 北京：中国科学技术出版社.

刘玉华，曹仁勇. 2009. 园林工程［M］. 北京：中国农业出版社.

张建林. 2009. 园林工程［M］. 2 版. 北京：中国农业出版社.

参考样例：喷泉工程施工图，见图 6-15、图 6-16。

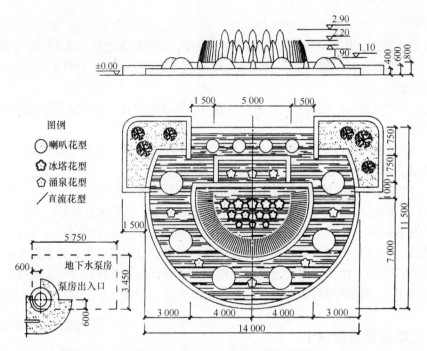

图 6-15　某喷泉工程平面图、立面图（引自陈科东，2006）

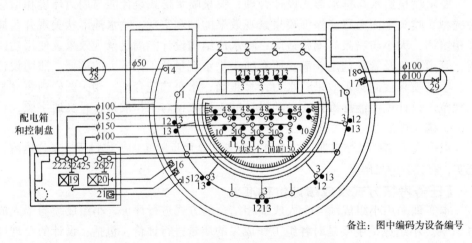

备注：图中编码为设备编号

图 6-16　某喷泉工程平面布置图（引自陈科东，2006）

任务 6　园林假山工程设计

【任务介绍】假山是我国传统园林中重要的造园要素之一，在现代园林中也经常出现，尤其以假山小品的形式出现。假山材料一般用土和石头，一般大山用土，小山用石，且可土石兼用。本任务中的假山是指石假山，因此，本任务主要训练石假山的设计，其主要内容是依据假山造型设计的原则进行假山设计。石假山造型要通过立（剖）面图和透视图（主要是透视图）来表现，其施工图主要通过平面图和立（剖）

面图来表达。

【任务目标】①掌握假山设计的方法；②掌握假山工程施工图表现方式；③培养学生的语言表达能力、沟通协调能力、团队意识、工作能力及创新意识。

【教学设计】

本任务主要采用任务驱动教学法。①进行任务设计，教师选取有园林假山的园林绿地景观设计方案，确定假山设计任务。②实训分组（也可不分组）、任务展示、任务分析、任务执行、任务评价等步骤，教师要帮助学生了解假山设计的工作背景、工作内容、工作方法与步骤，学生以组（或个人）为单位，分工协作，完成设计任务。③任务评价可包括学生组内评价（或个人自评）、组间互评价及教师评价。

【任务知识】

1 假山造型设计原则

营造假山是我国传统园林的特色，假山造型设计通常以我国传统山水画理论为指导，两者"虚实虽殊，理致则一"（阚铎），设计要点如下。

（1）山水结合，相映成趣　清代笪重光《画筌》中有"山脉之通按其水境，水道之达理其山形"，意即山水结合，做到山中有水、水中有山、山环水抱。一般假山体积较大时应该设计水面，山水相互配合造景，但如果空间有限，所造山体体量不大时也可不设水面。

（2）独立端严，次相辅弼　假山应该主景突出。首先是分清假山和其他要素之间主与次，所谓"先立宾主之位，次定远近之形"，有的以水为主，以山为辅，如苏州的网师园；有的以山为主，以水为辅，如北海公园静心斋；有的山水并尊，如北海公园濠濮间。然后区分假山各个山峰间的主次，"主山正者客山低，主山侧者客山远，众山拱伏，主山始尊"，先定主山的位置和体量，后定次山和山峰。

（3）三远变化，移步换景　假山要面面可观。在不同地位置、不同角度观看假山都能获得良好的视觉形象，或高远，或平远，或深远。为达到此目的，除要处理好山峰间的主次关系、位置远近及假山单元组合外，还应在假山中设计游览步道，做到可行可游，使观者在移步游览中获得不同的视觉感受。

（4）远观山势，近看石质　"远观山势"就是讲假山布局和假山结构的合理性。山势指山形轮廓、动势与整体特征，是说要考虑假山的整体形象，要意在笔先，先胸有成山，再下笔设计，山势是山体组合的结果，要有绵延之感。"近看石质"就是讲假山的细部处理，要根据山石的纹理，做到同纹相接，衔接自然，不能乱纹。在假山造型设计中，山势的处理是主要的。

（5）做假成真，情景交融　假山要以真山为蓝本，以自然山水为师，自然山水以山水为主体，也包括植物，所以假山的造型要考虑山、水、植物的综合形象，而不仅仅是山体本身，这样做出的假山才会和真山一样，即使和真山混在一起也浑然一体，真假难辨，达到做假成真的艺术效果。假山不仅外观自然，也要讲究弦外之音，也即意境，但假山意境的获得不仅在于欣赏者的知识经验，也在于创作者的意图和外化的技巧。假山形象要具有典型性，一山概括了万山的特征，这样就能引起联想，就具有了蕴含意境的基础。具有意境的假山实例很多，要细细观摩才能领会。

2 假山平面与立面设计

（1）假山平面设计   假山轮廓线用曲线，不宜用直线。山体主脉要回环转折，边缘要有凹凸，凹凸前后、左右相错，要有侧脉，侧脉间合抱，形成大的凹凸。这样的假山不仅结构上稳定而且利于假山的立面造型，使假山易于做到面面可观。

（2）假山立面设计   石假山的立面造型有环透式、层叠式、竖立式、填充式。假山山顶对立面造型的影响很关键，山顶有峰顶、峦顶和平顶三种类型，其中峰顶的类型比较多，有分峰、合峰、剑立、斧立、斜立、流云等形式。石假山设计时为了种植植物，需要填土，形成外石内土。

（3）假山山洞结构设计   假山山洞由洞壁和洞顶组成。洞壁有墙式和柱式两种，柱式较为灵活。为节省材料，洞壁上可以开设窗洞，通风透光。洞顶有盖梁式、叠涩式、拱券式。不管选用什么样的方式，都要求假山山洞结构要稳定。对于假山山洞的结构宜通过结构展开图来表现。

（4）假山施工图绘制   由于假山造型是拟自然的不规则形状，变化多样，所以其施工图宜采用多个剖立面来表现，理论上来说越多的剖立面则对假山的造型表达得越详细、准确。

假山的营建可以是"集零为整"的堆假山，也可以塑假山，对于塑假山，假山施工图还要表现出假山的内部支架结构。

【任务实施条件】

制图室、制图桌、手工绘图工具或计算机辅助设计工具、某园林绿地方案设计图及设计说明，每15名左右学生配1名指导教师。

【任务实施过程】

1.1.1 任务设计   教师选取适当的有园林假山的园林绿地景观设计方案，编写假山设计的工作内容及要求。方案中假山的体量要适中，假山太多或太大而过于复杂则任务过重，难度大，学生会有畏难情绪，不利于完成任务；反之则任务过轻，起不到训练提高的作用。

1.1.2 实训分组   可以分组也可以个人完成实训任务，分组则5人左右组成一个实训小组，各小组间各方面能力水平基本均衡为宜。每组选定组长1名，负责本组成员之间的分工协作及其他工作。

1.1.3 任务展示   教师向学生展示园林绿地设计方案及设计说明、假山设计任务书，帮助学生了解方案设计的主要内容，明确假山设计的工作内容及相关要求。

1.1.4 任务分析   教师引导学生对设计任务书和设计方案中关于假山的部分进行分析，提出完成任务的步骤和关键要点，明确任务的重点、难点，并对难点提出可行的解决办法。

1.1.5 任务执行   学生以个人或组为单位，分工协作，共同完成假山设计任务。学生在完成任务过程中要边做边学，不断发现问题、解决问题，丰富假山设计的理论知识，提高实践技能。其工作步骤如下。

1）假山的平面设计。先确定假山的主脉与支脉的走向，再确定山峰的位置，最后完善假山的平面形状，设计出沟谷、崖壁、洞室、山道等假山组合单元。

2）假山的立面设计。确定假山的立面轮廓形象和山坡的凹凸起伏。立面和平面结合起来设计，相互参照着修改。石假山如果有山洞，要设计出山洞洞壁和洞顶的结构与构造。

1.1.6 任务评价 个人或各组汇报本人（组）的设计成果，其他同学听取汇报，并对汇报的设计成果提问、讨论，然后教师再对设计成果及汇报答辩情况进行总体评价并提出修改建议，最后根据修改建议修改完善假山设计后提交图纸资料，并完成相关的设计说明。

【成果资料及要求】

提交假山设计的相关图纸资料 1 份、设计说明 1 份。图纸资料包括：假山平面图、假山立面图若干。

图纸要完整，图示内容正确，能够完整地表达设计内容；设计说明文通字顺，能与图纸一起充分表达设计意图。

【任务考核方式及成绩评价标准】

本任务采用学生评价与教师评价相结合的方式进行成绩评定。

1）由指导教师对实训成绩进行评价，占总成绩的 70%。包括对两方面的评价：一是阶段性成果及汇报情况的评价。包括：假山造型与周边环境相适应，符合假山设计的基本原则；假山平面图、立面图、假山基础的施工图内容完整，格式规范；工作汇报 PPT 课件设计美观，能很好展示设计成果，语言表达清楚明了，并准确回答相关问题，占总成绩的 30%；二是对最终提交的设计图纸资料及设计说明进行评价，占总成绩的 40%。

2）学生之间的相互评价，占总成绩的 30%。

【参考文献】

孟兆祯. 2012. 风景园林工程 [M]. 北京：中国林业出版社.

孟兆祯，毛培琳，黄庆喜，等. 1996. 园林工程 [M]. 北京：中国林业出版社.

田永复. 2003. 中国园林建筑施工技术 [M]. 2 版. 北京：中国建筑工业出版社.

任务 7 照明工程设计

【任务介绍】 照明工程是现代园林夜景设计中的重要元素，能在夜间延续园林风景，使园林景观呈现有别于白天的特色，延续游园的时间。照明工程包括园林照明设计和供电设计两部分。园林照明设计主要针对各种园林风景确定适宜的照明方式，使之形成独特的夜景，供电设计主要是确定各种电器设备的规格型号及线路布置，照明与供电设计相辅相成，共同营造丰富的夜间景观效果。本任务主要训练这两个方面设计技能，其中主要是照明设计技能。

【任务目标】 ①掌握园林照明设计技能；②掌握园林供电设计的基本技能；③了解任务驱动教学法在园林专业课程教学中的应用；④培养学生制作汇报课件的能力。

【教学设计】

本任务主要采用任务驱动教学法。①进行任务设计，教师选取恰当的园林绿地景观设计方案，确定照明工程设计任务。②实训分组（也可不分组）、任务展示、任务分析、任务执行、任务评价等步骤，教师要帮助学生了解照明工程设计的工作背景、工作内容、工作方法与步骤，学生以组（或个人）为单位，分工协作，完成设计任务。③任务评价可包括学生互评价和教师评价。

【任务知识】

1　园林照明设计

1.1.1　照明灯具　灯具用来固定与保护电光源、分配光通量，包括光源、灯罩及其附件三部分。

园林灯具中使用的电光源主要有卤钨灯、高压钠灯、荧光灯、高强度气体放电灯（如霓虹灯）、发光二极管等等，各类电光源的光效、显色性、使用寿命不同，各有优缺点，使用的场合与范围也各不相同，现在比较流行的是发光二极管。这些光源都是直接使用电能，此外还有一种更生态的灯具——太阳能灯具，在这种灯具里不仅有电光源还有将光能转化为电能的装置和蓄电装置及控制装置。

选择灯具时首先选择电光源。对于园林重点景物或要求光线条件好、分辨色彩要求高的场所宜选用光效高、显色指数高的光源；在需要定时点亮、频繁调光和开闭灯的场所及防电磁干扰的场所或频闪效应影响视觉效果的景物可选用卤钨灯；广场等大面积照明的场所可选用各类气体放电灯；此外还需考虑防震性、经济性等方面的要求。根据需要，一个场所也可选用多类光源。

灯具的主要参数是灯具效率和配光曲线，依据配光特性可分为直射型、半直射型、漫射型、半反射型、反射型，此外还有安装方式、安全特点等方面的特征，另外灯具的造型也是选择灯具时应考虑的因素。

1.1.2　园林照明方式　灯具在安装使用时的照明方式不外乎上投照明和下投照明，将灯具组合起来所形成的照明方式有泛光照明、轮廓照明、月光照明、灯光造景（自发光照明）。

（1）泛光照明　指通过对某处场景或某个景物的照明以大大增加其相对于周围环境的照度，通常通过投光灯来实现，是园林中最常见的照明方式。对于某个物体如植物、焦点景观等的照明以使其突出于周围环境的照明也叫做重点照明，照明时注意避免光源的亮度过大而使景物表面的颜色淡化，或被照物体在其附近形成阴影。

（2）轮廓照明　该照明是采用线状光源或点状光源所组成的线形勾勒出景物的轮廓、结构或装饰物的线条，也是园林中应用较多的照明方式，适合于大型的建构筑物，如建筑、桥梁等。这种照明安装维护费用大，由于沿建构筑物的轮廓布置灯具，如处理不当则会影响白天的景观效果。

（3）月光照明　其是模拟月光的照射效果，在树木的合适位置上安装灯具，一部分灯具向上照射，照亮树叶，一部分灯具向下照射，产生阴影，由此形成月夜景色，能突出景物朦朦胧胧的造型和色彩，创造浪漫气氛。

（4）灯光造景　是通过光源或其发出的光线创造独立的发光效果的一种照明方式，主要有两种方式。一种方式是通过光源组成各种形体、文字、图形，另一种方式是以光源发出的光线在夜幕中组成各种造型，可以通过编程达到动态照明的效果。常用的光源有霓虹灯、激光、光纤、探照灯。

1.1.3　园林照明设计

（1）植物照明设计　一般采用泛光照明。草坪上多采用草坪灯，一般应布置在距草坪边线 1.0～2.5 m 的位置上，间距 8～15 m，照明要使草坪具有柔和、朦胧的夜间情调。树木和灌木可以使用投光灯或定点的泛光照明将光线投向树冠等重点部位，突出植物的造型，如果要突出植物原有色彩就选用显色性好的光源，另外热辐射光源能增加红、黄色花卉的色彩，汞灯能使绿色更鲜明。光强方面如要突出重点部位，则用强光照射重点部位，其他部分略暗处理。

（2）建筑照明设计　　建筑的室内照明一般采用泛光照明，又可分为整体照明（各处的光照度一致）和局部照明（专门为照亮某部分而设置的照明）。室外照明常用重点照明和轮廓照明，如动物笼舍的展区部分、建筑的入口区域、建筑的细部装饰等处宜采用重点照明，一般用投光灯上投或下投照明；为突出建筑的轮廓可用彩灯做轮廓照明。

（3）水景照明设计　　根据灯具所在的位置可分为水上照明、水下照明和水面照明。水上照明就是在水体周围的树上或构筑物上设置灯具，下投光线于水面；水下照明就是照明灯具安装在水面之下，一般位于水面以下 $30\sim100$ mm 处，要求灯具不仅能防水而且能防腐蚀及抵抗波浪的冲击；水面照明是借助于物体使灯具漂浮在水面上，灯光向下照射水面，灯具上面带有遮光板，对灯具的要求同于水下照明。

一般静水照明可采用水上照明和水下照明，流水或落水如瀑布照明灯具安装在水流下落处，喷泉照明可采用水上照明和水下照明，灯具安装在喷水端水花散落处，照度一般为 $100\sim200$ lx。

（4）道路与广场的照明　　道路与广场多用泛光照明，以满足交通或活动的需要为主。主要道路可以采用杆式或柱式，杆高 $2.5\sim3$ m，间隔约 20 m，小路以营造气氛为宗旨，可采用草坪灯、埋地灯。广场照明以照度均匀、明亮为主要宗旨，多采用高干直射型灯具，选用光效很高，显色性好的光源。

2　园林照明电气设计

（1）用电量计算公式　　见下式：

$$S_{总}=S_{动}+S_{照}$$

$$S_{动}=K_c\frac{\sum P_{动}}{\eta\cos\varphi}$$

$$S_{照}=\sum P_iS_i$$

式中，$S_{总}$ 为园林用电总量（kW）；$S_{动}$ 为动力用电所需容量（kW）；$S_{照}$ 为照明用电所需容量（kW）；$P_{动}$ 为动力设备额定功率（kW）；K_c 为动力设备需用系数，估算时可取 $K_c=0.5\sim0.75$（一般可取 0.75）；$\cos\varphi$ 为负载功率因数，一般为 $0.6\sim0.95$，计算时可取 0.75；η 为电动机平均效率，一般可取 0.86；P_i 为单位建筑面积耗电量，可查表得到；S_i 为各种建筑物面积。

（2）常见的配电方式　　从变压器的低压端引出电线，将电能输送到各个用电器的配电线路有很多方式，园林中常用的有链式、树干式、放射式、混合式。

1）链式。从变压器引出的低压配电主干线上按一定顺序连接若干个用户配电箱，适合于配电箱不超过 5 的较短配电干线上。

2）树干式。从变压器的低压端引出低压主电线，再从主电线上引出支电线，支电线连接用户配电箱。

3）放射式。从变压器的低压端引出若干条低压电线，每条低压电线上连接用户配电箱或用电设备。

4）混合式。以上几种方式的混合使用，园林中一般采用这种配电方式的较多。

连接用电器的支线最好走直线以使线路最短，支线上的插座、用电器总和最好不超过 25 个，支线上的工作电流一般为 6~10 A；在设计配电线路时要使每个分配电箱和线路的各相的负荷平衡。

3　照明线路计算

在选择导线截面和开关等电气元件时都是以线路的负荷和电流为依据。

相电流（I）的计算：

$$I=\frac{PK_c}{U}$$

式中，P 为照明设备额定功率（W）；K_c 为需要系数；U 为相电压（V）。

保护电器包括熔断器和空气开关，从配电箱引出的线路上都应设置熔断器和空气开关，保证用电安全。熔断器用于短路保护、欠压保护，选择的原则是其额定电压不低于网络标称电压，额定频率符合供电网络要求，额定电流不小于回路的计算电流。

4　导线选择

4.1.1　导线的型号　导线有绝缘线和电缆两种类型。常见的绝缘线形式有橡皮绝缘铜芯（铝芯）导线、塑料绝缘铜芯（铝芯）导线 BV（BLV）、橡皮绝缘氯丁橡胶护套铜芯（铝芯）导线 BXF（BLXF）；常见的电缆形式有聚氯乙烯绝缘聚氯乙烯护套铜芯（铝芯）电力电缆 VV（VLV），电缆型号的下标表示铠装层，如 VV$_{22}$ 表示聚氯乙烯绝缘聚氯乙烯护套钢带铠装铜芯电力电缆，这种电缆承压力强而受拉力弱。

4.1.2　导线截面选择　导线截面根据导线发热条件、机械强度和电压偏移来选择，一般先根据导线发热条件或电压偏移选择导线，再用另外两个条件验证是否合适。

导线发热条件也即安全载流量，在最大允许连续负荷电流通过的情况下，导线发热不超过线芯所允许的温度。选用导线的安全载流量要大于等于线路的计算电流。

为保证供电的稳定性，线路上的电压降低要在 3%~5% 范围内，在视觉要求高的场所为 2.5%，因此可以根据线路的电压偏移选择导线截面面积。对于"均一无感"线路，导线截面面积计算如下：

$$S=\frac{\sum PL}{C\Delta U\%}$$

式中，S 为导线截面面积（m^2）；$\sum PL$ 为线路功率矩总和（kWm）；C 为计算系数；$\Delta U\%$ 为允许的电压偏移百分数。

导线要有一定的机械强度以抵抗风雪、温度应力等外荷载及自身重力的影响以防断线，因此导线的截面面积要大于按机械强度要求的最小截面面积。最小截面也与导线长度有关，架空间隔大的要求的机械强度也大，最小截面面积就大些。一般架空低压线最小截面不小于 16 mm^2，铜绞线的直径不小于 3.2 mm。

当相线导线截面面积求出后可据此选择中性线的截面面积，一般中性线的截面面积不小于相线面积的一半，但有气体放电灯的或单相两线制的中性线截面与相线截面面积相同。

【任务实施条件】

制图室、制图桌、手工绘图工具或计算机辅助设计工具、某园林绿地方案设计图及设计说明，每 15 名左右学生配 1 名指导教师。

【任务实施过程】

1.1.1　任务设计　教师选取适当的园林绿地景观设计方案，确定照明与供电工程的工作内容及要求。绿地面积大小适中，以 1～3 hm^2 为宜；绿地景观元素多样，广场、绿地、建筑、水面、雕塑等齐全。

1.1.2　实训分组　可以分组也可以个人完成实训任务。分组则 5 人左右组成一个实训小组，各小组间各方面能力水平基本均衡为宜。每组选定组长 1 名，负责本组成员之间的分工协作及其他工作。

1.1.3　任务展示　教师向学生展示园林绿地设计方案及设计说明、照明与供电工程设计任务书，帮助学生了解方案设计的主要内容及造景意图，明确照明与供电工程设计的工作内容和要求。

1.1.4　任务分析　教师引导学生对设计任务书和设计方案进行分析，提出完成任务的步骤和关键点，明确任务的重点、难点，并对难点提出解决建议。

1.1.5　任务执行　学生以个人或组为单位，分工协作，共同完成照明与供电工程设计任务。学生在完成任务过程中要边做边学，查阅相关资料解决问题，提高实践技能。其工作步骤如下。

（1）园林照明设计　先确定照明对象，再确定照明方式，最后选择照明灯具，其重点是确定照明方式。按照步骤完成设计，绘出平面图纸和必要的立面分析图。

（2）园林供电工程设计

1）计算线路总功率，确定变压器容量、型号及位置。

2）布线，确定配电方式。

3）计算线路电流，据此选择导线、开关、熔断器等配电设备的型号。

按照以上步骤完成设计，绘出平面图纸，撰写必要的文字与图表。

1.1.6　任务评价　个人或每组推选一位同学汇报本组的设计成果并答辩，其他同学听取汇报，对设计成果提问、讨论，然后教师再对设计成果及汇报答辩情况进行总体评价并提出修改建议，最后根据修改建议完善设计，提交最终的设计成果。

【成果资料及要求】

每组或个人提交照明与供电工程设计的相关图纸资料 1 份、设计说明 1 份。图纸资料包括：照明灯具布置平面图（必要时绘出灯具布置立面图）、供电线路布置平面图、配电系统图，设计说明中包括供电计算书。

图纸要求完整，图示内容正确，能够完整地表达设计内容，设计说明文通字顺，能与图纸一起充分表达设计意图。

【任务考核方式及成绩评价标准】

本任务采用学生评价与教师评价相结合的方式进行成绩评定。

（1）**学生评价**　由组长组织本组同学对本组成员或每位学生对其他同学的实训表现进行评价，占总成绩的50%。

（2）**教师评价**　由指导教师对各组实训成绩的评价占总成绩的50%，包括两方面的内容：①阶段性成果及汇报情况的评价。要求设计内容正确、完整，格式规范；要求汇报者能清楚明了的展示设计成果，并准确回答相关问题，占总成绩的25%。②最终成果的评价，占总成绩的25%。

【参考文献】

孟兆祯. 2012. 风景园林工程［M］. 北京：中国林业出版社.

孟兆祯，毛培琳，黄庆喜，等. 1996. 园林工程［M］. 北京：中国林业出版社.

张文英. 2012. 风景园林工程［M］. 北京：中国农业出版社.

任务8　种植工程设计

【任务介绍】 种植工程设计是指在园林中安排、搭配植物材料，即根据园林总体设计的布局要求，运用不同种类及不同品种的园林植物，按照科学性及艺术性的原则，布置安排各种种植类型的设计。种植工程设计的过程包括种植方案设计、种植设计和种植施工设计三个阶段。园林植物是园林中重要的构成元素之一，种植工程设计是园林工程设计中一个重要的不可或缺的组成部分。

【任务目标】 ①了解种植工程设计的工作内容、工作步骤，掌握种植工程设计的基本方法、设计要点及制图方法；②能理论联系实际进行种植设计构思、种植设计和种植施工设计，能绘制种植设计图和种植施工设计图；③培养汇报设计方案的能力；④培养较好的语言表达能力、沟通协调能力、团队意识及创新意识。

【教学设计】

本任务采用的主要教学方法为任务驱动法。①布置工作任务，教师选取一块已经做好总体规划的绿地，由学生结组完成该绿地的种植设计和种植施工设计。②组织实施工作任务，包括工作小组划分、任务分析、任务执行等，教师引导学生了解工作背景、工作流程、工作内容、工作方法与步骤。③进行任务评价，通过方案汇报的形式进行任务评价，包括组间评价、教师评价、项目负责人评价等。任务执行过程中，教师要不断引导学生对种植工程设计的内容、方法、设计要点、注意问题等进行总结，并鼓励学生通过分析种植工程设计的典型案例或者了解种植工程设计实践中的难点攻关等拓展知识面。

【任务知识】

1.1.1　园林种植设计前的准备工作

（1）**接受任务书**　设计者从委托方接收图纸资料、气象与植被资料、社会与人文资料等，并听取设计委托方的要求，签订合同。

（2）**现场踏查**　设计者进行现场踏查，核对、补充现状图所标注的内容，并根据周围环境，进行艺术构思。如果有条件还应进行调查访问，了解周围人们对种植设计的要求。

（3）**读图**　读出绿地入口、广场、道路、竖向山水、建筑、小品等位置，根据比例及边界范围计算设计绿地的总面积，绘出种植绿块。

1.1.2　种植方案设计　设计者根据设计委托方提出的设计要求及绿地性质，进行立意、功能分区、景观分区、空间组织、视线分析、确定主要植物材料等方面的设计。

（1）立意　　根据总平面图提供的地形、小品或广场名称，或当地的典故、传说等展开丰富想象，进行文字加工，成为园名、景区名；按园名和景区名组织空间、选择植物，完成种植方案。

（2）功能、景观分区　　每个公园、游园都要进行分区。有以功能为主的功能分区，往往根据不同年龄段游人活动规律，不同兴趣爱好的需要来进行分区，以满足不同的功能需要，如入口区、停车场、休闲广场、老人活动区、儿童活动区等；有以景观为主的景观分区，即将园地中自然景色与人文景观突出的某片区域划分出来，并拟定某一主题进行统一规划，如杭州花港观鱼公园共分为红鱼池、牡丹园、花港、大草坪、密林地五个景区；面积较小的游园可设功能与景观结合在一起的功能景观分区。

（3）空间组织　　植物可以用于空间中的任何一个平面。植物可以用于地平面上，在较低的水平面上筑起一道范围；也可用于垂直面上，以树干的高矮、疏密形成空间的围合；还可以用于顶平面，像室外空间的天花板，限制伸向天空的视线。按照植物对空间的围合程度不同，可将植物空间分为闭合空间、开敞空间和半封闭空间。空间组织就是通过分隔、对比与渗透等手法，利用不同植物材料围合成不同的植物空间，并将各个空间进行一系列的串联，组合构成相互联系的空间系列，产生多种多样的整体效果。

（4）视线分析　　视线观望包括俯视、仰视和平视。利用植物材料能引导视线、遮挡视线，形成透景线、对景线，从而更好地展现美景、欣赏美景。视线焦点须是一个空间的标志性景物，如跌水、置石、孤植的高大园景树或一组观赏小树丛等，这是需要设计者精心安排的。

为了获得清晰的景物形象，观景线的长短也是设计者要考虑的。一般情况，人的视力在250～270 m内能清晰观望景物；而当观景线大于300 m，观望园内焦点景物就产生模糊，因此在面积较大的公园往往设计多个观景点；大于500 m可观望高大雄伟的建筑物，如颐和园知春亭西望玉泉山静明塔、北京植物园月季园入口远望静明塔，这是极佳的借景手法。

（5）安排植物材料　　根据种植立意，考虑"适地适树"的原则安排植物材料。首先确定全园的基调树种及各景区的骨干植物。基调树的种类不宜多，根据游园、公园的面积，1～2种或2～3种即可，但每种树栽植的数量要多，以其数量来体现全园种植基调。骨干植物即是园中景区内栽植的主要植物种类，每个景区可规划5～6种或8～9种，各景区的骨干植物可以重复，而且应该体现全园的基调树。

1.1.3　种植设计　　园林种植设计是设计者根据园林种植方案的各项要求设计各类植物景观，呈现植物经过二三十年生长后的中远期景观。

种植设计前要熟读种植方案图，了解景区种植构思、立意、空间安排、骨干植物等，还要收集园林植物相关知识，如园林植物花期、花色、树高、冠幅、园林用途等。

1）根据总体地形、各个景区的特点和种植构思进行植物种植布局。一般在入口、主干道两侧多采用规则式种植，在自然山体、水体、园路、小品旁则多采用自然式种植。

2）安排基调树。基调树的大量种植反映全园的种植整体，基调树主要安排于路网、水系、边界及各景区内。如果有2～3种基调树，则可分段、分区地进行种植。

3）种植疏密布置。根据种植方案图的整体空间安排，要用植物种植来体现园中的疏密关系和空间变化。这样在功能上满足了不同分区对空间的要求，在景观上也产生疏密、明暗、开合的对比效果。

4）季相变化。根据种植方案图要求布置各景区的季相景观，使各景区自有特色，呈现出丰富多彩的季相美感。

5）植物比例。常绿树与落叶树比例应根据设计地的气候带及植被区域来决定，华北地区按（1：3）～（1：4）为宜，长江中下游地区常采用（1：1）～（2：1），华南地区为（3：1）～（4：1）。乔木与灌木的比例一般采用（1：1）～（1：2）或（1：1）～（1：3），草坪的面积一般不超过总栽种面积的20%。

6）分区植物景观营造。按种植方案图的分区立意营造植物景观，使各分区的景观相互联系、相互过渡，进而烘托全园的主题。植物种植类型可根据区域景观要求设计成孤植、对植、丛植、群植、林植、列植、篱植等形式。树丛、树群之间的过渡要自然，要有联系，在交接处必须有所交错、渗透，以使景观相互交融。此外，可以将各类植物结合置石、雕塑、小品等组成小景，或是一株高大的园景树、一丛精美的树丛或一组壮丽的树群安排在视线终点，作为焦点景物而成为景区空间的标志性景物。

7）绘制种植设计图。绘制种植设计平面图时，要使用国家行业标准颁布的植物图例，在同一张图纸中植物图例的表示方法不宜太多，以便图纸清洁、整齐。植物名称可直接写于冠幅内，若冠幅较小的灌木可就近写于旁边，不宜用数字编号标注，这样不利于他人读图。

种植设计图应用树木平面圆圆心标明每株树木的定植点。同一树种若干株栽植在一起可用直线将定植点连接起来，于起点或终点统一标注植物名称。这些直线一般不相互交叉，不过园路、不过水面、不过建筑。定植点的确定应根据国家行业标准视地下管线及地面建筑物、构筑物等而定，另外，定植点一般不点在等高线上。

园林种植设计图一般按（1：250）～（1：500）比例作图，乔灌木冠幅以成年树树冠的75%绘制。通常乔木、大乔木为10～12 m；中乔木6～8 m；小乔木4～5 m；灌木、大灌木3～4 m；中灌木2～2.5 m；小灌木1～1.5 m。

1.1.4 种植施工图绘制　　园林种植施工图是栽种时近期的植物景观，是施工人员施工时的用图。

（1）植物冠幅的确定　　图中树木的冠幅按苗木出圃时的规格绘制。苗木出圃时枝条经过修剪，冠幅较小，施工图中绘制苗木冠幅通常为：乔木，大苗3.0～4.0 m，小苗1.5～2.0 m；灌木，大苗1.0～1.5 m，小苗0.5～1.0 m；针叶树，大苗2.5～3.0 m，小苗（包括窄圆锥形）1.5～2.5 m。

（2）绘制种植施工图　　种植施工图是在种植设计图的基础上绘制的，即定植点不移动，按苗木出圃时的冠幅绘制树木的冠幅。由于施工图上树木冠幅远比设计图上的小，图纸上的植物景观就显得稀疏。为了尽快发挥近期的植物景观，就需增加植物数量，因此需要在保留树的左右、附近添加树木，这些添加的树木称为填充树。填充树与保留树组合形成的植物景观需遵守种植设计的原则和技法等。填充树的数量与保留树大致相等或略多一些，一般以（1：1）～（1.2：1）为宜。若干年后根据植物生长势及形成的景观效果移去填充树或者保留树。

为了方便施工，准确定位，木本植物应单株绘制，标出定植点。大面积的纯林可以画出林缘线，标明株行距，写上数量即可。冠幅较小的灌木可用云线绘制，写上数量。图面上仅保留树可以淡淡上色，以示与填充树的区别，其他树种都不必上色。

1.1.5　园林种植设计说明书　园林种植设计说明书是为了使甲方及施工人员、养护管理人员明了种植设计的原则、构思，植物景观的安排，苗木种类、规格、数量等一系列问题所作的文字说明，从而保证种植设计能得以顺利实施。园林种植设计说明书主要包括项目概况（绿地位置、面积、现状、周边环境、项目所在地自然条件等）、种植设计原则及设计依据、种植构思及立意、功能分区、景观分区介绍、施工中应注意的问题及各种附表。

附表通常包括用地平衡表和植物名录。用地平衡表中要说明本项目中建筑、水体、道路广场、绿地占规划总面积的比例；植物名录中要标明植物的编号、中名、学名、规格、数量等信息。植物名录中植物排列顺序分别为乔木、灌木、藤木、竹类、花卉地被、草坪。乔灌木中先针叶树后阔叶树，每类植物中先常绿后落叶，同一科属的植物排列在一起，最好能以植物分类系统排列。

苗木规格：

针叶树：树高（m）×冠幅（m）

阔叶乔木：胸径（cm）

阔叶灌木：株高（m）

藤木：地径（cm）或苗龄

花卉地被：株数/m²

草坪：面积（m²）

同一树种若以 2 种规格应用，应分别计算数量。

1.1.6　相关规范　建设部《城市道路绿化规划与设计规范》（CJJ 57—1997）对道路绿化与相关市政设施的关系，做了统一的技术规定，是进行道路绿地种植工程设计的参考依据。

建设部《公园设计规范》（CJJ 48—1992）第二章对城市高压输配电架空线以外的其他架空线和市政管线与植物之间的安全距离做了明确规定；第六章对植物景观控制、各种场所植物的选择要求、种植要求做出了明确规定。

《风景园林工程设计文件编制深度规定》第二章方案设计 2.3.7 规定，绿化设计图应标明植物分区、各区的主要或特色植物（含乔木、灌木），标明保留或利用的现状植物，标明乔木和灌木的平面布局；第三章初步设计 3.5 种植部分和第四章施工图设计 4.4 种植部分都明确要求种植设计图应包括设计说明和设计图纸，并对设计说明应包括的内容和对设计图纸的要求做了明确规定。

【任务实施条件】

手工绘图工具、计算机辅助设计工具、某园林总体规划设计图及设计说明、待建工程场地；每 2～3 名学生为一实训小组，每 10 名学生配备 1 名指导教师。

【任务实施过程】

1.1　布置工作任务　教师选取一块已经做好总体规划的绿地，由学生结组完成该绿地的种植设计和种植施工设计。教师要为学生发放设计任务书，尽量为学生提供待建项目所在地的图纸资料、气象与植被资料、社会与人文资料，以及设计委托方的要求等。

1.2　分组　　本任务以小组为单位进行。2～3人组成一个小组，要求组内成员之间组织能力、沟通能力、学习能力、知识水平、技能水平等方面能够互相取长补短。选定组长1名，负责本组成员之间分工协作、相互学习及设计成果的交流及组内自评工作等。

1.3　任务展示　　教师向学生展示某种植设计工作任务，下发任务书，帮助学生了解种植设计的主要内容及相关要求。

1.4　任务分析　　教师引导学生对任务进行分析。教师应及时解决学生读图、识图过程中遇到的问题，必要时到工程现场进行踏查；学生应在教师的引导下了解种植工程设计的依据、具体工作内容及相关要求，明确完成任务要具备的知识、技能及工作方法等。

1.5　任务执行　　学生以组为单位，分工协作，共同完成种植设计和种植施工设计，并绘制图纸。在完成任务的过程中，边做边学，不断发现问题、解决问题，深入学习领会种植工程设计相关知识点。教师针对重点、难点问题进行讲解，帮助学生丰富种植工程设计理论知识，提高实践技能。具体工作步骤如下。

1.5.1　园林种植设计前的准备工作

（1）相关资料收集与调查　　主要包括土壤条件、环境条件、社会经济条件、人口及其密度、知识层次分析、现有植物状况等。

（2）实地考查测量　　到现场进行踏查、核对、测量，完善现状图，还要了解当地的乡土特色植物。

1.5.2　种植方案设计

（1）确定种植范围　　在充分了解总体设计意图的基础上，通过分析确定种植范围。

（2）方案设计　　通过视线分析确定视线走向，依据绿地所处位置和功能需求，确定全园的基调树种及各景区的骨干植物。

（3）种植设计　　首先确定各区的种植布局形式；其次根据各区种植布局形式安排各区的具体种植形式，注意以骨干树种为主，同时考虑各区域及整个园区的季相变化和植物比例，以及各区域之间的过渡景观；最后根据植物冠幅，安排种植密度并绘制种植设计图。

（4）种植施工设计

1）首先应确定所应用的园林苗木出圃时的规格；其次在种植设计图的基础上，定植点不移动，按苗木出圃时的冠幅绘制树木的冠幅；最后进行填充树的配植。

2）确定定位轴线，或绘制直角坐标网。

3）为方便施工，至少应绘制两张图纸，一张为乔木种植施工图，一张为灌木及地被植物种植施工图。

4）编制苗木统计表。在图中适当位置，列表说明所设计的植物编号、植物名称（必要时注明拉丁名称）、单位、数量、规格及备注等内容。如果图上没有空间，可在设计说明书中附表说明。

5）编写设计施工说明，绘制植物种植详图。针对种植施工中应注意的问题，如种植某一植物时挖坑、施肥、覆土、支撑等种植施工要求等在设计施工说明中进行表述。非常规种植时还要绘制施工详图，如盐碱地绿化施工详图、种植池施工详图、花坛施工详图等。

6）画指北针或风玫瑰图，注写比例和标题栏。

1.6 任务评价　　任务评价采用评委评价与组内评价相结合，设计成果评价与综合能力评价相结合的形式，主要依据种植设计成果、成果汇报时的表现，以及在工作过程中分析问题、解决问题、沟通协调、协作创新等方面的综合表现。

【成果资料及要求】

以组为单位，提交种植设计相关图纸资料一套，包括种植设计图、种植施工图等。种植施工图应为一套图纸，至少包括乔木施工放线图、灌木及地被施工放线图，附详细的设计说明和苗木配置表。

要求设计立意明确，空间布局合理，植物选择及种植形式的应用符合科学性、艺术性等原则，设计内容完整、符合相关设计规范；图示内容符合有关制图规范，设计说明文通字顺，图纸结合设计说明能充分表达设计意图并能有效指导种植施工。

【任务考核方式及成绩评价标准】

通过方案汇报的形式进行任务评价，包括组间评价、教师评价等，教师还可以邀请项目实际负责人或设计人员参与评价。

1）参加人员。教师、设计师、全体同学。

2）评价人员。教师、设计师、其他各组代表。

3）方案汇报。每组推选一位同学，对本组工作成果进行汇报，组内各成员均可以回答教师、同学、设计师提出的问题。汇报可以采用PPT、动画等形式。

4）评价标准。从两个方面予以评价。一方面是对设计成果的评价，占总分数的50%；另一方面是对综合能力的评价，占总分数的50%，主要通过汇报成果和回答问题来评价，包括学生对设计成果的理解程度、语言组织能力、小组协作能力、汇报展示能力等。

5）评分标准。建议教师评分、设计师评分、同学评分各占一定比例，算出小组得分。小组内各成员的分数依据组内自评，按照各小组成员的社会能力、个人能力、方法能力和专业能力在小组得分的基础上乘以一定的比例，有的高于小组得分，有的低于小组得分，小组所有成员得分的平均数与小组得分相等。

【参考资料】

孙来福. 2007. "三段式任务驱动"教学法及其在高职教学中的应用研究［D］. 大连：辽宁师范大学硕士学位论文.

同济大学建筑城市规划学院. 1995. 中华人民共和国行业标准——风景园林图例图示标准（CJJ67—1995）［S］. 北京：中国建筑工业出版社.

袁明霞，刘玉华. 2010. 园林技术专业技能包［M］. 北京：中国农业出版社.

周道瑛. 2008. 园林种植设计［M］. 北京：中国林业出版社.

参考样例：某居住区绿地种植设计，见图6-17～图6-20。

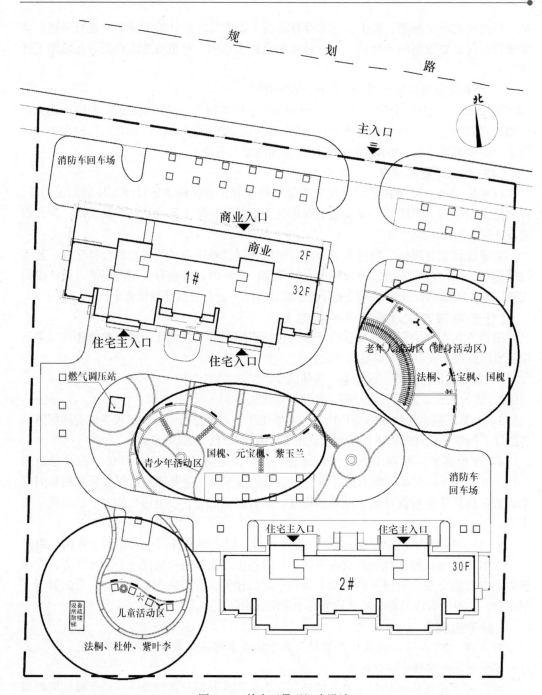

图 6-17　某小区景观初步设计

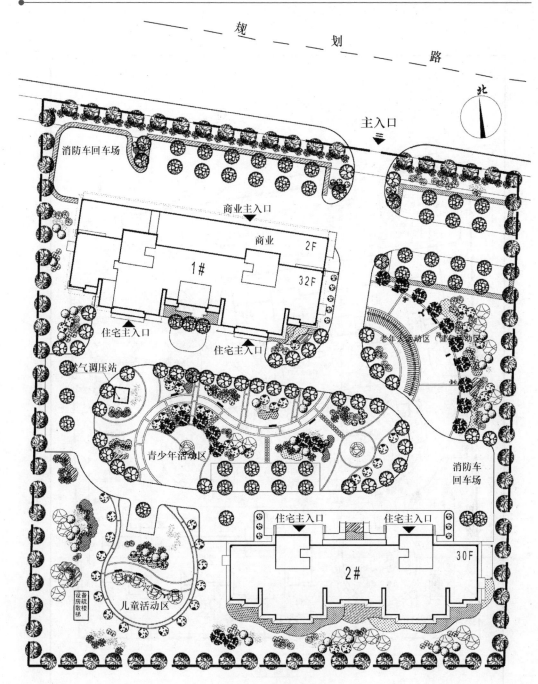

图 6-18 种植设计图

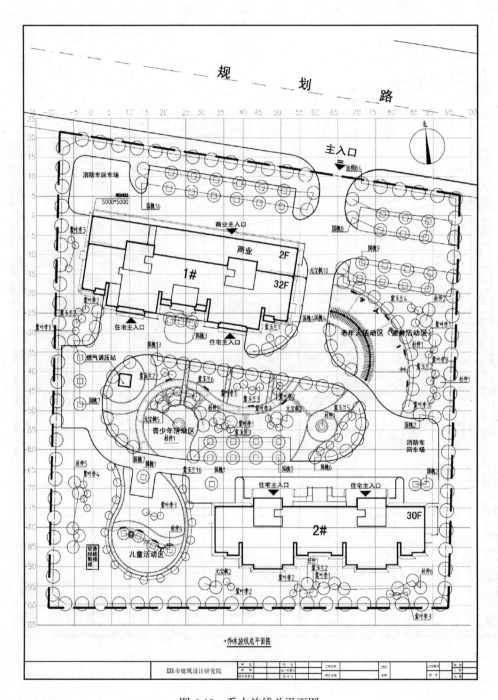

图 6-19　乔木放线总平面图

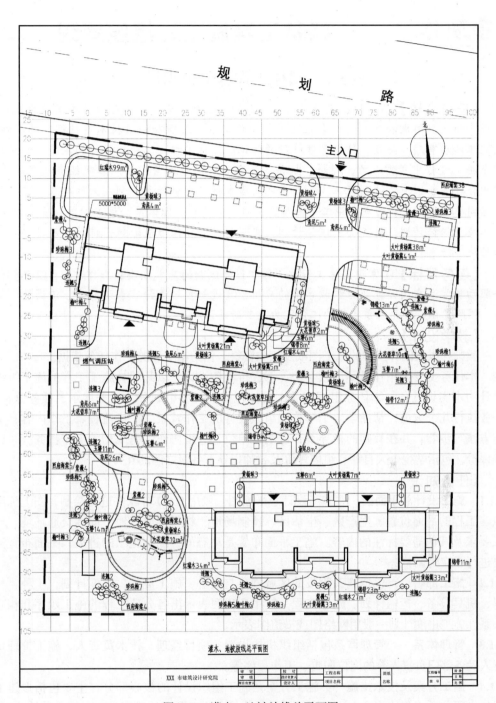

图 6-20 灌木、地被放线总平面图

模块七 园林工程施工与组织管理

任务1 园林工程施工组织设计

【任务介绍】 施工组织设计是用以指导园林工程建设过程中各项施工活动的技术、经济、组织、协调和控制的综合性文件，是施工项目管理和施工技术有机结合的产物，是施工活动有序、高效、科学合理进行的保证。园林工程施工组织设计的主要任务是把整个施工过程中所需人力、材料、机械、资金和时间等因素，按照客观经济技术规律，做出合理安排，使之达到耗工少、质量高、成本低、安全性高、利润大的要求。其主要包括园林工程概况和特点，施工平面布置，施工部署和管理体系，施工方案和技术措施，施工质量保证计划，施工安全保证计划，文明施工、环保节能降耗保证计划及辅助、配套的施工措施。

【任务目标】 ①掌握园林工程施工组织设计编制的基本方法和工作过程；②了解任务驱动教学法在园林专业课程教学中的应用；③进一步培养语言表达能力、沟通协调能力、团队意识、理论联系实际的工作能力及创新意识。

【教学设计】

教师提供某园林工程的施工图纸及相关资料，作为本实训的工作任务依据。

本任务主要采用任务驱动教学法。①进行任务设计，以某园林施工工程的施工组织设计为本实训任务。②任务组织实施，具体包括实习小组划分、任务展示、任务分析、任务执行几个方面，帮助学生了解施工组织设计的工作背景、工作流程、工作内容、工作方法与步骤，并在教师的指导下，以组为单位，分工协作，完成相关工作任务。③任务评价，包括学生个人自评、组内评价及教师指导下各组之间的互评。

【任务知识】

1.1.1 施工设计总平面图 施工设计总平面图一般用 CAD 等软件进行绘制，图上标出拟建工程的平面位置、生产区、生活区、预制场地、材料堆放场地、周围交通环境、环保要求及其他需要标注的内容。施工平面布置是动态的，随着施工的进展，平面布置需要进行相应的调整。

1.1.2 施工部署 包括施工阶段的区域划分与安排、施工流程、进度计划，工种、材料、机具设备、运输计划。施工流程一般用流程图表示出各分项工程的施工顺序和相互关系。施工进度计划一般用网络图或横道图表示。

1.1.3 管理体系 管理体系包括组织机构设置、项目经理、技术负责人、施工管理负责人及各部门负责人等的岗位职责、工作程序等。

1.1.4 施工方案及技术措施 施工方案是施工组织设计的核心部分，主要包括拟建工程的主要分项工程的施工方法、施工机具的选择、施工顺序的确定，还包括季节性施工、四新技术措施，以及结合工程特点和由施工组织设计安排的、根据工程需要采取的相应方法与技术措施。对技术难度大、工种多、机具设备配合多、经验不足的工序和关键工序或关键部位应编制专项施工方案；常规的施工工序简要说明。

1.1.5 施工质量保障计划 建立质量保障体系和控制流程，实行质量管理制度及岗位责任制；落实质量管理组织结构，明确质量责任。确定重点、难点及技术复杂分部、分项工程质量的控制点和控制措施。

1.1.6 施工安全、文明施工保障计划 施工安全、文明施工保障计划包括：施工安全制度及岗位责任制、消防保卫措施、不安全因素监控措施、安全技术措施；文明施工、环保节能降耗保证计划及辅助、配套的施工措施；环境保护、文明施工的组织及责任制，针对环境要求和作业时限，制订落实技术措施。

【任务实施条件】

工程施工合同、概况资料、施工图纸、验收规范、计算机及文字处理软件与 cad 绘图软件。

【任务实施过程】

（1）任务设计 教师选取适当的园林施工工程项目，对施工组织设计的具体工作内容及要求进行设计。

（2）实习分组 本任务以组为单位进行。4～6 人组成一个实习小组，要求组内成员之间沟通能力、学习能力、知识水平等方面能够互相取长补短，各实习小组之间各方面能力水平基本均衡。选定组长 1 名，负责本组成员之间分工协作、相互学习及设计成果的交流及组内自评工作。

（3）任务展示 教师向学生展示某施工组织设计工作任务，下发实训任务书，帮助学生了解施工组织设计的主要内容及相关要求。

（4）任务分析 教师引导学生对任务进行分析，明确完成任务要做哪些具体的工作，要如何做，并对施工组织设计的相关知识点进行深入学习领会；教师针对重点、难点问题进行讲解，以帮助学生具备初步的工作能力。

（5）任务执行 学生以组为单位，分工协作，共同完成施工组织设计。在完成任务的过程中，边做边学，不断发现问题、解决问题，丰富园林施工与组织管理的理论知识，提高实践技能。具体工作步骤如下：①了解园林工程概况和特点；②设计施工平面布置；③用 CAD 等软件绘制施工总平面图；④设计施工部署和管理体系；⑤设计施工方案和技术措施；⑥制订施工质量保证计划；⑦制订施工安全保证计划。

（6）任务评价

1）组长组织本组成员对各自的设计成果进行自评、互评，共同讨论，修改完善，形成园林工程施工组织设计的阶段性成果。

2）教师组织全体同学以组为单位，对各组工作成果进行汇报并答辩。每组推选一位同学，对本组的设计成果进行汇报、答辩，其他同学听取汇报，并对汇报的设计成果进行提问、讨论；最终教师对各组的设计成果及汇报答辩情况进行总体评价并提出具体的意见或建议。

3）组长组织本组同学，进一步修改完善施工组织设计相关工作成果。

【成果资料及要求】

以组为单位，提交施工组织设计 1 份，并打印装订成册。

要求施工组织设计的内容完整，并具有针对性和可操作性，文字组织条理清晰。

【任务考核方式及成绩评价标准】

本任务采用学生评价与教师评价相结合，阶段性评价与最终工作成果评价相结合的方式进行评价。

1）由组长对本组成员的个人表现进行评价，占总成绩的50%，具体包括如下三个方面：①积极主动完成组长分配的工作任务，按时完成工作任务，占总成绩的10%。②工作成果内容完整，设计内容完整、合理，格式规范，占总成绩的30%。③工作过程中能积极主动解决遇到的问题，能很好地与同学进行沟通协调，团结合作，占总成绩的10%。

2）由指导教师对各组的实习成绩进行评价，占总成绩的50%，包括两方面的内容：①根据成果汇报情况进行评价。要求设计内容正确、完整，格式规范；要求汇报者能代表全组同学，清楚明了地展示设计成果，并准确回答相关问题，占总成绩的20%。②最终提交的成果评价，占总成绩的30%。

【参考文献】

董三孝. 2004. 园林工程施工与管理 [M]. 北京：中国林业出版社.

何芬，傅新生. 2011. 园林绿化施工与养护手册 [M]. 北京：中国建筑工业出版社.

刘卫斌. 2010. 园林工程技术专业综合实训指导书 [M]. 北京：中国林业出版社.

袁明霞，刘玉华. 2010. 园林技术专业技能包 [M]. 北京：中国林业出版社.

任务 2　园林工程预算

【任务介绍】 本任务主要学习园林工程的清单计价方法。使用清单计价要熟知园林工程项目的清单项目构成及清单费用组成，同时还要了解地方的园林绿化工程消耗量定额，在此基础上才能编制清单和清单计价表。另外，为使编制清单项目时不漏编项目也不重复项目，需要熟悉园林工程施工图，并对项目的施工技术和过程有深入的了解。为使投标报价更符合实际，并使所在企业获得合理的利润，造价人员应熟悉目前人工和材料的市场价格，了解所在企业的生产经营成本。造价计价要依据国家和地方的相关文件进行，因此当造价依据变化时，及时了解影响造价的文件是很重要的。

【任务目标】 通过本任务的学习，使学生达到以下要求：①掌握园林工程工程量清单的编制；②掌握园林工程工程量清单计价的方法；③培养学生制作汇报课件的能力。

【教学设计】

本任务主要采用任务驱动教学法。①进行任务设计，教师选取适当的园林绿地施工图设计方案，确定园林绿化工程造价编制任务。②任务组织实施包括任务展示、任务分析、任务执行、任务评价等步骤，教师要帮助学生了解园林绿化工程造价编制的工作流程、工作内容、工作方法与步骤，并在教师的指导下以组（或个人）为单位，完成设计任务。③任务评价，包括学生互评价和教师评价。

【任务知识】

1　园林工程费用项目组成

根据建设部建标 [2013] 44 号文件的规定，建设项目的建筑安装工程的费用由人工费、材料费、施工机具使用费、利润、企业管理费、规费和税金组成。

（1）人工费　　指直接从事建筑安装工程施工的生产工人开支的各项费用，内容包括：基本工资、工资性补贴、生产工人辅助工资、职工福利费、生产工人劳动保护费。

（2）材料费　　指施工过程中耗费的构成工程实体的原材料、辅助材料、构配件、零件、半成品的费用。内容包括：材料原价（或供应价格）、材料运杂费、运输损耗费、采购及保管费、检验试验费。

（3）施工机具使用费　　施工作业所发生的施工机械、仪器仪表使用费或其租赁费。包括如下两个方面。

1）施工机械使用费。指施工机械作业所发生的机械使用费，以及机械安拆费和场外运费。由折旧费、大修理费、经常修理费、安拆费及场外运费、人工费、燃料动力费、养路费及车船使用税所组成。

2）仪器仪表使用费。工程施工所需使用的仪器仪表额摊销及维修费用。

（4）企业管理费　　是指建筑安装企业组织施工生产和经营管理所需费用，内容包括管理人员工资、办公费、差旅交通费、固定资产使用费、工具用具使用费、劳动保险费、工会经费、职工教育经费、财产保险费、财务费、税金（是指企业按规定缴纳的房产税、车船使用税、土地使用税、印花税等）、其他费用（包括技术转让费、技术开发费、业务招待费、绿化费、广告费、公证费、法律顾问费、审计费、咨询费等）。

（5）规费　　是指政府和有关权力部门规定必须缴纳的费用，包括工程排污费、社会保障费（养老保险费、失业保险费、医疗保险费、工伤保险费）、住房公积金。

（6）利润　　是指施工企业完成所承包工程获得的盈利。

（7）税金　　指国家税法规定的应计入建筑安装工程造价内的营业税、城市维护建设税及教育费附加等。

以上是建设部的文件中的规定，各省可以根据本地的情况对规费项目做适当变化，另外随着社会发展有些规费项目会取消也会再增添一些新的项目，具体项目组成应依各省现行的文件而定。

2　园林绿化工程工程量清单项目内容

依据国家相关文件的规定，我国造价改革实行清单计价的模式，因此各类建设工程的工程量清单项目就成为计价的基本工程单位，需要有全国统一的名称、编号、项目特征、计量单位和计算规则，《园林绿化工程工程量计算规范》（GB 50858—2013）对园林绿化工程的清单项目做了明确的规定，分为绿化工程、园路园桥工程、园林景观工程和措施项目。绿化工程又分为绿地整理、栽植花木、绿地喷灌三大类项目，园路园桥工程分为园林路桥、驳岸护岸两大类项目，园林景观工程分为堆塑假山、原木（竹）构件、亭廊屋面、花架、园林桌椅、喷泉安装、杂项等大类项目，措施项目包括脚手架工程、模版工程、围堰排水工程等项目，要依据《园林绿化工程工程量计算规范》（GB 50858—2013）详细了解各个清单项目才能编制造价文件，具体内容见该规范。

3　园林绿化工程清单的编制与计价

3.1　工程量清单主要内容　　依照现行相关规范，工程量清单包括分部分项工程量清单、措施项目清单、其他项目清单［包括暂列金明细表、材料（工程设备）暂估单价及调整表、专业工程暂估价及结算表、计日工表、总承包服务费计价表］、规费与税金项目清单；相应的，造价也是由分部分项工程费、措施项目费、其他项目费（包括暂列金、暂估价、计日工、总承包服务费）、规费与税金所组成。招投标时由发包方提供工程量清单，投标方核对发包方的清单项目并提供报价。

3.2 工程量清单的编制与计价

3.2.1 编制清单

编制清单首先需要熟悉施工图，对于某些工程内容要模拟出施工方案，这样才能做到不漏项也不重复项目。依据园林绿化工程工程量计算规范编制出工程量清单，清单中项目特征要叙述详细，对于规范中没有的内容或者比较概括的项目可以采用从相关专业的清单编制规范中的清单项目（如绿地灌溉就可以采用给排水工程的清单项目），如果不能运用相关专业的清单项目，还可以自主补充清单项目，但在编号时要区分开，以"补"字开头，并且项目特征也要叙述详细，计量单位要明确。对于补充的清单项目，在清单最后要按照规范中清单项目的格式补充说明所补项目的各项内容，如项目特征、计量单位、工程量计算规则等。

3.2.2 清单计价方法

在以工程量清单模式计价时要根据各省颁布的园林绿化工程消耗量定额和相关文件的规定计价，因此熟悉各省的园林绿化工程消耗量定额就是计价的前提，相对于清单项目，一般来说消耗量定额的步距较小，子目多，比较详细，往往一个清单项目包括若干个定额项目，并且有时候两者的工程量计算规则不一样，所以在计算时应认真细致，正确计算出清单项目所包括的各个定额项目的工程量。

清单计价时一般先计算分部分项工程和单价措施项目的费用，这里的每一个项目的单价都是综合单价，包括人工费、材料费、机械费、管理和利润及一定的风险。然后计算可竞争的总价措施项目的费用，计算方法要依据各省的有关文件进行，例如，河北省的可竞争总价措施项目以分部分项工程和单价措施项目中的人工费和机械费的总和为基数，乘以相应的费率；接着计算其他项目费，其中主要的是计日工时费用的计算。然后计算规费，规费的组成和费率要按照当地的相关文件执行，以上各项费用的总和称为不含税造价。再计算不可竞争措施费，不可竞争措施以分部分项工程费、可竞争措施项目费、其他项目费的总和为基数，乘以相应的费率来计算。最后计算税金，形成含税造价。按国家规定目前所取的税金有营业税、城市维护建设税、教育附加费、地方教育附加费。营业税以分部分项工程费、措施项目费和规费的总和为基数，税率取 3%，教育费附加以营业税税额为计征依据，税率为 3%，地方教育附加费以营业税税额为计征依据，税率为 2%，城市维护建设税以营业税税额为计征依据，纳税人所在地在市区的，税率为 7%；纳税人所在地在县城或乡镇的，税率为 5%；纳税人所在地不在市区、县城或乡镇的，税率为 1%。但在做预算时要按各地方的规定计取，例如，目前（2015 年）河北省的税金计取税率：工程所在地在市区的执行 3.48%；工程所在地在县城、乡镇的执行 3.41%；工程所在地不在市区、县城、乡镇的执行 3.28%。

园林工程的总造价就是上述各项费用的总和，签订承包、发包合同价就是以总造价为基础形成的。另外，工程价款中应当含有日后支付给分包（转包）人的全部费用，包括相应的营业税及其附加等。

一般而言，如果编制标底，计价应按照各地区的消耗量定额及有关其调整的文件进行，在编制投标文件时，除国家规定不能改变的费率如税金的税率外，其余可根据各企业和市场的实际情况取费计价，这样有利于形成市场价格，在承、发包市场形成竞争。

3.3　预算报表填写　　预算报表可以采用国标清单计价规范中的格式填写，也可以将分部分项工程量清单、计价表与综合单价分析表的内容综合起来形成一个新的表格，总之能够详细表达规范中所要求的计价内容即可。

【任务实施条件】

教室、学校所在省（自治区、直辖市）的园林工程消耗量定额、计算机造价编制软件、某园林绿地施工图及设计说明，每 15 名左右学生配 1 名指导教师。

【任务实施过程】

1.1.1　任务设计　　教师选取适当的某园林绿地施工图，设计出其造价编制的任务。绿地面积要适中，以 $1\sim3$ hm^2 为宜；景观元素多样，广场、绿地、建筑、水面、雕塑等齐全。面积太大，任务过于复杂，则用到其他专业的清单项目太多，造价编制的难度大，不利于完成任务；面积太小则任务过轻，起不到训练提高的作用。

1.1.2　实训分组　　可以分组也可以个人完成实训任务，分组则 5 人左右组成一个实训小组，各小组间各方面能力水平基本均衡为宜。每组选定组长 1 名，负责本组成员之间的分工协作及其他工作。

1.1.3　任务展示　　教师向学生展示园林施工图设计图纸及设计说明、造价编制任务书，帮助学生了解施工图设计的主要内容及相应的施工方案，明确造价编制的工作内容。

1.1.4　任务分析　　教师引导学生分析造价编制任务书和设计图纸，提出完成任务的步骤和关键点，明确任务的重点、难点，并对难点提出解决建议。

1.1.5　任务执行　　学生以个人或组为单位，分工协作，共同完成造价编制的任务。其工作步骤如下。

（1）熟悉施工图纸　　读懂施工图，根据施工图模拟出施工方案，要考虑到在施工过程中会出现的一些工程内容，这样就可避免一部分遗漏项。

（2）编制工程量清单　　根据施工图纸和模拟的施工方案，编写工程量清单，注意写清项目特征。对于《园林绿化工程工程量计算规范》（GB 50858—2013）中没有的项目可以补充编写新的清单项目，对于补充的清单项目也要写明项目特征，并且在清单最后按照规范中清单项目的格式补充说明所补项目的各项内容。

（3）编制工程量清单计价表　　依据地方的园林绿化工程消耗量定额及相关规范或者企业的园林绿化工程实际消耗量及本企业的实际费用标准编写各类清单的报价，形成造价报表。

1.1.6　任务评价　　个人或每组推选一位同学汇报本组的成果并答辩，其他同学听取汇报，并对汇报成果提问、讨论；然后教师再对预算成果及汇报答辩情况进行总体评价并提出修改建议；最后各组根据修改建议修改完善造价报表后提交报表。

【成果资料及要求】

每组或个人提交园林绿化工程造价报表 1 份。要求报表齐全、格式规范、计价程序符合当地政府文件的规定、各项造价比较符合当前市场价格。

【任务考核方式及成绩评价标准】

本任务采用学生评价与教师评价相结合的方式进行成绩评定。

（1）学生评价　　学生评价可以由学生进行（组内）自评或组间互评。评价内容包括：学生是否能按时完成所承担的工作任务、工作成果的质量、实习表现等方面。占总成绩的 50%。

（2）教师评价　由指导教师对各组（人）实训成绩的评价占总成绩的 50%，包括两方面的内容：①阶段性成果及汇报情况的评价。要求设计报表齐全，格式规范，没有漏项，计价程序合乎相关文件的规定，各项造价比较符合当前市场价格；汇报者能代表全组同学清楚明了地展示成果，并清晰准确地回答相关问题，占总成绩的 25%。②对最终提交的造价报表进行评价，占总成绩的 25%。

【参考文献】

中华人民共和住房和城乡建设部. 2013. 建设工程工程量清单计价规范（GB 50500—2013）[M]. 北京：中国计划出版社.

中华人民共和住房和城乡建设部. 2013. 园林绿化工程工程量计算规范（GB 50858—2013）[M]. 北京：中国计划出版社.

任务3　土方工程施工

【任务介绍】本任务的土方工程施工主要指园林地形的塑造。土方工程是园林施工中的基础工程，工程量大、工期长、费用高，其工程质量直接影响其他景观的设置。它要求断面、标高准确，土体有足够的强度和稳定度。土方工程施工一般由制订施工计划、施工现场清理、施工放线、土方填埋、土方压筑、回填种植土等环节组成。土方工程因为量多面广、劳动繁重、施工条件复杂，为了提高劳动生产率，加快工程进度，降低工程成本，应尽可能地采用先进的施工工艺和施工组织，实现土方工程施工的综合机械化。

【任务目标】①掌握园林地形施工放线的方法；②掌握一般土方工程的施工方法；③了解土方工程施工的管理措施。

【教学设计】

本任务采用现场教学法。组织学生参与某土方工程施工的工作过程，现场参与、观摩施工人员完成土方工程施工的各个工作环节，从而增进学生对土方工程施工整个过程的了解与认识，丰富施工知识和管理经验，培养施工工作能力。

【任务知识】

（1）土方工程施工放线　在附有等高线的施工图上设置方格网，方格网边长一般为 20 m。用经纬仪或红外线全站仪将方格网测设到实际地面上，并在方格网的交点处立桩，用白灰放出方格网。在每个桩木上标出每一角点的原地形标高、设计标高和施工标高。依次在地面上放出各零点或方格网与等高线的交点；用白灰将各零点或方格网与等高线的交点依次光滑放出。

（2）山体堆筑　山体的堆筑要符合设计要求，保证堆筑山体土料的密实度和稳定性。对受力层地质情况应详细了解，以确保山体重量符合该地块的最大承载力。

较高的山体堆筑，采用机械堆筑的方法。采用推土机填土时，每层虚铺厚度不宜大于 50 cm。

当在有地下构筑物的顶面堆筑较高的土山体时，可考虑在土山体的中间放置轻型填充材料，如 EPS 板等，以减轻山体的重量。

（3）土山的压实　土山体的压实应采用机械进行压实。

在碾压之前，宜先用轻型推土机、拖拉机推平，低速预压 4~5 遍，使表面平整。碾压机械碾压时，应控制行驶速度，一般不超过 2 km/h，并控制压实遍数。压实密度要达到设计标准。

（4）山体等高线施工　山体等高线按平面设计和竖向设计施工图进行施工。每堆高 1 m 高度对山体坡面边线按图示等高线进行一次修整，采用人工进行作业，以符合山形要求。在山坡的变形处，做到坡度的流畅。

（5）山体修整　整个山体堆筑完成后，再根据施工图平面等高线尺寸和竖向设计的要求自上而下对整个山体的山形变化点（山脊、山坡、山谷）精细修整一次。要求做到山体山形不积水，山脊、山坡曲线顺畅、柔和。

（6）种植土回填　土山表层种植土要求按照《城市绿化工程施工及验收规范》（CJJ/T 82—1999）中有关条文执行。

（7）地形验收　通过土工试验，山体密实度及最佳含水量应达到设计标准。检验报告齐全。

山体的平面位置和标高应符合设计要求，立体造型应体现设计意图。外观质量评定通常按积水点、土体杂物、山形特征表现等几方面评定。要求雨后，山体的山坳、山谷不积水，山体四周排水通畅；表层土符合《城市绿化工程施工及验收规范》（CJJ/T 82—1999）中有关规定。

【任务实施条件】

合作企业、准备施工的园林工程设计资料、施工组织设计资料，每 10～15 名学生配备 1 名指导教师。

【任务实施过程】

1.1.1　任务准备

（1）资料准备　教师联系园林公司，获取竖向设计、放线控制网、挖填方区划、土方调配等图纸资料及施工组织设计，并结合项目施工内容及时间安排制订本任务实训任务书（包括实训目的、要求、工作内容及时间安排、注意事项、成果要求、考核方式方法），并提供或建议学生自行搜集整理土方工程施工相关学习资料。

（2）知识准备　组织学生阅读相关资料，了解项目工作内容及相关要求；学习实训任务书，深入领会实训内容及目标要求；进一步学习土方工程施工相关知识，为现场参与、参观工程实践做好知识储备。

（3）实习分组　根据组间同质、组内异质的原则，划分实习小组，一般以 5～6 人为一组，选定 1 名实习组长。

1.1.2　安全文明教育　
在施工现场，结合项目施工实际情况对学生进行安全生产、规范操作、文明生产等相关教育，增强学生的安全生产、规范操作、文明施工意识。

1.1.3　施工参观与参与　
带领学生以组为单位，参观、参与土方系统工程施工的各个工作环节。教师或现场施工技术人员在每个环节都要结合具体施工内容向学生讲解相关工具设备使用、施工材料的主要类型与选用、施工工作内容与步骤、工作方法及注意事项，丰富学生的施工知识，提高其实践技能，在条件允许的情况下，鼓励、引导学生现场操作，完成部分或全部工作内容。具体包括以下内容。

（1）编制施工计划　对照施工图纸，在施工现场踏勘核实自然地形现状，根据工程总施工组织设计，会同企业技术员编制施工计划。

（2）清理场地及排水　　会同现场技术员，在施工范围内，清除有碍工程开展或影响工程稳定的地面和地下物体。如果场地积水，对场地进行排水处理。

（3）施工放线　　用测量仪器对施工现场进行定点放线工作。

（4）挖土与运土　　参观和记录挖土机械的挖方工作和运输机械的运输工作。

（5）堆筑和压实　　参观和记录运土机械的堆筑和压实工作。

（6）山体修整　　机械作业后，参照施工图纸，参与地形后期修整。

1.1.4　实训总结

（1）小组自评　　教师组织学生，以组为单位进行实训工作汇报，对实训的工作内容、过程及实训中遇到的问题进行分析、总结及自我评价。

（2）教师评价　　教师对实训过程中遇到的问题进行总结概括，对重点难点问题进行分析解答，对各组的实习表现进行评价，表扬先进，鞭策后进。

【成果资料及要求】

每人提交1份实训报告，要求2000字以上，能全面反映实训工作过程、工作内容、各项工作技术要点等相关内容。

【任务考核方式及成绩评价标准】

采用过程评价与结果评价相结合的方式，对学生的实训效果进行考核。过程评价通过学生实习表现来考核，包括学生组织纪律、学习态度、团队意识、创新意识等；结果评价以实训报告质量进行考核。

【参考文献】

董三孝. 2004. 园林工程施工与管理［M］. 北京：中国农业出版社.

纪书琴. 2013. 园林工程施工细节与禁忌［M］. 北京：化学工业出版社.

刘卫斌. 2010. 园林工程技术专业综合实训指导书［M］. 北京：中国林业出版社.

袁明霞，刘玉华. 2010. 园林技术专业技能包［M］. 北京：中国林业出版社.

中国风景园林学会园林工程分会，中国建筑业协会古建筑施工分会. 2008. 园林绿化工程施工技术［M］. 北京：中国林业出版社.

任务4　喷灌工程施工

【任务介绍】园林绿地喷灌系统有固定式喷灌系统和移动喷灌系统两种，喷灌系统形式不同，其施工内容与工作步骤也有很大差异。移动式喷灌系统主要是土石方工程，而固定式喷灌系统施工则包括：施工准备、定点放线、沟槽开挖、管道安装、水压试验、泄水试验、土方回填、设备安装、工程验收几个工作环节。本任务喷灌工程施工指固定式喷灌工程施工。喷灌系统工作压力较高，隐蔽工程较多，对施工质量要求较高，施工时最好有工程设计人员和管理人员的参与。

【任务目标】①掌握固定式喷灌系统施工的工作步骤、工作方法与技术要点；②增强对园林工程设计与施工的感性认识，提高分析问题、解决问题的工作能力。

【教学设计】

本任务采用现场教学法。组织学生参观、参与某固定式喷灌系统工程施工的工作过程，现场参与、观摩施工人员完成喷灌系统工程施工的各个工作环节，从而增进学生对喷灌系统工程施工整个过程的了解与认识，丰富喷灌系统施工知识，培养施工工作能力。

【任务知识】

1 施工放样

施工现场应设置施工测量控制网，并保存到施工完毕；定出建筑物的主要轴线或纵横轴线、基坑开挖线与建筑物轮廓线等，并标明建筑物主要部位和基坑开挖的深度。

对每一块独立的喷灌区域，放样时先确定喷头位置，再定管道位置；先定拐角处的喷头位置，再定边缘处喷头位置，最后确定中间部位喷头位置；喷头与管道位置在设计图的基础上，可根据实际情况略有调整，以与地下管道、大树及其他构筑物保持适当距离。

2 沟槽开挖

喷灌系统的沟槽开挖一般不采用机械方法，在开挖过程中必须保持边坡稳定。沟槽断面形式为矩形或梯形，宽度一般大于管道外径 0.4 m，深度应满足安全及地埋式喷头安装高度及管网排水方面的要求，可以不考虑防冻方面的因素。一般情况下，园林绿地中管顶埋深为 0.5 m，普通道路下为 1.2 m，沟槽坡度大于 0.2%，以满足管网泄水要求。管槽底部要求平整、压实、密度均匀；沟槽经过岩石、卵石等容易损坏管道的地段应挖至槽底下 15 cm，并用沙或细土回填至设计槽底标高。

3 管道安装

园林绿地喷灌系统干管所用管材主要是硬聚氯乙烯管，安装主要包括管道连接、管道安装与管道固定三个环节。

3.1 管道连接 硬聚氯乙烯管的连接主要有冷接法和热接法两种，其中冷接法在园林绿地喷灌工程中应用广泛，具体有胶合承插法、弹性密封圈法和法兰连接。

3.1.1 胶合承插法 该方法在园林绿地喷灌系统中应用最为广泛，适用于管道直径小于 160 mm 并且带有 TS 接头的管材和管件的连接。具体步骤如下。

（1）切割、修口 依据安装尺寸，用专用切割钳（管径小于 40 mm）或钢锯切割 PVC 管，保证切割面平整并与管道轴线垂直，将插口处倒角锉成坡口，以便于插接。

（2）标记 将插口插入承口，用铅笔在插口端外壁做插入深度的标记，插入深度值应符合有关规定。

（3）涂胶，插接 用毛刷将胶合剂迅速、均匀地涂刷在承口内侧和插口外侧，待部分胶合剂因挥发而塑性增强时，一边旋转管子一面用力插入（大口径管道不必旋转），同时使管端插入的深度至所划标线位置并保证插口顺直。

3.1.2 弹性密封圈承插法 该方法适用于管径为 63～315 mm 管道的连接，可解决管道随温度热胀冷缩的问题。在操作过程中要注意：保证管道工作面和密封圈清洁，不得有灰尘和杂物；不得在承口密封圈槽内和密封圈上涂抹润滑剂；大、中口径管道应用拉紧器插接。两管之间应留 10～25 mm 间隔以适应管道的伸缩；密封圈不得扭曲。

3.1.3 法兰连接 法兰连接一般用于硬聚氯乙烯管与金属管件和设备的连接。法兰接头与硬聚氯乙烯管之间连接方法同胶合承插法。

3.2 管道安装

（1）低密度聚乙烯管安装 对管口进行加热，待管口变软后即可插接，并用管箍或铁丝扎紧。聚乙烯管承插深度宜为管外径的 1.1 倍；直径为 25 mm 以下管道的承插深度可以为管外径的 1.5 倍。

（2）毛管安装　　根据设计要求按由上而下的顺序依次安装。管端应剪平，不能有裂纹，防止杂物进入；连接前应清除杂物，将毛管套在旁通管道上，气温低时对管端进行预热。

3.3　管道固定　　为减小喷灌系统在启动、关闭和运行时水锤和振动对管网系统的影响，增加管网安全，在水压和泄水试验合格后，需要对管道的某些部位用水泥砂浆或混凝土支墩进行压实或支撑固定。对于地埋管道，加固位置通常是：弯头、三通、变径、堵头，以及间隔一定距离直线管段。

4　水压试验和泄水试验

（1）水压试验　　目的在于检验管道及其接口的耐压强度和密实性。具体操作要点为：将开口部分全部封闭，竖管要用堵头封闭，逐段进行试压；注水速度要缓慢，同时排出管道内的空气；试验管道充满水后，塑料管道经 24 h，方可进行耐水压试验。高密度聚乙烯塑料管道（HDPE）试验压力不应小于管道设计工作压力的 1.7 倍；低密度聚乙烯塑料管道（LDPE、LLDPE）试验压力不应小于管道设计工作压力的 2.5 倍；其他管材的管道试验压力不应小于管道设计工作压力的 1.5 倍。试验时升压应缓慢。达到试验压力保压 10 min，管道压力下降不大于 0.05 MPa、管道无泄漏或破损即为合格。

（2）泄水试验　　泄水试验的目的是检验管网系统是否有合理坡降，能否满足冬季泄水要求。操作要点：在水压试验合格后，打开所有的手动泄水阀，截断立管堵头，只要管道中无满管积水现象即为合格。可抽查地势较低且远离泄水点的管段进行检查。

5　土方回填

管道安装完毕并进行水压、泄水试验合格后，进行土方回填。对于管道以上 100 mm 范围内的回填，一般采用沙土或筛过的原土，管道两侧分层踩实；对于聚乙烯管（PE 软管），填土前应先对管道充水至接近其工作压力，以防管道挤压变形。管道以上 100 mm 以上范围的回填，采用符合要求的原土，分层夯实或踩实。一次填土 100～150 mm，直至高出地面 100 mm 左右，填土到位后对整个管槽进行水夯，以保证土方回填的密实度。

6　设备安装

（1）水泵、电机设备安装　　水泵电机的安装应按《机电设备安装工程施工及验收规范》中有关规定执行。位置、高度必须符合设计要求，水泵安装时要特别注意水泵轴线应与动力轴线必须一致，安装完毕后要用测隙规检查同心度，吸水管要尽量短而直，接头要严格密封。

（2）喷头或微喷头安装　　喷头在安装前，应彻底清洗管道，以免管道中的杂物堵塞喷头；喷头安装高度以喷头顶部与草坪根部或灌木修剪高度平齐为宜；在坡度小于20°的区域，喷头安装轴线与地面垂直，当地面坡度大于20°时，喷头安装轴线应取铅垂线与地面垂线所成夹角的平分线方向；喷头与管道的连接最好用 PE 管或铰接杆。当微喷头直接安装在毛管上时，应将毛管拉直，两端固定，按设计孔距打孔，将微喷头直插在毛管上；用连接管安装微喷头时，连接管一端插入毛管，另一端引出地面后固定在插管上，插管上连接微喷头，微喷头安装高度距地面不宜小于 20 cm。插杆插入地下深度不应小于 15 cm，插杆与微喷头应与地面垂直。

（3）阀门安装　　金属阀门与直径大于 65 mm 的塑料管道之间用法兰连接，并应安装在基座上，底座高度在 10～15 mm；与小于 65 mm 的塑料管道的连接可用螺纹连接，并应装活接头。截止阀与逆止阀应按流向标记安装。

7　工程验收

（1）验收准备　　喷灌工程验收前应提交全套设计文件、施工期间验收报告、管道水压试验报告、试运行报告、工程决算报告、运行管理办法、竣工图纸和竣工报告。对于规模较小的喷灌工程，验收前只需要提交设计文件、竣工图纸和竣工报告。

（2）中间验收　　喷灌的隐蔽工程必须在施工期间进行验收并填写隐蔽工程验收记录。隐蔽工程验收合格后，应有签证和验收报告。验收内容包括：水源工程、首部枢纽工程及管道工程的基础尺寸和高程应符合设计要求；预埋铁件和地脚螺栓的位置及深度，孔、洞、沟及沉陷缝、伸缩缝的位置和尺寸均应符合设计要求；地埋管道的沟槽及管基处理、施工安装质量应符合设计要求和本规范的规定。

（3）竣工验收　　应全面审查技术文件和工程质量。技术文件应齐全、正确；工程应按批准文件和设计要求全部建成；土建工程应符合设计要求和相关规范的规定；设备配置应完善，安装质量应达到本规范的规定；应进行全系统的试运行，并对主要技术参数进行实测。竣工验收应对工程的设计、施工和工程质量作全面评价，验收合格的工程应填写竣工验收报告。

【任务实施条件】

合作企业、准备施工的喷灌工程设计及施工组织设计，每 10～15 名学生配备 1 位指导教师。

【任务实施过程】

（1）任务准备

1）资料准备。教师联系园林公司，获取喷灌系统施工设计说明及图纸资料，并结合项目施工内容及时间安排编写实训任务书（包括实训目的、要求、工作内容及时间安排、注意事项、成果要求、考核方式方法）；提供或建议学生自行搜集整理喷灌工程施工相关学习资料。

2）知识准备。组织学生阅读喷灌系统工程设计图纸及设计说明，了解项目工作内容及相关要求；学习实训任务书，深入领会实训内容及目标要求；进一步学习喷灌工程施工相关知识，为现场参与、参观工程实践做好知识储备。

3）实习分组。一般以 5～6 人为一组，选定 1 名实习组长。

（2）安全教育　　在施工现场，结合项目施工实际情况对学生进行安全生产、规范操作、文明生产等相关教育，增强学生的安全生产、规范操作、文明施工意识。

（3）施工参观与参与　　带领学生以组为单位，参观、参与喷灌系统工程施工的各个工作环节。教师或现场施工技术人员在每个环节都要结合具体施工内容向学生讲解相关仪器工具使用、施工材料的主要类型与选用、施工工作内容与步骤、工作方法及注意事项，鼓励、引导学生现场操作，完成部分或全部工作内容。具体包括如下内容。

1）施工放线。根据现场条件，设计并设定施工控制基线或选定施工控制依据点；对喷灌系统的构配件设施、喷头、毛管、支管、干管进行平面位置、工程位置测设。

2）沟槽开挖。根据设计图纸要求开挖沟槽，满足喷灌系统各构配件设施及干管、支管、毛管及喷头等施工在平面位置和高程位置方面的要求。

3）管道安装。按干管、支管、毛管的顺序对喷灌系统管网进行铺设、连接、固定。

4）水压试验和泄水试验。以各轮灌区为单位，对管网系统进行水压试验和泄水试验，保证管道及其接口的耐压强度和密实性合乎规范要求；进行泄水试验，对管道坡度进行检验。

5）土方回填。按施工要求对基槽开挖的土方进行回填，保证回填土的密实度。

6）设备安装。根据相关施工规范及设计要求对水泵、电机、阀门、喷头等进行安装。

7）竣工验收。按喷灌工程竣工验收的相关规定内容及要求，对工程的设计、施工和工程质量做全面检查与评价，完成竣工图纸及竣工报告等相关验收资料。

（4）实训总结　教师组织学生对喷灌系统工程施工的工作内容、工作方法及各工作环节的技术要点进行总结概括，对各实训小组的表现进行评价，并对共性问题、重点、难点问题进行分析与解答。

【成果资料及要求】

以组为单位，提交园林绿地喷灌系统施工工作记录1份。要求能完整反映园林绿地喷灌系统施工的各工作环节的工作内容、工作过程及方法步骤。

每人提交实训报告1份，要求2000字以上。要求包括：园林绿地喷灌系统工程施工的工作过程、工作内容、工作方法、注意事项等内容，并能反映实训过程中存在的问题及解决途径。

【任务考核方式及成绩评价标准】

采用过程评价与结果评价相结合的方式，对学生的实训效果进行考核。过程评价通过学生实习表现来考核，包括组织纪律、学习态度、团队意识、创新意识等，占总成绩的50%；结果评价根据实训报告质量进行评价，占总成绩的50%。

【参考文献】

陈科东. 2006. 园林工程. 北京：高等教育出版社.

地下防水工程施工质量验收规范（GB 50208—2002）.

建筑给排水及采暖工程施工质量验收规范（GB 50208—2002）.

刘卫斌. 2006. 园林工程. 北京：中国科学技术出版社.

喷灌工程技术规范（GB/T 50085—2007）.

任务5　排水工程施工

【任务介绍】园林绿地排水主要是排除雨水和少量生活污水，本任务的排水工程主要指雨水的排除，并且是指结合雨水收集与利用的雨水排放工程，其主要形式有地面排水，即通过地形设计，利用园林绿地及道路、广场等达到雨水输送与排除的目的；管渠排水，即通过明沟、管道、盲沟实现雨水排放。本任务所指排水工程施工主要是指管道排水工程施工，包括定点放线、基槽开挖、管道安装，闭水试验、土方回填、检查井砌筑、成品保护几个方面的内容。

【任务目标】①熟悉园林排水常用管道材料及园林排水工程施工常用设备、工具及使用方法；②了解园林排水工程施工的工作过程与目标要求，掌握各个工作环节的技术要点与工作方法；③丰富对园林绿地排水工程施工的感性认识，提高利用理论知识实施与指导施工的工作能力。

【教学设计】

本任务采用现场参观与参与相结合的方式组织实施。将任务实施与园林企业生产实践相结合，结合企业某绿地排水工程施工组织本任务实训。教师结合施工现场讲解各个工作环节的知识要点与工作步骤，组织学生观摩、参与工程实施的工作过程，从而丰富园林绿地排水工程施工知识，提高学生施工工作能力。

【任务知识】

定点放线、基槽开挖及塑料管道的铺设、安装与园林绿地喷灌系统相同，本任务主要对混凝土管道铺设、连接、闭水试验、土方回填、检查井施工等相关知识进行介绍。

（1）管道基础　　目前常用的管道基础有三种：沙土基础、混凝土枕基与混凝土带形基础。

1）沙土基础。沙土基础包括弧形素土基础及沙垫层基础两种。其中，弧形素土基础是在原土层上挖一个弧形管槽，以便于安放管道。沙垫层基础是在挖好的弧形槽内铺一层粗砂，沙垫层厚度一般为：100～150 mm。

2）混凝土枕基。混凝土枕基是设置在管道接口处的局部基础，一般是在管道接口下用 C7.5 混凝土做成枕状垫块，枕基长度取决于管道外径，其宽度一般为 200～300 mm。采用预制枕基时，其上表面中心的标高应低于管道外底 10 mm。

3）混凝土带形基础。混凝土带形基础指沿管道全长铺设的基础。按管座形式分为90°、135°、180°三种。施工时，先在基础底部垫 100 mm 厚的砂砾石，然后再在垫层上浇灌 C10 混凝土。带形基础几何尺寸应与设计要求相一致。

（2）管道铺设　　在铺设管道前，应检查管道基础标高及中心线位置是否与设计要求一致，检查合格后，在基础混凝土强度不小于 5 MPa 且达到设计强度 50% 时，才可以开始铺设管道。铺设管道时由两个检查井的一端开始，慢慢将管道安放到基础上，防止管道突然冲击基础。管道进入沟槽内后，马上进行校正找直。管道校正时，要保留一定间歇，待两个检查井的管道全部铺设完成，且平面位置、高程位置都检查无误后，再进行管道连接。

（3）管道连接　　管道连接主要有承插、平口及套箍连接几种形式。带有承插接口的管道连接时，承口应迎着水流方向，抹口有沥青油膏和水泥砂浆填塞两种方式。使用水泥砂浆作为填充材料时，水泥砂浆配合比一般为 1：2，施工时同样需把插口外壁及承口内壁刷干净，再将和好的水泥砂浆由下往上分层填入捣实，表面抹光后覆盖湿土或湿草袋养护。

（4）闭水试验　　对于雨水管道及与其性质相似的管道，除湿陷性黄土及水源地区外，可不做渗水量试验，对于污水管道，在接口填料强度达到要求后，应按规范要求做闭水试验。

（5）土方回填　　管顶上部 500 mm 以内采用人工夯实，不得回填直径大于 100 mm

的石块和冻土块；500 mm 以上部分回填块石或冻土不得集中，同时，避免机械设备在管沟上行驶；回填土要分层夯实，对于机械夯实，虚铺厚度不大于 300 mm；人工夯实虚铺厚度不大于 200 mm，浇筑混凝土管墩、管座时，应待混凝土强度达到 5 MPa 以上时，才可以进行土方回填；管道接口坑的回填土必须仔细夯实。

（6）检查井　　检查井有预制混凝土井圈和砖砌两种形式，尺寸应符合设计要求，误差允许值为 ±20 mm（圆形井指内径，矩形井指边长）。安装混凝土预制井圈时，应将井圈端部洗净并用水泥砂浆将接缝抹光；砖砌检查井时，在地下水位较低的区域，内壁可用水泥砂浆勾缝，地下水位较高的地区，井外壁应用防水水泥砂浆抹面，其高度应高出最高水位 200～300 mm。排水检查井内需做流槽，应用混凝土或砖砌筑，并用水泥砂浆抹光。

井盖上表面应同路面相平，允许偏差为 ±5 mm，无路面时，井盖应高出室外设计标高 50 mm，并应在井口周围以 2% 坡度向外做护坡。如采用混凝土井盖，标高以井口计算。

【任务实施条件】

合作企业、准备施工的园林绿地排水工程设计及施工计划、施工现场，每 10～15 名学生配备 1 名指导教师。

【任务实施过程】

（1）实训准备

1）向学生发放实训任务书及相关学习资料，并进行实训动员，帮助学生了解本次实训的教学目标、教学内容、相关要求、注意事项；熟悉设计图纸、管线的平面布局、管段的节点位置、不同管段的管径和管底标高、阀门井及其他设施的位置等。

2）实习分组。每 6～8 人一组，选定 1 名组长。

（2）参观现场　　引领学生参观排水工程施工现场，熟悉工作环境，了解园林排水管道材料，了解施工机械与工具。

（3）工作过程现场参观与参与　　教师带领学生，现场观摩排水管道施工的各个工作环节，介绍各个工作环节的工作内容、方法步骤与施工要求，指导学生参与完成部分施工工作任务。

1）清理施工现场。清理施工现场内妨碍施工的设施和其他垃圾、杂物。

2）施工测量。根据设计基址概况、图纸资料及相关说明，建立施工测量控制网，或确定施工测量依据点，根据设计要求，将各管段节点及排水工程相关配套设施的平面位置、高程位置标定在地面上。

3）沟槽开挖。沟槽一般为梯形，根据排水管道外径确定挖沟的宽度，一般情况下沟槽底部开挖宽度是在管道外侧各外放 20～30 cm，沟槽深度为管道埋深，如地基需进行处理，则应挖得深些；沟顶宽度由沟槽深度及不同土壤的边坡坡度决定；沟槽坡度要符合设计要求。

4）基础处理。对地基土层进行平整、压实，特殊土层需进行处理，以保证管道安装后不下沉；然后修筑管基，一般情况下用现浇混凝土修筑，其厚度与坡度方向要符合设计要求。

5）管道铺设。根据设计图纸要求，对管道、管件进行必要的检查，对施工工具进行检查，检查无误后，按先干管后支管再立管的顺序进行施工。将管道以吊车或人工放入沟内的管基上，使接口对正，然后调整管道的位置，使其中心与检查井中心点连线重合，使管道平直，并以水平尺检查其坡度、坡向使符合设计要求。

6）管道连接。根据管道材料及形状特点，选用合适的接口形式，按施工要求进行施工与养护。

7）检查井及阀门井砌筑（或安装）。砌井时，井壁要垂直，井底、井口标高及相关尺寸按设计要求施工。

8）土方回填。管道安装完毕，经过管道通水或排水，检查管道渗漏情况，合乎要求后可进行土方回填。回填时，管顶上部 500 mm 以内不得回填直径大于 100 mm 的石块和冻土块，500 mm 以上回填的块石和冻土不得集中；用机械回填时，机械不得在管沟上行驶。回填土要分层夯实，每层虚铺厚度，机械夯实为 300 mm，人工夯实为 200 mm 以内，管道接口处必须仔细夯实。

（4）实训总结　教师组织学生总结概括排水工程施工各工作环节的知识要点、技术要求、工作方法步骤，对实习中出现的问题进行分析评价。

【成果资料及要求】

以组为单位，提交园林绿地排水系统施工工作记录 1 份。要求能完整反映园林绿地排水系统施工的各工作环节的工作内容、工作过程及方法步骤。

每人提交实训报告 1 份，要求 2000 字以上。要求包括：园林绿地雨水排放工程施工的工作过程、工作内容、工作方法、注意事项等内容，并能反映实训过程中存在的问题及解决途径。

【任务考核方式及成绩评价标准】

将过程评价与结果评价相结合，对学生的实训成绩进行评价。由教师与实训组长共同评定学生在实训过程中的表现，包括：组织纪律、出勤情况、团结协作、创新表现等，占总成绩的 50%；由指导教师对学生的实训报告、各组园林绿地排水系统施工工作记录进行评价，占总成绩的 50%。

【参考文献】

陈科东. 2006. 园林工程 [M]. 北京：高等教育出版社.

地下防水工程施工质量验收规范（GB 50208—2002）.

建筑给排水及采暖工程施工质量验收规范（GB 50208—2002）.

孟兆祯，毛培琳，黄庆喜，等. 2004. 园林工程 [M] 2 版. 北京：中国林业出版社.

张建林. 2009. 园林工程 [M]. 2 版. 北京：中国农业出版社.

任务 6　园林水景工程施工

【任务介绍】园林水景包括湖、池、溪、瀑布、喷泉等。本任务重点学习混凝土水池及其喷泉工程施工。钢筋混凝土结构水池施工内容主要包括基础开挖、结构施工、防水处理、池岸处理等；喷泉工程包括水网铺设、电路铺设、系统调试。在园林施工中，大型喷泉工程一般由专业喷泉设计施工公司分包施工。

【任务目标】①掌握钢筋混凝土结构水池施工方法；②掌握喷泉工程施工技术；③进一步培养学生的语言表达能力、沟通协调能力、团队意识、工作能力及创新意识。

【教学设计】

本环节采用现场教学法。组织学生参与某园林水景工程的水池施工和喷泉工程施工的工作过程。通过观摩和实践，学生深入了解水景工程施工的工作流程、工作内容、工作方法，从而进一步巩固、丰富学生的水景工程相关理论知识，提高工作能力。

【任务知识】

（1）水池　　水池是指仿照自然界的湖泊、池塘等人工开挖形成，它是经过浓缩的景观水景，通常水面较小而精致。水池按其结构形式可分为：钢混凝土结构水池、膨润土池底池壁水池、自然式池底水池。按其表现形式可分为：静水、流水、落水、承压水等。水池的施工方法主要是基础开挖、结构施工、防水处理、池岸的处理等。水池的基本要求是不渗水，一般在水池施工完成后，就应进行试水试验。

（2）喷泉　　喷泉是应用物理手段，在各种设备的支撑下，由压力水流通过各种喷头构成形态各异的水形，是水景中一种表现形式。

喷泉种类多样可从多种角度划分：喷头形式及喷水形态、控制方式、水池结构、喷水高度、设备的移动性、设备规模与投资。

喷泉系统一般有喷水循环系统；溢水、排水系统；补水、给水系统；供电及电气控制系统；安全接地系统。

喷泉调试时可通过调节阀门和控制系统按各喷水循环系统分段测试，调试前必须清洗水池和注水，进行漏电测试，采取除碱措施，运行初期缩短换水周期。

【任务实施条件】

合作企业、水景工程设计资料及施工计划、施工场地，工程施工所需机械设备和材料。

【任务实施过程】

1　任务准备

（1）资料准备　　教师联系园林公司，获取水景工程施工图纸资料及相关部分的施工组织设计，并结合项目施工内容及时间安排制订本任务实训任务书（包括实训目的、要求、工作内容及时间安排、注意事项、成果要求、考核方式方法）。

对学生进行施工任务交底工作，组织学生阅读水景工程设计图纸及施工组织设计相关内容，了解项目工作内容、施工方案、施工要点、安全措施及相关要求。学习实训任务书，深入领会实训内容及目标要求，进一步学习水景工程施工相关知识，为现场参与、参观工程实践做好知识储备。

（2）实习分组　　根据组间同质、组内异质的原则，划分实习小组，一般以5～6人为一组，选定1名实习组长。

2　施工参观与参与

带领学生以组为单位，参观、参与水景工程施工的各个工作环节。教师或现场施工技术人员在每个环节都要结合具体施工内容向学生讲解相关仪器工具使用、施工材料的主要类型与选用、施工工作内容与步骤、工作方法及注意事项，丰富学生的施工知识，提高其实践技能，在条件允许的情况下，鼓励、引导学生现场操作，完成部分或全部工作内容。具体包括以下内容。

（1）施工准备　　施工前，进行必要的施工材料准备，包括：混凝土配料、防水材料、添加剂、水泥、管道、管件等。

（2）施工放线　　根据设计图纸要求，进行施工放线，水池外轮廓应包括池壁的厚度，并且，为施工方便，放线位置应在池外沿宽度的基础上，加宽 50 cm，起挖线以石灰或黄沙进行标记，视水池大小每 5～10 m 打一木桩。对于圆形水池，先定出水池中心位置，在以该点为圆心，以水池半径、池壁宽度及放宽的 50 cm 为半径长度画圆，用石灰表明开挖轮廓；对于方形水池，直角处要进行位置校核，木桩数量要在 3 个以上。对于有泵坑的水池，要定出泵坑的位置与轮廓。

（3）池基开挖　　根据设计图纸要求开挖水池。较大水池采用机械挖土与人工挖土相结合，机械挖土挖到离基层 20 cm 左右，提醒挖土机操作员特别注意，严禁超挖，余土由人工修土到基坑设计标高；然后对池底进行整平夯实，并铺一层碎石、碎砖作垫层。

对于下沉式水池，应注意保护池壁。为解决排水问题，一般需沿池基边挖临时性排水沟，并每隔一定距离在池基外侧设集水井，以及时排水，确保施工顺利进行。

（4）池底施工　　首先，在池底垫层上铺一层 5～15 cm 厚混凝土浆作垫层，震荡夯实，保养 1～2 d，在垫层面测定池底中心，再根据设计尺寸标定柱基及池底边线位置，画出钢筋位置，按配筋要求绑扎、固定钢筋，安装柱基和池外围的模板。并按设计要求对施工缝进行设置和处理。池底现浇混凝土要在一天内完成并一次浇筑完成。

（5）池壁施工　　浇筑混凝土池壁必须用木模板定型，木模板用横条固定，要有一定的稳定承重强度。浇筑前，要在池底混凝土未干的情况下，用硬刷将池体边缘拉毛，以利于池底与池壁结合牢固。池底边缘处的钢筋要向上弯起插入与池壁结合处，插入深度应大于 30 cm，钢筋绑扎要严格按施工要求进行操作。

固定模板用的镀锌钢丝和螺栓不应穿过池壁。当螺栓或套管必须穿过池壁时，应采取必要的防水止漏措施，如焊接止水环。长度在 25 m 以上的水池应设置变形缝和伸缩缝。

浇筑混凝土池壁要连续施工。浇筑时要将混凝土浆捣实不留施工缝。混凝土凝结后，应立即进行养护，并充分保持湿润，养护时间在 2 周以上，拆模时池壁表面温度及其周围气温不得超过 15 ℃。

根据设计要求，制作压顶、溢水口、泄水口。水口应设格栅，泄水口应设于水池底部最低处，并保持池底有大于或等于 1% 的坡度。保养 1～2 d 后，可进行水池管网安装，还可同时进行抹灰工序。

（6）混凝土抹灰　　抹灰的灰浆要用 32.5 级（或 42.5 级）普通水泥配置砂浆，配合比 1∶2。灰浆中可加入防水剂或防水粉，也可加些黑色颜料，水池更显自然。抹灰一般在混凝土干后 1～2 d 内进行。抹灰前，应先将池内壁表面凿毛，不平处要铲平，并用清水清洗干净。抹灰时，先在混凝土墙面上刷上一层薄水泥纯浆，以增加黏结力。通常先抹一层底层砂浆，厚度 5～10 cm，再抹第二层找平，厚度 5～12 mm，最后摸第三层压光，厚度 2～3 mm。在池壁与池底结合处要适当加厚抹灰量，以防渗漏。如果采用水泥防水砂浆抹灰，可采用刚性多层防水层做法，在水池迎水面用五层交叉抹面做法（即每次抹灰方向相反），背水面用四层交叉抹面法。

（7）试水　　先封闭排水孔，然后放水。每次加水深度视具体情况而定。在放水的同时，从水池四周观察，对出现的问题进行记录，无特殊情况才可继续灌水，直至达到设计水位标高。在达到设计水位标高后，要连续观察 7 d，做好水面升降记录，外表面无渗漏现象及水位无明显降落，水池施工方为合格。

（8）喷泉管道、水泵、喷头、阀门井及供电、电气工程施工　根据施工图纸对喷泉管道进行铺设。注意管道排列间距、排水管最小敷设坡度、伸缩节的设置、穿池管道的止水环和防水套管。对于可以在池外进行安装的工作内容，如部分水平管，尽可能多的三通、四通、弯头、堵头等，在池外完成，竖管、调节阀门也应提前完成安装，局部安装完成后可移入池内进行组装，组装过程中要注意不要破坏防水层。

按图纸进行水泵、喷头、阀门的施工。

根据图纸按照国家相关规范进行供电及电气控制系统施工。

（9）试喷与调试　通过调节阀门和控制系统对喷水循环系统分段调试。试喷启动后观察各喷头的工作状况，发现有喷洒水型、喷射角度与方向、水压射程有问题是，及时停机进行调整。

（10）水池装饰　水池装饰分池底装饰和池面装饰两个方面。池底装饰可根据水池的功能及观赏要求进行设计，可直接利用原有土、石或混凝土池底，再在其上选用深蓝色池底镶嵌材料，以加强水深效果，也可通过精心设计，镶嵌白色浮雕，以渲染水景气氛。对于池面，可以布设小雕塑、卵石、汀步、跳水石、跌水台阶、石凳、亭子等，以丰富水池景观。

3　实训总结

教师组织学生，以组为单位，派代表对各组实习情况进行汇报，包括实习内容、实习过程、实习表现及实习过程中遇到的问题等；然后由教师对全班同学的实习情况进行评价与总结，对实习过程中遇到的重点、难点问题进行分析解答。

【成果资料及要求】

以组为单位，提交水景工程施工记录 1 份、技术要点总结 1 份。其中，施工现场记录应包括各环节的关键施工过程的照片或影音资料，技术要点 1000 字以上。

每位学生提交实训总结 1 份，要求 2000 字以上，包括实训工作过程、工作内容、各项工作技术要点及注意事项等。

【任务考核方式及成绩评价标准】

采用过程评价与结果评价相结合的方式，对学生的实训效果进行考核。过程评价通过学生实训表现来考核，包括学生组织纪律、学习态度、团队意识、创新意识等；结果评价对成果资料进行考核，包括施工记录、实训总结两方面内容。

【参考文献】

纪书琴. 2013. 园林工程施工细节与禁忌［M］. 北京：化学工业出版社.

刘卫斌. 2010. 园林工程技术专业综合实训指导书［M］. 北京：中国林业出版社.

袁明霞，刘玉华. 2010. 园林技术专业技能包［M］. 北京：中国林业出版社.

中国风景园林学会园林工程分会，中国建筑业协会古建筑施工分会. 2008. 园林绿化工程施工技术［M］. 北京：中国林业出版社.

任务7　道路广场工程施工

【任务介绍】园林道路广场是园林绿地景观的重要组成部分，其施工质量直接影响园林道路广场景观功能、使用功能的顺利实现。本任务主要包括放线、路基施工、基层施工和面层施工四部分内容。

【任务目标】①掌握园林道路与广场工程的施工操作技术；②掌握园林道路与广场工程的施工方案的编制方法；③了解现场教学法在园林专业课程教学中的应用。

【教学设计】

本任务主要采用现场教学法。教师上课前准备好施工材料，教师先演示然后学生操作。如不能实地操作，模拟演示也可，最好在模拟演示前能让学生去施工现场观察施工过程，教师或者工人师傅讲解，取得感性认识后再模拟演示。

【任务知识】

1.1.1　施工放线　在园林道路和广场的施工前和施工过程中都需要施工测量，测量要先整体后局部、先控制后碎部，并且步步有校核。施工测量的精度和速度影响施工的质量及速度，一般精度依道路的等级和性质而定，以满足设计要求为准。施工测量主要是道路或广场的中线和边线的测设和恢复、施工高程控制网的测设。道路中线的起点、交点（转折点）、中点及变坡点要测设出来，对于自由曲线应适当加密定位点，钉桩木为标记，根据中线和路面（广场）宽度，边缘加宽 20 cm 测出道路（广场）边线的位置，每隔 20～50 m 设一桩，然后挂线撒灰放出边线（填方型的以路基宽度放出边线）。

1.1.2　路基施工　在放好的园路边线范围内挖土施工，挖土深度等于结构层厚度，考虑到压实后高度变低，挖土后路基高程应略高于路基设计高程，挖土后平整路基断面，同时还要注意使纵断面符合设计要求。用夯实机械夯实，压实系数一般应大于 0.9，要求质量高的大于 0.93，压实后顶面高程在设计高程允许的变化范围内，边压实边用路拱板检查路基顶面。对于填方地段要分层铺设压实，每层虚铺厚度不超过 30 cm，填方时边坡坡度符合设计要求。对于广场来讲就是广场的地基施工，方法同上。

1.1.3　基层施工　基层由于所使用的材料不同其施工技术也不相同，下面略叙园林中常用的基层材料的施工技术。由于各类材料的虚铺系数不同，施工前要计算出其施工高程，各层材料在施工压实后断面形状要和路拱相同。

（1）碎（砾）石基层　碎（砾）石层常以 25～75 mm 的碎石为骨料，以 5～25 mm 的石屑、石渣为嵌缝料，以 0～5 mm 的粗砂、黏土、灰土为结合料和封面料，其强度来源于碎石间的嵌挤作用和结合料的黏结作用。其施工程序为：摊铺粗骨料→稳压→摊铺填充料→压实→摊铺嵌缝料→压实。

粗骨料虚铺系数 1.1 左右，大小颗粒分布均匀，纵横断面符合要求，每隔 30～50 m 做一个宽 1～2 m 的标准断面，或者用与虚铺厚度相等的木条来控制摊铺厚度。碎石碾压至初步稳定无明显位移，一般 10～12 t 压路机需碾压 3～4 遍即可，每碾压一遍即检验路拱及平整度。之后在碎石上铺撒结合料（粗砂、黏土或石灰剂量 8%～12% 的灰土），扫匀后洒水一次，水流冲出的空隙上补充结合料至露出碎石尖，然后碾压至平整。最后铺嵌缝料，扫匀后碾压至表面平整稳定无明显轮迹。

（2）级配砂石基层　　级配砂石是砂子或石子的粒度（颗粒大小）按一定的比例混合后的混合材料，颗粒组成符合密实级配的要求，一般通过实验室试验确定配合比。将其摊铺整形后洒水压实即形成具有一定强度的基层，当厚度超过 20 cm 时应分层铺筑。其施工程序为：摊铺砂石→洒水→压实→养护。

摊铺前应拌匀混合料，适当洒水减少粗细料分离，虚铺系数匀 1.2～1.4，砂石颗粒分布均匀，纵横断面符合要求，每隔 30～50 m 做一个宽 1～2 m 的标准断面，或者用与虚铺厚度相等的木条来控制摊铺厚度。摊铺后洒水碾压，初步稳定后检验路拱及平整度，最后压至平整，密实稳定无明显轮迹，碾压过程中随时洒水，保持砂石湿润，防止松散推移。

（3）灰土基层　　灰土强度高，有较好的整体性、水稳定性和抗冻性，每层灰土的压实厚度 8～20 cm，如超过 20 cm 应分层铺筑。

土质选用塑性指数大于 4 的黏土、粉质黏土或粉土，以塑性指数 7～17 的黏土最好，土中不得含有有机杂物，粒径不大于 15 mm，使用前应先用 16～20 mm 的筛子过筛。

石灰选用块灰，使用前应充分熟化过筛，不得含有粒径大于 5 mm 的生石灰块，也不得含有过多的水分。熟化石灰颗粒粒径不得大于 5 mm，块灰闷制的熟石灰，要用 6～10 mm 的筛子过筛。也可采用磨细生石灰，或用粉煤灰、电石渣代替，其粒径不得大于 5 mm，且粉煤灰放射性指标应符合有关规定。当采用粉煤灰或电石渣代替熟化石灰做垫层时，拌合料的体积比宜通过试验确定。

其施工程序为：铺土→铺灰→洒水拌和→压实→养护。

按要求厚度均匀摊铺素土后用摊铺机械排压一次，排压后的素土厚度为最终压实厚度的 1.1～1.2 倍。然后按照灰土的配合比运灰、铺灰，铺灰时厚度均匀一致。接着拌合灰土，先干拌一遍，然后均匀洒水，加水量宜为拌合料总重量的 16%，渗透 2～3 h 后湿拌 2～3 次。灰土拌合料应拌合均匀，颜色一致，并保持一定的湿度，工地检验方法是：以手握成团，两指轻捏即碎为宜。如土料水分过大或不足时，应晾干或洒水湿润，拌合后压实。先平整拌合料使符合纵横断面要求，然后排压一遍，找出中线、边线的位置和摊铺厚度，挖高垫底找平灰土表面使符合纵横断面形状，然后再排压一遍，如此进行 2～3 遍，灰土即达一定密实度，表面符合纵横断面形状，此为整形。然后用压路机碾压或打夯机夯至设计厚度。一般灰土应当天铺灰当天成活，碾压后 5～7 d 内保持一定温度养护，形成一定强度。若分层铺筑应于 2 d 内摊铺上层素土，用作下层养护覆盖物。

1.1.4　面层施工　　面层施工时要在基层上放出中线，根据道路或广场的宽度放出边线，并标定面层高度。面层也因材料的不同而施工操作技术也不相同，一般来说面层因有图案装饰而操作比基层更复杂些。

（1）块料面层铺筑　　块料面层一般会有结合料将块料黏接成整体，并和基层也联成一体，结合料或者是湿性材料如各种砂浆，或者是干性粉沙材料如沙子、灰土、素土、水泥干沙、石灰干沙等。铺筑时先按设计要求铺设结合材料，然后在其上砌筑块状路面材料，块料间结合和填缝也用同种结合料。块料铺筑时用橡胶锤敲打稳定，但不要损坏块料边角，或用木块放在顶面，用锤子敲打木块。若发现结合层不平时，拿起块料重新找平后再铺砌，铺好后检查平整度。若用干性材料，铺好后要扫缝。

（2）地面镶嵌与拼花的铺筑　　施工前准备好雕刻花砖和各色石子。施工时在基层上铺设结合层，可以是干性材料也可以是湿性材料，然后放入要镶嵌的花砖，或者用立砖、瓦条、金属片拉出图案线条，再用各色石子镶嵌形成大面，铺完后用橡胶锤敲平稳定，然后再用结合料扫缝，最后洒水使结合料下沉垫实，养护 7～10 d。

（3）嵌草面层的铺筑　　常用种植土作为结合层，实心砌块间留草缝 2～5 cm 或按设计要求留逢，缝中填土 1/2～2/3 砌块高。空心砌块间不留缝，以砂浆黏合，砌块空心部位填土 1/2～2/3 砌块高。

（4）道牙、边条、槽块铺筑　　道牙、边条一般位于基层上。结合层选用各类砂浆，道牙安放平稳，以 M10 水泥砂浆勾缝，背里衬以灰土，宽 50 cm、厚 15 cm、压实度 90%。边条一般宽 5 cm、高 15～20 cm，可与路面或广场地面相平。槽块用于排水，紧靠道牙，低于路面或广场地面。铺筑时若位于路面基层上则直接铺设，否则先开挖、夯实基槽，再铺结合料，放置槽块，槽块间以砂浆黏接。

1.1.5　工程验收　　园路广场工程每完成一部分都需要验收。验收时甲方、乙方、设计方、监理方均需到场，各方审查施工资料、核对工程与设计图纸及设计变更后的图纸是否一致，按施工操作与验收规范检验工程质量是否合格，按要求填写工程质量验收单，各方签字。

在工程竣工时进行工程竣工验收，施工方提供分期验收报告、竣工图、竣工验收申请等资料，各方到场审查、核实资料，检验工程质量，填写工程质量验收单、签字，然后甲方持竣工验收报告与乙方进行竣工结算，结算完毕后将各类技术资料装订与已经完成的工程项目一起移交。

【任务实施条件】

某园林绿地园林道路与广场施工图及设计说明、施工工具及材料，每 15 名左右学生配 1 名指导教师。

【任务实施过程】

1.1.1　任务设计　　教师选取适当的园林道路与广场施工图，准备好施工所需要的材料，选好操作地点，编写实训任务书。

1.1.2　实训分组　　该实训任务适宜分组完成，5 人左右组成一个实训小组，各小组的能力水平基本均衡为宜。每组选定组长 1 名，负责本组成员之间的分工协作及其他工作。

1.1.3　任务展示　　教师向学生展示园林道路与广场设计资料和施工任务书，帮助学生了解图纸设计的主要内容，明确工程施工的工作内容及质量要求。

1.1.4　任务分析　　教师引导学生对设计资料和设计方案进行分析，提出完成任务的步骤和关键点，明确任务的重点、难点，并对难点提出解决建议。

1.1.5　任务执行　　学生以组为单位分工协作，共同完成施工任务。学生在完成任务过程中要边做边学，不断发现问题、分析讨论与解决问题，提高实践技能。其工作步骤如下。

1）撰写施工方案。根据施工图纸撰写施工方案，内容要详细，施工顺序、技术要领、施工所依据的规范、安全措施等要写清楚。

2）施工准备。检验施工所需要的材料、工具的种类和数量及在施工现场是否已准备齐全。

3）放线。根据现场条件，设计并设定施工控制基线或选定施工控制依据点；对中线和边线进行平面位置测设和标定，并记下施工高程。

4）铺筑路基（广场地基）。在边线范围内开挖沟槽或堆筑路基（广场地基），平整、压实，注意安全并按照施工操作技术规范进行。

5）铺筑基层。根据设计图纸分层铺筑基层，每层按照施工操作技术规范进行，保证质量合格，符合设计要求的纵横断面。

6）铺筑面层。根据设计图纸铺设结合层和面层，铺设图案要认真细心，表面平整，合乎设计的纵横断面。

7）竣工验收。按园路工程竣工验收的相关规定，对工程的设计、施工和工程质量做全面检查与评价，完成竣工图纸及竣工报告等相关验收资料。

1.1.6 任务评价　教师带领学生对每一组的施工成果进行评价，可由学生先互评，然后教师再进行总结评价。

【成果资料及要求】

以组为单位提交施工工作记录1份，包括园路施工工作内容、工作程序、技术要点，并整理施工过程中的照片、视频等资料。

每人提交实训工作总结1份，要求2000字以上，包括实训工作内容、工作过程、工作方法、注意事项，并对实训过程中遇到的问题及解决过程进行总结概括。

【任务考核方式及成绩评价标准】

采用过程评价与结果评价相结合的方式对学生的实训效果进行考核。过程评价通过学生实训表现来考核，包括学生组织纪律、学习态度、团队意识、创新意识等方面，占总成绩的50%；结果评价根据实训报告和工程施工技术资料质量进行考核，占总成绩的50%。

【参考文献】

公路路面基层施工技术规范（JTJ 034—2000）.

公路路基施工技术规范（JTGF 10—2006）.

联锁型路面砖路面施工及验收规程（CJJ 79—1998）.

孟兆祯. 2012. 风景园林工程［M］. 北京：中国林业出版社.

张文英. 2012. 风景园林工程［M］. 北京：中国农业出版社.

任务8　假山工程施工

【任务介绍】在中国传统园林艺术理论中，素有"无园不石"的说法，假山在中国造园中有着悠久的历史和优良传统。假山工程施工主要包括拉底、中层施工、收顶、做脚等。要求达到"虽由人作，宛自天开"的高超艺术境界。

【任务目标】①掌握假山工程施工的工作方法；②掌握假山工程施工的常见工艺；③增强对园林工程施工的感性认识。

【教学设计】

本任务采用任务驱动教学法。学生们以组为单位完成一座假山的施工。实训前，教师可先提供假山工程施工视频案例以供参考。①进行任务设计，以某方案的假山工程为本实训任务，具体包括假山的设计图纸、选石、实训场地准备、其他工具和设施准备。②任务组织实施，学生们以组为单位完成假山的施工。③任务评价，包括学生个人自评、组内评价及教师指导下各组之间的互评。

【任务知识】

1　假山结构

假山结构一般有基础、中层、收顶三部分。

假山的基础有桩基、灰土基础、混凝土基础。桩基是一种古老的基础作法，但至今仍在使用，特别是水中的假山或山石驳岸的假山。大面积的假山立基时，基础木桩平均分布；面积较小的假山立基时，按梅花形排列，故称"梅花桩"。木桩上用块石压紧，上面才是自然形态的山石。北方常用灰土基础，灰土既经凝固便不透水，可以减少土壤冻胀的破坏。近代假山多采用混凝土基础，水中假山基础采用 50 cm 厚的 C20 混凝土；陆地假山基础采用 10～20 cm 厚的不低于 C10 混凝土。

假山的中层是假山山体的主要部分，该部分体量最大，数目最多。在假山基础施工完成后，先要进行拉底，即在基础上铺置最底层的自然山石，然后进行中层施工。

收顶是假山最顶层的山石。收顶一般分峰、峦和平顶三张类型。峰又可分为剑立式、斧立式、流云式、斜劈式、悬垂式等。

2　假山结构基本形式

（1）安　　是安置山石的意思。放一块山石叫做"安"。安特别强调放置要安稳，其中又分单安、双安与三安。双安是在两块不相连的山石上面安一块山石，构成洞、岫等变化。三安则是在三石上安一石，使之形成一体。安石强调一个"巧"字，即本来不具备特殊形体的山石，经过安石以后，可以组成具有多种形体变化的组合体，这就是《园冶》中所说的"玲珑安巧"的含义。

（2）连　　山石之间水平方面的衔接称为"连"。"连"不是平直相连而要错落有致变化多端。有的连缝紧密，有的疏连，有的续连。同时要符合皴纹分布的规律。

（3）接　　山石之间竖间衔接称为"接"。"接"既要善于利用天然山石的茬口，又要善于补救茬口不够吻合的所在。使上下茬口互咬。同时要注意山石的皴纹。一般来说竖纹与竖纹相接，横纹与横纹相连，但有时也可以有所变化。

（4）斗　　置石成向上拱状，两端驾于两石之间，腾空而起，若自然岩石的环洞或下层崩落形成的洞孔。

（5）拚　　若山石的某一侧面过于平滞，可以旁拚一石以全其美，称为"拚"。拚石可以用茬口咬压或图层镇压来稳定，必要时加钢丝绕定，要注意钢丝的隐蔽。

（6）拼　　在较大的空间里，因石材太小，可以将数块或数十块山石拼成一整块山石的形象，这种做法叫"拼"。

（7）悬　　对仿溶洞的假山洞的结顶，常用此法。它是在上层山石内倾环拱形成的竖向洞口中，插进一块上大下小的长条形的山石。由于山石的上端被洞口卡住，下端便可倒悬空中，以湖石类居多。

（8）剑　　其是竖长形象取胜的山石直立如剑的做法。多用于各种石笋或其他竖长的山石。

（9）卡　　下层有两块山石对峙形成上大下小的楔口，再于楔口插入上大下小的山石，这种做法叫"卡"，结构稳定、造型自然。

（10）垂　　从一块山石顶偏侧部位的企口处，用另一山石倒垂下来的作法称为"垂"。也即处于峰石以头旁的侧悬石。用它造成构图上的不平衡中的均衡感，经人以惊险的感觉。对垂石的设计与施工，特别要注意结构上的安全问题，可以用暗埋铁杆的办法，再加水泥浆胶洁，并且要用撑木撑住垂石部分，待水泥浆充分硬结后再去除，"垂"不宜用在大型假山上。

（11）挑　　又称出挑。即上石借下石支承而挑伸于下石之外侧，并用数倍的重力镇压于山石内侧的做法为"挑"。"挑"石应用横向纹理的山石，以免断裂。如果挑头轮廓线太单调，可以在上面接一块小石来弥补，这块小石称为"飘"，挑石每层出挑的长度约为山石本身的1/3，要求出挑浑厚，而且要巧安后坚的山石，使观者但见"前悬"而不知"后坚"。在重量计算时，应把前悬山石上面站人的荷重也估计进去，使之"其状可骇"而又"万无一失"。

3　假山结构设施

（1）平稳设施和填充设施　　主要是在不平处垫以一至数块控制平稳和传递重力的垫片，不着力的地方也要用块石和灰浆填充。

（2）铁活加固设施　　在假山本身中心稳定的情况下使用的加固设施，常见的有银锭扣、铁爬钉、铁扁担、马蹄形吊架和叉形吊架。

（3）勾缝和胶结　　现代一般使用1:1的水泥砂浆。勾缝用"柳叶抹"。一般水平缝用明勾，竖缝用暗勾，宽度不要超过2 cm，使外观像自然山石的缝隙。

4　验收

叠石全部完成后，技术总监组织相关人员对叠石的形态、纹理脉络、设计要求的高程、石质等进行验收。

5　GRC塑假山施工工艺

GRC是玻璃纤维强化水泥，是将一种含氧化锆的抗碱性玻璃纤维与低碱水泥砂浆混合固化后形成的一种高强的复合物，具有重量轻、强度高、可塑性高、抗老化、耐腐蚀、易施工等特点。它能够再现自然山石的各种肌理和纹路，在园林中应用也比较常见，尤其是不适合采用真石堆筑的特殊场所，如屋顶花园、室内花园等。

【任务实施条件】

施工图纸、施工场地、假山石材、铁锹、铁铲、镐、钯、灰桶、瓦刀、铁锤、撬杠、绳、竹刷、小抹子、钢筋夹、木撑、三角铁架、脚手架、吊车等。

【任务实施】

1.1.1　施工准备　　先进行技术交底，读透图纸。图纸包括假山低层平面图、顶层平面图、立面图、剖面图、洞穴图等。

准备齐全各项施工工具，尤其是石材，并对石材按施工顺序进行有秩序的排列放置。有条件的话，可以用泡沫等制作假山模型，为掇山施工提供参考。

进行分组，4~6 人一组。

1.1.2 施工放线 根据设计图纸的位置与形状在四面上放出假山的外形形状。由于基础施工比假山外形要宽，放线是可适当放宽 0.5 m。

1.1.3 假山施工

（1）基础施工 根据假山体量和土质确定基础深度，一般深度为 2 m。可采用人工或机械开挖。用一步素土、两步灰土。灰土用三七灰土。在灰土上浇筑 C15 混凝土。

（2）拉底 采用满拉底，选用顽劣没有风化的大石。拉底时要做到：统筹向背、曲折错落、断续相间、密连互咬、垫平稳固。

（3）中层施工 假山中层体量最大，观赏面最多，是假山艺术创作的主要部分。施工时要注意：分层拼叠、层层压茬、偏侧错安、仄立避闸、等分平衡、找平稳固、手法多样。

（4）收顶 选用体量较大、轮廓和体态都有特征的山石，可以是独立一块，也可以多块山石拼叠。施工时要注意安放稳固、体态优美。

（5）做脚 假山大体完工后，为了弥补拉底的不足，使假山堆叠得更加自然，在拉底石外缘用山石堆叠山脚。做脚根据主山的上部造型来堆叠，使它在外观和结构上是山体向下的延续部分，是整个假山成为一个整体。

（6）勾缝 山石堆砌安放完成，进行勾缝工作，勾缝前用水管和钢刷将石料上的污泥刷洗干净，然后用 1:1 水泥砂浆先上而下顺序勾缝。勾缝时随勾随用毛刷带水打湿，尽量不显抹纹、压搓痕迹。暗缝凹入石面 15~20 mm，外观越细越好。

【成果资料及要求】

以组为单位，提交假山工程施工作品一个；每名学生提交实训工作总结 1 份，要求 2000 字以上，包括工作内容、工作过程、工作方法、注意事项，以及实训工程中遇到的问题与解决途径等内容。

【任务考核方式及成绩评价标准】

采用过程评价与结果评价相结合的方式，对学生的实训效果进行考核。过程评价通过学生实习表现来考核，包括学生组织纪律、学习态度、团队意识、创新意识等；结果评价对完成的假山和实训工作总结进行考核。

【参考文献】

纪书琴. 2013. 园林工程施工细节与禁忌［M］. 北京：化学工业出版社.

刘卫斌. 2010. 园林工程技术专业综合实训指导书［M］. 北京：中国林业出版社.

袁明霞，刘玉华. 2010. 园林技术专业技能包［M］. 北京：中国林业出版社.

中国风景园林学会园林工程分会，中国建筑业协会古建筑施工分会. 2008. 园林绿化工程施工技术［M］. 北京：中国林业出版社.

任务 9 栽植工程施工

【任务介绍】 园林栽植工程是指树木、花卉、草坪、地被、藤本植物等的植物种植工程。其中，大树移植是栽植工程的重点和难点。本任务主要学习大树移植的工作方法，具体包括：前期准备、起运栽植及养护管理几方面的内容。

【任务目标】①掌握大树移植的工作方法；②掌握大树移植前的缩根处理技术；③掌握大树移植后期的管理与养护；④进一步培养语言表达能力、沟通协调能力、团队意识、理论联系实际的工作能力及创新意识。

【教学设计】

本任务主要采用考察教学法。校企合作，企业提供可供考察教学的大树移植工程，具体包括移植前的准备工作、大树移植前的修剪、吊装运输、大树定植、栽后养护。学生通过考察，了解大树移植的工作背景、工作流程、工作内容、工作方法与步骤。

【任务知识】

1 预先断根法

适用于一些野生大树或一些具有较高观赏价值的树木的移植。一般是在移植前1～3年的春季或秋季，以树干为中心，2.5～3倍胸径为半径划一个圆或方形，再在相对的两面向外挖30～50 cm宽的沟（其深度视根系分布而定，一般为60～100 cm）。对较粗的根应用锋利的锯或剪，齐平内壁切断，然后用沃土（最好是沙壤土或壤土）填平，分层踩实，定期浇水，这样便会在沟中长出许多须根；到第二年的春季或秋季再以同样的方法挖掘另外相对的两面；到第三年时，在四周沟中均长满了须根，这时便可移走。挖掘时应从沟的外缘开挖，断根的时间可按各地气候条件有所不同。

2 大树的修剪

修剪是大树移植过程中，对地上部分进行处理的主要措施。修剪枝叶是修剪的主要方式，凡病枯枝、过密交叉徒长枝、干扰枝均应剪去。修剪量与移植季节、根系情况有关。除修剪枝叶的方法外，有时也采用摘叶、摘心、摘果、摘花、除芽、去蘖和刻伤、环状剥皮等措施。

3 软材包装移植法

（1）土球大小的确定　　树木选好后，可根据树木胸径的大小来确定挖土球的直径和高度，一般来说，土球直径为树木胸径的7～10倍，土球高度为土球直径的2/3。土球过大，容易散球且会增加运输困难；土球过小，又会伤害过多的根系，影响成活。所以土球的大小还应考虑树种的不同，以及当地的土壤条件，最好是现场试挖一株，观察根系分布情况，再确定土球大小。

（2）土球的挖掘　　挖掘前，先用草绳将树冠围拢，其松紧程度以不折断树枝又不影响操作为宜，然后铲除树干周围的浮土，以树干为中心，比规定的土球大3～5 cm划一圆，并顺着此圆圈往外挖沟，沟宽60～80 cm，深度以到土球所要求的高度为止。

（3）土球的修整　　修整土球要用锋利的铁锨，遇到较粗的树根时，应用锯或剪将根切断，不要用铁锨硬扎，以防土球松散。当土球修整到1/2深度时，可逐步向里收底，直到缩小到土球直径的1/3为止，然后将土球表面修整平滑，下部修一小平底，土球就算挖好了。

（4）土球的包装　　土球修好后，应立即用草绳打上腰箍，腰箍的宽度一般为20 cm左右，然后用蒲包或蒲包片将土球包严，并用草绳将腰部捆好，以防蒲包脱落，然后即可打花箍：将双股草绳一头拴在树干上，然后将草绳绕过土球底部，顺序拉紧捆牢，草绳的间隔在 8～10 cm，土质不好的，还可以密些。花箍打好后，在土球外面结成网状，最后再在土球的腰部密捆 10 道左右的草绳，并在腰箍上打成花扣，以免草绳脱落。土球打好后，将树推倒，用蒲包将底堵严，用草绳捆好，土球的包装就完成了。在我国南方，一般土质较黏重，故在包装土球时，往往省去蒲包或蒲包片，而直接用草绳包装，常用的有橘子包（其包装方法大体如前）、井字包和五角包。

【任务实施条件】

合作企业提供可供教学的大树移植工程，施工企业人力物力资源等；测量用具、剪枝剪、锯、相机、笔记本等。

【任务实施过程】

1.1.1　任务设计　教师依据施工企业大树栽植方案，对树木栽植的具体工作内容及要求进行设计。

1.1.2　实习分组　本任务以组为单位进行。4～6 人组成一个实习小组，要求组内成员之间沟通能力、学习能力、知识水平等方面能够互相取长补短，各实习小组之间各方面能力水平基本均衡。选定组长 1 名，负责本组成员之间分工协作、相互学习及作业成果的交流及组内自评工作。

1.1.3　任务展示　教师向学生展示施工企业大树栽植任务书，帮助学生了解方案的主要内容及相关要求，明确大树栽植的具体工作内容及相关要求。

1.1.4　任务分析　教师引导学生对任务进行分析，明确完成任务要做哪些具体的工作，要如何做，并对大树移植的相关知识点进行深入学习领会；教师针对重点、难点问题进行讲解，以帮助学生具备初步的工作能力。

1.1.5　任务执行　学生以组为单位，分工协作，与企业人员一起，共同完成大树栽植的前后工作。具体工作步骤如下。

（1）前期准备

1）掌握苗木生物特性、生态习性及苗木来源地、种植地土壤等环境因素。

2）准备好必需的机械设施（如吊车、平板运输车等）、人力及辅助材料，制订出详细的起运栽植方案，并实地勘测工作路线。

3）预先进行疏枝、短截及树干伤口处置（涂白调合漆或石灰乳），选择生长健壮、无病虫害、无机械损伤、树形端正、符合绿化设计要求的苗木。

4）预留出人工坑内作业空间（土坨至坑边保留 40～50 cm），树穴基部土壤保持水平。如需换土，一定要将虚土夯实并用水下沉（防止因土壤不平树木放入后发生倾斜）。

（2）起运栽植

1）时间。植树时间在 3 月下旬至 4 月上中旬，此时树木还在休眠。要做到随起、随运、随栽、随浇。首先保证苗木根系少受损伤，根系要保证不低于胸径的 10～12 倍。

2）起苗。挖掘裸根苗木时，移栽时必需带土坨。土坨直径为苗木胸径的 7～10 倍，土坨要完好、平整。土坨形似苹果，底部大小不超过土坨直径的 1/3，用蒲包或麻绳捆绑紧。用吊车吊苗时，钢丝绳与土坨接触面放 1 cm 厚的木板，以防止土坨因局部受力过大而松散。

3）运苗。苗木过于高大时，必须使苗木坚持一定的倾斜角度放置。为防止下部枝干折伤，运输车上要做好支架。

4）栽植。将苗木放入坑内。栽植深度略深于原来的 2～3 cm。带土坨苗木剪断草绳（若为麻绳必需取出）取出蒲包或麻袋片。据苗木深浅要求，边埋土边夯实。裸根树木栽植时，根系要舒展，不得窝根，当填土至坑的 1/2 时，将苗木轻轻提几下，再填土、夯实。树木栽好后，做好三角支架或铅丝吊桩。支柱与树干相接局部要垫上蒲包片，以防磨伤树皮。

（3）养护管理

1）保水。新移植大树由于根系受损。所以保证水分充分是确保树木成活的关键。除适时浇水外，还应据树种和天气情况进行喷水雾保湿或树干包裹。

2）防病虫害。新植树木的抗病虫能力差。适时采取预防措施。

3）排水。大树移植后。对水分的要求也不同，如法桐喜湿润土壤，而雪松忌低洼湿涝和地下水位过高，故法桐移植后应当多浇水，雪松雨季注意及时排水。

4）夏防日灼冬防寒。南方夏季气温高。珍贵树种移栽后应喷水雾降温，必要时应做遮阴伞。冬季气温偏低，为确保新植大树成活，常采用草绳绕干、设风障等方法防寒。

1.1.6 任务评价

1）组长组织本组成员对各自的移栽成果进行自评、互评，共同讨论，修改完善，形成树木栽植的阶段性成果。

2）教师组织全体同学以组为单位，对各组工作过程及成果进行汇报并答辩。每组推选一位同学，对本组的栽植工作过程进行汇报、答辩，其他同学听取汇报，并对汇报的相关问题进行提问、讨论；最终教师对各组的工作过程及栽植成果、汇报答辩情况进行总体评价并提出具体的意见或建议。

【成果资料及要求】

以组为单位，完成实训任务，提供施工记录 1 份，对重点环节要提供照片或视频资料。

每人提交实训报告 1 份，要求 2000 字以上。要求能说明大树移植的工作过程及各个环节的技术要点、注意事项，能总结概括实训过程中遇到的问题及解决途径。

【任务考核方式及成绩评价标准】

本任务采用学生评价与教师评价相结合，阶段性评价与最终工作成果评价相结合的方式进行评价。

由组长对本组成员的个人表现进行评价，占总成绩的 30%；由指导教师对各组的工作成果进行评价，占总成绩的 70%。

【参考文献】

董三孝. 2004. 园林工程施工与管理［M］. 北京：中国林业出版社.

何芬，傅新生. 2011. 园林绿化施工与养护手册［M］. 北京：中国建筑工业出版社.

纪书琴. 2013. 园林工程施工细节与禁忌［M］. 北京：化学工业出版社.

刘卫斌. 2010. 园林工程技术专业综合实训指导书［M］. 北京：中国林业出版社.

袁明霞，刘玉华. 2010. 园林技术专业技能包［M］. 北京：中国林业出版社.

中国风景园林学会园林工程分会，中国建筑业协会古建筑施工分会. 2008. 园林绿化工程施工技术［M］. 北京：中国林业出版社.

任务 10　照明工程施工

【任务介绍】 照明工程施工是按照施工图纸，对设计范围内的照明系统进行工程施工。包括施工放线、开挖基槽、铺设电缆、照明灯的施工安装和调试。照明工程施工中，一定要规范施工，注意施工安全，尤其是用电安全。

【任务目标】 ①掌握照明工程施工的工作方法；②了解照明施工工程的管理技术；③进一步培养语言表达能力、沟通协调能力、团队意识、理论联系实际的工作能力及创新意识。

【教学设计】

本任务主要采用现场教学法。校方联系施工单位，校企合作，由教师与技术人员带队，组织学生参与照明工程施工的工作过程。学生现场参与、观摩施工人员完成照明工程施工的各个工作环节，从而增进学生对照明工程施工整个过程的了解与认识，丰富照明工程施工知识，培养施工工作能力。

【任务知识】

（1）电源供给点及绿地的电力来源选定　　如果就近现有变压器的多余电量能够满足新增园林绿地中各用电设施的需要，且变压器的安装地点和园林绿地用电中心之间的距离不是太长，借用就近变压器。中小型园林绿地的电源供给常采用此法。用电量较大（70 kW 以上）的园林绿地通常利用附近的高压电力网，向供电局申请安装供电变压器。部分园林绿地也自行设计小发电站或发电机组以满足需要。

（2）配电箱安装　　配电箱安装前应对箱体进行检查，周边平整无损伤，箱内元件安装牢固，导线排列整齐，压接牢固，并有产品合格证。应对照图纸的系统原理图检查，核对配电箱内电气元件、规格名称是否齐全完好。

配电箱内接线前应对每个回路绝缘进行测试，并记录数值，出线回路应按图纸的标注套上相应的塑料套管，标明回路编号；配电柜内出线回路采用永久性塑料标牌字予以回路标注。电线管进配电箱开孔要排列整齐，用开孔钻开孔，电管进入箱内要绞丝，并加锁母、护口，箱内排线应整齐绑扎成束，扎带距离相等，保持工艺美观。在活动的部位应该两端固定，盘面孔出线及引进线应留有适当余量，以便于维修。导线剥削处不应伤线芯过长、线压头应牢固可靠，多股导线不应盘圈压接，应用压线端子压接。配电箱要安装好保护接地线，箱门及金属外壳应有明显可靠的 PE 线接地。安装固定后，应进行防护，可采用硬纸板、塑料纸等，绑扎牢固，以防混凝土溅入损坏箱面。

配电箱安装完毕，且各回路的绝缘电阻测试合格后方允许通电试运行。通电后应仔细检查和巡视，检查灯具的控制是否灵活、准确，开关与灯具控制顺序相对应。如果发现问题，必须先断电，然后查找原因进行修复。配电箱安装调试完毕后，最后在箱内分配开关下方用标签标上每个回路所控制的具体负荷、位置，以便使用检修方便。

（3）照明调试要求　　绝缘电阻测试。在各回路送电之前进行一次绝缘电阻测试工作确认各回路绝缘电阻达到规范要求。

分支回路送电。每次送电只送一个回路，不能各回路同时送电。送电前，关闭所有开关。关电后，逐个打开开关，观察灯具是否工作正常。检查完该开关控制的灯具立即关上该开关，然后对下一个开关进行检查，依此类推。

【任务实施条件】

照明工程施工图纸,施工企业已具备照明工程施工条件(场地、人、机、料)的施工工地,施工企业技术讲解教师,学校指导教师。

【任务实施过程】

(1)实训准备

1)教师从企业获取某园林绿地供电工程设计图及施工资料,编写实训任务书,对参观学习的内容做出具体要求。

2)教师向学生展示某园林绿地照明施工方案设计及施工说明,帮助学生了解照明施工的主要内容及相关要求;对学生进行安全教育,并说明实训过程中的注意事项。

3)实训分组。本任务以组为单位进行。4~6人组成一个实习小组,选定组长1名,负责本组成员之间分工协作、相互学习及设计成果的交流及组内自评工作。

(2)现场参观与参与   带领学生以组为单位,参观、参与园林绿地供电工程施工的各个工作环节。教师或现场施工技术人员在每个环节都要结合具体施工内容,向学生讲解相关仪器工具使用、施工材料的主要类型与选用、施工工作内容与步骤、工作方法及注意事项,丰富学生的园林绿地供电工程施工知识,提高其实践技能,在条件允许的情况下,鼓励、引导学生现场操作,完成部分或全部工作内容。具体包括以下内容。

1)施工放线。按电路设计图进行放线,以供电点为基点,采取取近走直线的原则,向各个电路引线方向,进行放线定位。

2)开挖基槽。按电路设计图进行开挖基槽,宽度30~40 cm,深度30~50 cm。基槽底部夯实整平。基槽平整度允许误差不大于2 cm。如果基槽土壤干燥,在槽上洒水后再夯实。

3)铺设电缆。按设计要求铺设电力电缆。以供电点为基准点,从供电点到用电点进行电力电缆线的铺设连接,在灯位预留电缆线头。铺设中,各个电缆接头处要安装完整、安全,做到无遗漏。

4)照明灯的安装调试。灯具等设备运至现场后,由具有低压电器安装资质的专业人员根据各个照明灯的安装说明按照电器接线图进行安装并调试。

5)撰写实训报告,含施工技术要点及施工管理要点。

【成果资料及要求】

以组为单位,提交施工现场记录资料1份,包括照明工程施工各环节的工作过程及技术要点、关键施工过程的照片或影音资料。

每个学生提交实训总结1份,要求2000字以上,包括实训工作内容、工作过程、方法步骤、实训过程中遇到的问题及解决途径等内容。

【任务考核方式及成绩评价标准】

采用过程评价与结果评价相结合的方式,对学生的实训效果进行考核。过程评价通过学生实训表现来考核,占总成绩的20%,包括学生组织纪律、学习态度、团队意识、创新意识等;结果评价以成果资料的质量进行考核,占总成绩的70%,包括照明工程施工工作记录内容是否完整、各施工环节技术要点是否正确全面、施工过程照片或影音资料的数量与质量;实习总结占总成绩的10%,根据其是否能全面反映园林照明工程施工实训的工作内容、工作过程、方法步骤及概括实训工作过程进行评价。

【参考文献】

董三孝. 2004. 园林工程施工与管理［M］. 北京：中国林业出版社.

纪书琴. 2013. 园林工程施工细节与禁忌［M］. 北京：化学工业出版社.

刘卫斌. 2010. 园林工程技术专业综合实训指导书［M］. 北京：中国林业出版社.

袁明霞，刘玉华. 2010. 园林技术专业技能包［M］. 北京：中国林业出版社.

中国风景园林学会园林工程分会，中国建筑业协会古建筑施工分会. 2008. 园林绿化工程施工技术［M］. 北京：中国林业出版社.

任务11　园林建筑与小品工程施工

【任务介绍】 园林工程中，各类园林建筑与小品形式不同，功能各异，数量众多。但它们都有着或多或少相似的施工工艺。本任务以木亭施工为例，学习园林建筑与小品施工的施工工艺和施工管理技术。

【任务目标】 ① 了解木亭施工的工作过程、工作内容；② 掌握木亭施工的技术要点及管理技术；③ 进一步培养语言表达能力、沟通协调能力、团队意识、理论联系实际的工作能力及创新意识。

【教学设计】

本任务采用现场教学法。组织学生参与某园林工地园林建筑小品施工的工作过程，现场参与、观摩施工人员完成木亭施工的各个工作环节，从而增进学生对园林建筑与小品施工整个过程的了解与认识，丰富施工知识，培养施工工作能力。

【任务知识】

（1）木亭材料选购　　按设计材质的要求，确定供货单位，签订供货合同。组织责任心强、经验丰富、技术好的木工班子，对材料进行筛选，选择材质韧性好、不易开裂、无障节、无霉变、无裂缝、色泽一致、干燥的木材。

（2）木构件加工制作　　各种木构件按施工图要求下料加工，根据不同加工精度留足加工余量。加工后的木构件及时核对规格及数量，堆放时适当采取防变形措施。采用钢材连接件的材质、型号、规格和连接的方法、方式等必须与施工图相符。连接的钢构件应作防锈处理。

（3）木构件组装　　结构构件质量必须符合设计要求，严格按图纸要求进行施工。木结构的支座、支撑、连接等构件必须符合设计要求和施工规范的规定，连接必须牢固，无松动。架、梁、柱的支座部位应按设计要求或施工规范作相应处理。架和梁、柱安装的允许偏差要符合相关施工规范。

（4）木亭安装顺序　　柱安装→木横条架设→宝顶安装→边梁安装→木斜戗→屋木肋安装→屋面模板铺设→上覆锌合金板。

（5）安装后期处理　　严格按规范要求进行防火、防蚁、防腐处理，特别是榫头穴卯处的防蚁防腐处理。

【任务实施条件】

木亭施工图纸、施工企业、已具备施工条件（场地、人、机、料）的施工工地；木亭基础施工已经完成；施工企业技术讲解教师；学校指导教师。

【任务实施过程】

（1）任务准备

1）资料准备。教师联系园林公司，获取木亭施工设计说明及图纸资料，并结合项目施工内容及时间安排制订本任务实训任务书（包括实训目的、要求、工作内容及时间安排、注意事项、成果要求、考核方式方法）。并提供或建议学生自行搜集园林建筑与小品施工的相关学习资料。

组织学生阅读木亭施工图及设计说明，了解木亭施工工作内容及相关要求；学习实训任务书，深入领会实训内容及目标要求；进一步学习木亭施工相关知识，为现场参与、参观工程实践做好知识储备。

2）实习分组。根据组间同质、组内异质的原则，划分实习小组，一般以 5 ～6 人为一组，选定 1 名实习组长。

（2）安全教育　　在施工现场，结合项目施工实际情况对学生进行安全生产、规范操作、文明生产等相关教育，增强学生的安全生产、规范操作、文明施工意识。

（3）施工参观与参与　　带领学生以组为单位，参观、参与木亭施工的各个工作环节。教师或现场施工技术人员在每个环节都要结合具体施工内容向学生讲解相关仪器工具使用、施工材料的主要类型与选用、施工工作内容与步骤、工作方法及注意事项，丰富学生的施工知识，提高其实践技能。学生通过观察、摄影、录像、讨论，边看边学，不断发现问题、解决问题，掌握园林建筑与小品工程施工技术。在条件允许的情况下，鼓励、引导学生现场操作，完成部分或全部工作内容。具体包括以下内容。

1）按图纸要求对标高、纵横轴线进行复核，在中间位置搭设安装用高凳。

2）先行安装四角的独立圆柱，边搭架边就位，并及时固定。

3）圆柱就位后，紧接着将木横梁、木屋架、桁条安装，屋面锌合金板安装。

4）木结构安装完成后，严格按规范要求进行防火、防蚁、防腐处理，特别是榫头穴卯处的防蚁、防腐处理。

5）根据施工图纸和验收规范对木亭进行验收。

6）撰写实训报告。

【成果资料及要求】

以组为单位，提交施工现场工作记录资料 1 份，包括木亭施工的各个环节的工作内容、技术要点及注意事项、重点环节照片或视频资料。

每人提交 1 份实训报告，要求 2000 字以上，包括实训工作内容、方法步骤、注意事项、实训过程中遇到的问题及解决途径等内容。

【任务考核方式及成绩评价标准】

采用过程评价与结果评价相结合的方式，对学生的实训效果进行考核。过程评价通过学生实习表现来考核，包括学生组织纪律、学习态度、团队意识、创新意识等；结果评价以工作记录资料、实训报告质量进行考核。

【参考文献】

纪书琴. 2013. 园林工程施工细节与禁忌［M］. 北京：化学工业出版社.

刘卫斌. 2010. 园林工程技术专业综合实训指导书［M］. 北京：中国林业出版社.

袁明霞，刘玉华. 2010. 园林技术专业技能包［M］. 北京：中国林业出版社.

中国风景园林学会园林工程分会，中国建筑业协会古建筑施工分会. 2008. 园林绿化工程施工技术［M］. 北京：中国林业出版社.

任务 12　园林工程招标

【任务介绍】园林工程招标是指建设单位对拟建的园林工程项目通过法定的程序和方式吸引园林建设项目的承包单位竞争，并从中选择条件优越者来完成工程建设任务的法律行为。建设单位是招标活动的主体，称招标单位或招标人，建设项目的承包单位是招标的客体，同时也是投标的主体，招标和投标是企业法人在平等基础上的交易行为，受法律的保护和监督。园林工程招标包括园林工程全过程招标、勘测设计招标、施工招标、材料及设备采购招标、专项工程招标、建设监理的招标，本任务主要学习园林工程施工招标，主要训练招标文件和资格审查文件的编写及招标过程的组织。

【任务目标】①掌握园林工程施工招标文件和资格审查文件的编制；②了解园林工程的招标过程；③了解项目模拟教学法在园林专业课程教学中的应用；④培养语言表达能力、沟通协调能力及团队意识。

【教学设计】

本任务主要采用项目模拟教学法。教师上课前准备好拟招标的园林绿化工程的材料，先分析实训任务书，再组织学生进行实训，在实训进行过程中教师应进行中期检查。

【任务知识】

1　招标条件及方式

依照我国目前的相关法律，大型基础设施、公用事业等关系社会公共利益、公众安全的项目；全部或部分使用国有资金投资或者国家融资的项目；使用国际组织或外国政府资金的项目要采用招标的方式确定承包方。招标的方式可以有公开招标、邀请招标两种方式，园林工程一般采用公开招标，若要邀请招标须符合法律规定并向建设行政部门申请。

2　招标过程

招标单位若具有编制招标文件和组织评标的能力可自行办理招标事宜，若不能自行招标也可委托具有相应资质的招标代理机构办理。一般招标的过程如下。

1）招标项目备案。招标人到综合招投标交易中心领取并填写《招标申请表》，并将项目审批、土地、规划、资金证明、工程担保、施工图审核等前期手续报招投标管理办公室和行政主管部门核准或备案。

2）招标人自行招标或招标代理合同备案（当日）。

3）编制招标文件、资格预审文件。

4）编制标底。

5）招标公告备案。招标人或委托代理机构发布招标公告或发出邀请书，招标公告经招投标管理办公室和行政主管部门备案后，由综合招投标交易中心在指定媒介统一发布。

6）招标文件备案。招标人或委托代理机构依法编制招标文件后提交招投标管理办公室和行政主管部门备案。

7）受理交易登记。招标人提交招标备案登记表，综合招投标交易中心安排开标、评标日程。

8）投标报名。公开招标的项目，投标人必须按招标公告的要求，携带全部相关证件到综合招投标交易中心报名，由行政监督部门、综合招投标交易中心和招标人（或招标代理机构）共同对投标单位所报资料进行审查。

9）投标人资格预审。招标人需要对潜在投标人进行资格预审的，应当在招标公告或者招标邀请书中载明预审条件、预审方法和获取预审文件的途径，由招标人在综合招投标交易中心组织资格预审。

10）在综合招投标交易中心发售招标文件和相关资料，组织投标人现场勘察，并对相关问题作出说明。

11）组建评标委员会。由招标人提交评标专家抽取申请表、合格投标人明细表报招投标管理办公室和行政监督部门备案，并在其现场监督下，从市综合性评标专家库或省综合性评标专家库中随机抽取专家名单，组建评标委员会，负责相关招标项目的评标工作。评标委员会的组建应当在综合招投标交易中心进行。

12）开标、评标、提交评标报告。投标人在规定截标时间前递交投标文件并签到。招标人在行政主管部门的监督下按程序组织开标、评标。评标委员会完成评标后，应当向招标人提出由评标委员会全体成员共同签字的书面评标报告，推荐前3名合格的中标候选人，并标明排名顺序。

13）定标。招标人应当在开标之日起7日内，根据评标委员会提出的书面评标报告和推荐的中标候选人确定中标人。招标人也可以授权评标委员会直接确定中标人。招标人应当按排名顺序从中标候选人中选择中标人。中标候选人除因排名顺序被自然淘汰，或者放弃权利外，凡无法定淘汰情形者，招标人不得将其淘汰。

14）中标公示。招标人提交定标报告经行政主管部门备案后，将中标结果在招标投标网公示，公示期不得少于3日。法律、法规另有规定的，从其规定。

15）发出中标通知书、签订合同。公示期内没有异议或异议不成立的，招标人经相关行政监督部门和招投标管理办公室备案后向中标人发出中标通知书，同时通知未中标人，并在30日内按照招标文件和中标人的投标文件与中标人订立书面合同。招标人应当在签订合同之日起15日内将合同报招投标管理办公室和行政主管部门备案。

3　招标文件的编制

招标文件是招标的纲领性文件，是招标单位编制标书的基本依据，也是承发包双方签订合同的基础。施工招标文件主要包括以下内容。

（1）工程综合说明　　包括工程名称、地址、工期、技术要求、质量标准、现场条件、招标方式、对投标企业的资质等级要求等。

（2）设计图纸及技术资料　　施工图设计完成后招标的应提供全套图纸。技术资料应明确招标工程适用的施工验收规范或标准、施工方法的要求，以及对材料、设备检验与保管的说明。

（3）工程量清单　　招标方要依照国家有关规范编制园林工程工程量清单，并对其数量和内容负责。工程量清单作为招标文件的一部分提供给投标方，投标方对清单中的项目做出报价。投标方要根据图纸核对工程量清单，如果招标方遗漏或算错工程量，由招标方负责后果。目前所依据的国家规范主要是《建设工程工程量清单计价规范》（GB 50500—2013）、《园林绿化工程工程量计算规范》（GB 50858—2013），除此之外还要符合地方规范。

（4）其他 主要有建设资金证明和工程款支付方式，材料的供应方式，材料价差处理方式，投标书的编制要求，投标、开标、评标等活动的日期，关于合同条件的说明及其他需要说明的事项。

4 资格预审

资格审查包括资格预审和资格后审，一般通过资格预审，确保参加投标的企业有承包能力，同时可以过滤一部分不合要求的企业，减轻招标工作量，加快招标进程。如果招标方需要进行资格预审的，要在国内有关媒介上发布资格预审公告，邀请有投标意愿者申请资格审查，同时还要编制资格预审文件。资格预审文件包括工程项目简介；对潜在投标人的要求；各种附表等。招标方对要求参加资格预审的企业发出资格预审通知，通知内容包括：业主和工程师的名称；工程概况和合同所包含的工作范围；资金来源；资格预审文件的发售日期、地点和价格；预期的计划；申请资格预审须知；提交资格预审文件的地点和截止日期；最低资格要求及其他潜在投标者可能关心的问题；对资格预审文件答疑的时间地点。若潜在投标者对资格预审文件有疑问时，以书面形式将疑问提交给业主，业主也以书面形式回答。为保证公平，业主对任一答复都要书面通知所有购买资格预审文件的企业。

由业主组织资格预审评审委员会评审资格预审文件，将评审结果以书面形式通知所有参加者，通知通过预审的企业出售招标文件的时间和地点。

5 编制标底

招标方在进行施工招标时要编制标底，编制标底时要依据国家和地方的规范及工程消耗量定额和费用定额及政策性调整文件，力求使标底接近市场实际。标底应控制在概算以内，工程质量要求优良的可适当增加相应费用。一个工程只能有一个标底，标底由行政主管部门审核，审核后须密封，开标时公布，若泄密则会导致招标工作失败。

6 招标信息发布

招标方应向国家指定的媒介提供工程项目批准文件的复印件等文件证明，然后提供由招标人或委托机构负责人签名盖章的招标公告文本，由媒介发布园林工程招标信息，不同媒介上发布的同一工程的信息应一致。招标公告应有招标人的名称和地址、工程项目简介（如工程性质、数量、实施时间和地点等）、投标截止日期、工程承包方式、投标单位资格及获取招标文件的办法、费用等。招标文件自出售之日起至停止出售日止不少于5个工作日。

7 评标与定标

招标方在经过向合格的投标单位发售招标文件和组织投标单位踏勘现场、答疑后就可以接受投标文件。在投标截止日后由招标单位主持，在建设行政主管部门的监督下按照招标文件中的时间地点向投标人和邀请参加的有关人员宣布评标、定标办发和标底，当众启封投标书并宣读。开标后由招标单位组织评标小组对各投标人的投标书进行综合评议。评标的办法可以采用评议法、综合评分法、评标价法等，根据不同的招标内容选择相应的方法。评标分为初步评审和详细评审。初步评审主要是符合性审查，重点审查投标书是否实质上响应了招标文件的要求。审查内容包括：投标资格审查、投标文件完整性审查、投标担保的有效性、与招标文件是否有显著的差异和保留、报价计算的正确性等，如果投标文件不能实质上响应招标文件则不必进入下一阶段评审。详细评审包括技术评审和商务评审。技术评审主要对投标书的技术方案、技术措施、手段、装备、人员配备、组织结构、进度计划等的先进性、合理性、可靠性、安全性、经济性等进行分析评价。商务评审主要对投标书的报价高低、报价组成、计价方式、支付条件、取费标准、价格调整、税费、保险及优惠条件进行评审。评标结束后评标小组应推荐1～3位中标候选人，并标明排列顺序。招标单位分别邀请候选单位会谈，判明投标单位的技术水平高低和能力，验证施工方案的合理性和可行性等。通过会谈择优选择中标单位，会谈产生的会谈纪要经双方签字后作为投标书的正式组成部分。

选定中标单位后应在7天内发出中标通知书，之后招标单位和中标单位应在一定期限内就承包合同进行磋商，达成协议并签订合同。

【任务实施条件】

教室、某园林绿地施工图及设计说明、《园林绿化工程工程量清单计价规范》及地区园林绿化工程消耗量定额和有关的计价规定，每15名左右学生配1名指导教师。

【任务实施过程】

（1）任务设计　　教师选取适当的园林绿地施工项目，施工图要齐全，然后确定任务书。

（2）实训分组　　可以分组也可以个人完成实训任务，分组则5人左右组成一个实训小组，以各小组间各方面能力水平基本均衡为宜。每组选定组长1名，负责本组成员之间的分工协作及其他工作。

（3）任务展示与分析　　教师向学生展示园林工程施工招标任务书，分析应该完成的任务有哪些内容，以及工作步骤、注意事项等。

（4）任务执行　　学生模拟完成招标任务。学生在完成任务过程发现问题时可以讨论解决问题。

（5）任务评价　　各人或各组展示各自的实训成果，教师带领同学们对其评价，可先由同学们互评，然后教师再进行总结评价。

【成果资料及要求】

完成招标任务所需要的各类资料，如招标公告、招标文件等。

【任务考核方式及成绩评价标准】

采用过程评价与结果评价相结合的方式对学生的实训效果进行考核。过程评价通过学生实训表现来考核，包括学生组织纪律、学习态度、团队意识、创新意识等，占总成绩的30%；结果评价根据实训结果的成果资料进行考核，占总成绩的70%。

【参考文献】

郭雪峰. 2012. 园林工程项目管理［M］. 武汉：华中科技大学出版社.

孙重厚. 1995. 建筑企业经营管理［M］. 北京：中国环境科学出版社.

任务 13　园林工程投标

【任务介绍】 园林工程投标是指园林工程建设项目的可能实施者经招标单位审查获得投标资格后，按照招标文件要求在规定的期限内向招标单位填报投标书，并争取中标的法律行为。园林工程投标包括园林工程全过程投标、勘测设计投标、施工投标、材料及设备采购投标、专项工程投标、建设监理的投标，本任务主要学习园林工程施工投标，主要训练投标文件编写。园林工程投标要符合《中华人民共和国招投标法》。

【任务目标】 ①掌握园林工程的施工投标标书制作；②了解项目模拟教学法在园林专业课程教学中的应用；③培养语言表达能力、沟通协调能力、团队意识。

【教学设计】

本任务主要采用项目模拟教学法。教师上课前准备好拟投标的园林绿化工程的相关资料和招标文件。然后组织学生分组或独立完成标书制作及投标过程模拟。

【任务知识】

1.1.1　投标的过程　施工企业首先根据招标公告或招标邀请书报送投标申请书，接受资格审查，通过后获取招标文件，在研究招标文件和现场勘察与调查所得的资料的基础上编制投标文件，然后报送标书，接着参加开标会议，与招标单位会谈，中标后签订合同。

1.1.2　招标书研究　投标人在通过资格审查后要仔细研究招标文件，特别要注意投标人须知、投标书附录与合同条件、技术说明、永久性工程之外的报价补充文件这几部分的内容，这些对于标书制作和最终报价、企业利润有决定性的影响。

1.1.3　市场调研　应该对工程所在地的市场宏观经济状况、工程施工现场，以及工程所在地影响施工的环境如地质、气候、交通、水电等条件进行调查和研究，这些对于选择施工方案和估算成本影响很大。另外还可以调查研究业主和竞争对手公司情况以做到有的放矢、知己知彼。

1.1.4　标书制作　编制投标文件一般从复核工程量开始，然后编制施工方案、估算成本，形成投标报价，之外还要在标书中提出保证工程质量、进度、施工安全的技术与组织措施和开工与竣工的日期及工程总进度，最后编写投标文件的综合说明及对招标文件中提出的合同主要条款的确认意见。其中主要的内容有以下几方面。

（1）复核工程量　要按照国家和地方的园林绿化工程工程量清单计价规范，依照施工图设计图纸复核园林绿化工程的工程量，避免出现计量单位上的错误。对于单价合同，当发现数量相差较大时要向招标人要求澄清，同时采取不平衡报价策略以提高利润水平；对于总价合同，如果业主在投标前对争议工程量不予更正，而且对投标者不利，投标者在投标时要附上声明"工程量表中某项工程量有错误，施工结算应按实际完成量结算"。

（2）编制施工方案　根据招标文件中的技术规范要求和施工条件及工期要求，选择能够保证工期目标、施工质量，同时又能降低成本的最适用经济的施工方案。确定工程分包计划，做好施工组织设计，在施工方案中要考虑所需的机械、材料、人工的数量和来源及进入施工场地的时间。施工现场平面布局要合理，要合理估算临时设施的种类和数量，提出特殊情况下保证工程正常施工的措施等。

（3）投标计算与投标策略　　投标计算是对工程施工所发生的各种费用的计算，要结合施工方案按照国家和地方的规范与相关文件来计算，通常这种估算的造价也称作施工图预算造价。投标计算要与招标文件要求的计价形式相协调，一般采用清单计价法计价。

正确的投标策略对于提高中标率并获得较高的利润有重要的作用。常用的投标策略有以信誉取胜、以低价取胜、以缩短工期取胜、以改进设计取胜或者以特殊的施工方案取胜。不同的投标策略要在不同的投标阶段得以体现，一个投标中可以综合应用各种策略。

（4）编写其他内容　　主要是投标文件综合说明和对招标文件中合同主要条款的确认。综合说明主要编制投标文件的依据及投标文件所包括的主要内容。在对招标文件中合同主要条款的确认意见较多时可单独作为投标文件的一项内容写。

标书制作完成后，加盖投标单位公章和法人代表私章或签名后装订成册封入密封带中，在规定的期限内按要求报送到招标单位。

1.1.5　应注意的问题　　投标时应注意投标截止日期，超过该日期之后的被视为无效投标。注意投标文件的完备性，投标文件要响应招标文件中提出的实质性条件和要求，投标不完备或者没有实质性响应招标人的要求或者在招标范围以外提出新的要求的都会被认为是对招标文件的否定，不会被接受。如果中标则必须按投标文件中的方案来完成工程。另外，投标通常需要提交投标担保。

【任务实施条件】

教室、某园林绿地施工招标文件（含施工图及设计说明）、《园林绿化工程工程量清单计价规范》及地方园林绿化工程的消耗量定额和有关的计价规定；每15名左右学生配1名指导教师。

【任务实施过程】

（1）任务设计　　教师选取适当的园林绿地项目编制招标文件，施工图要齐全，然后据此确定投标任务书。

（2）实训分组　　可以分组也可以独立完成实训任务，分组则5人左右组成一个实训小组，以各小组的能力水平基本均衡为宜。每组选定组长1名，负责本组成员之间的分工协作及其他工作。

（3）任务展示与分析　　教师向学生展示园林工程施工投标实训任务书，分析应该完成的任务、工作步骤及注意事项等。

（4）任务执行　　学生以组为单位或独立完成标书制作与投标模拟工作，在完成过程中遇到问题可以讨论。

（5）任务评价　　教师组织学生对每一组或每个人的投标书质量及投标模拟的工作过程进行评价，可先由学生互评，然后教师进行总结性评价。

【成果资料及要求】

以组为单位提交某工程项目投标书1份，不分组则每人1份。另外，每人提交实训总结 1 份。

【任务考核方式及成绩评价标准】

采用过程评价与结果评价相结合的方式对学生的实训效果进行考核。过程评价对学生组织纪律、学习态度、团队意识、创新意识等方面评价，占总成绩的 50%；结果评价根据投标书质量及投标过程模拟情况进行评价，占总成绩的 50%。

【参考文献】

郭雪峰. 2012. 园林工程项目管理［M］. 武汉：华中科技大学出版社.

孙重厚. 1995. 建筑企业经营管理［M］. 北京：中国环境科学出版社.

任务 14 园林工程的开标、评标、决标和施工合同的签订

【任务介绍】 园林工程的开标、评标、决标和施工合同的签订是园林工程施工与管理中重要的环节。本任务学习园林工程的开标、评标、决标的程序和相关规定，以及签订施工合同的程序和内容。

【任务目标】 ①了解园林工程开标、评标、决标的程序；②了解施工合同的内容；③掌握施工合同签订的工作方法与步骤。

【教学设计】

本任务采用现场教学法和举例教学法。通过知识点的学习掌握园林工程的开标、评标、决标的程序和相关规定，并和相关企业联系参加一次开标会议。以施工企业的施工合同为案例，学习施工合同的内容和施工合同的签订。

【任务知识】

1.1.1 开标会 开标会应当由招标人或招标代理机构的代表主持，在招标文件规定的提交投标文件截止时间的同一时间在有形建筑市场公开进行，有形建筑市场提供数据录入、现场见证等服务。招标人应提前做好开标准备工作，按时开标。投标人（法人代表或委托代理人及项目经理）须按招标文件规定时间准时参加开标会议，迟到或缺席视作自动放弃。参加开标会议的投标人的法定代表人或其委托代理人随带本人身份证及复印件，委托代理人尚应随带参加开标会议的授权委托书，以证明其身份。会议期间，必须遵守开标纪律，不得大声喧哗，禁止吸烟，自觉爱护公共财物及设施。主持人宣布会议结束后，投标人方可退场。

1.1.2 开标流程

1）招标人及有关人员签到。

2）主持人宣布开标会开始。

3）招标人代表讲话，阐明按公开、公平、公正和诚实信用的原则及规定的程序择优选择中标单位。

4）主持人宣布唱标人、记录人、监督人。

5）招标人代表和监督单位工作人员核验投标人的法定代表人或委托代理人的身份是否真实有效。

6）主持人根据投标文件签收单纪录，宣读每份投标文件送达的时间、送标人和签收人。

7）唱标人、投标人代表和监督人共同检验确认投标文件的密封情况。

8）唱标人宣布投标人授权代表的资格（授权书、身份证）和投标保证金或银行保函

的有效性。

9）工作人员拆封各投标人的技术投标书和商务标第二部分投标书。

10）进入暗标评标（商务标第二部分、技术标）阶段，开标大厅暂时休会。

11）暗标评标阶段结束后，主持人宣布开标会议继续，并宣读评标委员会对各投标人的技术投标书和商务标第二部分的评分记录。

12）工作人员按投标文件先送达后开封的规则拆封各投标人的商务第一部分投标书。

13）唱标人宣读有效投标书中的主要内容，如投标最终报价、工期、质量等，记录人同时应予以记录。

14）公布招标人的工期、质量要求等应公布的所有内容。

15）投标人授权代表对各自投标文件中的开标结果予以确认。

16）进入商务标第一部分评标阶段，开标大厅再次休会。

17）评标工作结束后，主持人宣布开标会议继续，宣读评标委员会对各投标人的商务标第一部分的评分记录及评标汇总情况。

18）主持人宣读评标报告，并宣布评标委员会推荐的中标候选人，对开标评标记录进行签字确认。

1.1.3 评标 评标是指按照招标文件中确定的评标标准和方法，对各投标人的投标文件进行评价比较和分析，从中选出最佳投标人的过程。评标的一般程序包括组建评标委员会、评标准备、初步评审和详细评审并编写评标报告。评标委员会成员的名单在中标结果确定前应当保密，以防止有些投标人对评标委员会成员采取行贿等手段，以谋取中标。

1.1.4 决标 在建设工程合同的决标中，包括开标、评标和定标这样几个环节。决标中的公开、公平、公正的原则是非常重要的。首先，招标人应当在规定的期限内，通知投标者参加，在有关部门的监督下，当众开标，宣布评标、定标办法，启封投标书和补充函件，公布投标书的主要内容和标底；其次，招标人在评标中应平等地对待每一个投标人，不偏袒某一方，按照公正合理原则，对投标人的投标进行综合评价；最后，在综合评价的基础上择优确定中标人。中标人一旦确定就是定标。定标具有承诺的性质，定标表示合同的订立，对双方当事人都具有约束力。招标人在决定中标人后，应向中标人发出中标通知，然后在规定的期限内与中标人正式签订建设工程合同。

1.1.5 施工合同 园林施工合同是发包人和承包人为完成商定的园林工程，明确相互权利、义务关系的合同。施工合同文件有施工合同协议书、中标通知书、投标书和附件、施工合同专用条款、施工合同通用条款、施工标准、施工规范及与之相关的技术文件，还要在施工合同上配有相应的图纸、工程量清单、工程报价单、工程预算书等重要资料。

【任务实施条件】

企业参与投标的开标会预期举行；中华人民共和国住房和城乡建设部颁布的最新合同范本；分组进行，5～8人一组。

【任务实施过程】

1）开标会准备。教师联系园林公司，获取企业参与投标的开标会预期举行的时间和地点。并组织学生学习开标会相关知识。

2）参加开标会。会同企业人员参加开标会议，前往开标会现场，体验开标、评标、决标的过程。

3）学习合同文本的内容和签订程序。向合作企业索取合同样本，组织学生学习合同内容。企业人员讲解合同签订程序。

4）编写施工合同。以小组为单位编写施工合同。

【成果资料及要求】

以小组为单位，提交施工合同1份，要求内容完整，规范。

每位学生提交实训总结1份，要求2000字以上，能全面反映园林工程开标、评标、决标和施工合同的签订的工作过程、工作内容、方法步骤及注意事项，同时能概括实训过程中遇到的问题及解决途径等内容。

【任务考核方式及成绩评价标准】

采用过程评价与结果评价相结合的方式，对学生的实训效果进行考核。过程评价通过学生实习表现来考核，包括学生组织纪律、学习态度、团队意识、创新意识等；结果评价以施工合同质量及实训总结进行考核。

【参考文献】

董三孝. 2004. 园林工程施工与管理［M］. 北京：中国林业出版社.

刘卫斌. 2010. 园林工程技术专业综合实训指导书［M］. 北京：中国林业出版社.

袁明霞，刘玉华. 2010. 园林技术专业技能包［M］. 北京：中国林业出版社.

任务 15　园林工程验收

【任务介绍】 当园林工程按设计要求完成全部施工任务并供开放使用时，施工单位就要向建设单位办理移交手续，这种移交工作称为项目的竣工验收。竣工验收既是项目进行移交的必要手续，又是通过竣工验收对建筑项目成果的工程质量、经济效益等进行全面考核评估的过程。凡是一个完整的园林建设项目，或是一个单位的园林工程建成后达到正常使用条件的，都要及时组织竣工验收。

【任务目标】 ①了解园林工程验收的工作流程、工作内容及工作方法；②掌握竣工报告的编写方法；③提升学生辨析和洞察能力；④进一步培养语言表达能力、沟通协调能力、团队意识、工作能力及创新意识。

【教学设计】

本任务主要采用参观教学法。校企合作，教师带领学生参观具体验收过程，在参观过程中，使学生深入了解园林工程验收的工作流程、工作内容、工作方法，从而进一步巩固、丰富学生的园林工程验收相关理论知识，提高园林工程验收工作能力；同时对学生的沟通协调能力、语言表达能力、团队意识及创新意识的培养，也会起到积极的作用。

【任务知识】

1.1.1　工程验收概念　　工程竣工验收是指建设工程依照国家有关法律、法规及工程建设规范、标准的规定完成工程设计文件要求和合同约定的各项内容，建设单位已取得政府有关主管部门（或其委托机构）出具的工程施工质量、消防、规划、环保、城建等验收文件或准许使用文件后，组织工程竣工验收并编制完成《建设工程竣工验收报告》。

1.1.2　工程验收依据　　上级主管部门审批的计划任务书、设计文件等；招投标文件和工程合同；施工图纸和说明、图纸会审记录、设计变更签证和技术核定单；国家或行业颁布的现行施工技术验收规范及工程质量检验评定标准；有关施工记录及工程所用的材料、构件、设备质量合格文件及验收报告单；承接施工单位提供的有关质量保证等文件；国家颁布的有关竣工验收文件。

1.1.3　工程档案资料的汇总整理

1）该工程的有关技术决定文件。

2）竣工工程项目一览表，包括名称、位置、面积、特点等。

3）地质勘察资料。

4）工程竣工图、工程设计变更记录、施工变更洽商记录、设计图纸会审记录。

5）永久性水准点位置坐标记录、建筑物、构筑物沉降观察记录。

6）新工艺、新材料、新技术、新设备的试验、验收和鉴定记录。

7）工程质量事故发生情况和处理记录。

8）建筑物、构筑物、设备使用注意事项文件。

9）竣工验收申请报告、工程竣工验收报告、工程竣工验收证明书、工程养护与保修证书等。

1.1.4　施工自验

施工单位资料准备完成后在项目经理组织领导下，由生产、技术、质量、预算、合同和有关的工长或施工员组成预验小组。

根据质量标准、竣工标准、施工图和设计要求，合同规定的标准和要求，对竣工项目按分段、分层、分项地逐一进行全面检查，预验小组成员按照自己所主管的内容进行自检，并做好记录，对不符合要求的部位和项目，要制订修补处理措施和标准，并限期修补好。施工单位在自验的基础上，对已查出的问题全部修补处理。必要时再进行复检，为正式验收做好充分准备。

1.1.5　竣工图

（1）竣工图编制依据　原施工图、设计变更通知书、工程联系单、施工洽商记录、施工放样资料、隐蔽工程记录和工程质量检查记录等原始资料。

（2）竣工图编制内容要求　竣工图必须做到与竣工的工程实际情况完全吻合。加盖"竣工图"标志，可作为竣工图使用。如果施工过程完全按照施工图纸实施，施工图可以直接作为竣工图。施工过程中有一般性的设计变更，但没有较大结构性的或重要管线等方面的设计变更，而且可以在原施工图上进行修改和补充，可不再绘制新图纸，由施工单位在原施工图纸上注明修改和补充后的实际情况，并附以设计变更通知书、设计变更记录和施工说明。施工过程中凡有重大变更或全部修改的，不宜在原施工图上修改补充时，应实测改变后的竣工图，施工单位负责人绘制新图，并附上记录和说明作为竣工图。

1.1.6　竣工项目预验收

预验收在施工单位完成自检自验并认为符合正式验收条件，在申报工程验收之后和正式验收之前的这段时间内进行。委托监理的园林工程项目，总监理工程师组织其所有各专业监理工程师来完成。竣工预验收要吸收建设单位、设计、质量监督人员参加，而施工单位也必须派人配合竣工验收工作。总监理工程师提出预验收方案，明确预验收的目的、要求、重点、主要方法和主要检测工具；预验收的组织分工；并向参加预验收的人员进行必要的培训。工程竣工的预验收，如果问题较多较大，指令施工单位限期整改并再次进行复验。如果问题一般性的，通知承接施工单位抓紧整修外，总监理工程师即应编写预验报告一式三份，一份交施工单位供整改用；一份备正式验收时转交验收委员会；一份由监理单位自存。总监理工程师应填写竣工验收申请报告送项目建设单位。

1.1.7　正式竣工验收会议　　由验收委员会主任主持验收委员会会议。设计单位汇报设计的自检情况。施工单位汇报施工情况及自检自验的结果情况。由监理工程师汇报工程监理的工作情况和预验收结果。在实施验收中，验收人员（先后对竣工验收技术资料及工程实物进行验收检查）在听取意见、认真讨论的基础上，提出竣工验收的结论意见。验收委员会主任或副主任宣布验收委员会的验收意见，举行竣工验收证书和鉴定书的签字仪式。建设单位代表发言、会议结束。

【任务实施条件】
合作企业园林工程进入竣工阶段。

【任务实施过程】
1）验收前的资料准备。协助企业对工程档案资料按要求进行汇总整理。

2）单位自检。参与施工单位自检。单位负责人组织的相关人员分段分层、分项地逐一全面检查，并做好记录，对不符合要求的部位和项目，制订修补处理措施和标准，并限期修补好。

3）竣工图绘制。参与施工单位的竣工图绘制，注意制图规范。

4）竣工预验收。参与竣工预验收。

5）竣工验收。参与竣工图验收。

【成果资料及要求】
每位学生提交实训报告 1 份，要求 2000 字以上，能准确反映园林工程验收的工作过程、工作内容、方法步骤及注意事项、实训体会、问题或建议等。

【任务考核方式及成绩评价标准】
采用过程评价与结果评价相结合的方式，对学生的实训效果进行考核。过程评价通过学生实习表现来考核，包括学生组织纪律、学习态度、团队意识、创新意识等，占总成绩的 30%；结果评价以实训报告质量进行考核，占总成绩的 70%。

【参考文献】

董三孝. 2004. 园林工程施工与管理［M］. 北京：中国林业出版社.

纪书琴. 2013. 园林工程施工细节与禁忌［M］. 北京：化学工业出版社.

刘卫斌. 2010. 园林工程技术专业综合实训指导书［M］. 北京：中国林业出版社.

袁明霞，刘玉华. 2010. 园林技术专业技能包［M］. 北京：中国林业出版社.

中国风景园林学会园林工程分会，中国建筑业协会古建筑施工分会. 2008. 园林绿化工程施工技术［M］. 北京：中国林业出版社.